高职高专工学结合医药类规划教材

U0868678

药学动物细胞培养技术

Culture of Animal Cells for Pharmaceutics

主　编　纪其雄

ZHEJIANG UNIVERSITY PRESS
浙江大学出版社

图书在版编目(CIP)数据

药学动物细胞培养技术/纪其雄主编. —杭州：浙江大学出版社，2012.8(2023.7 重印)
ISBN 978-7-308-10270-4

Ⅰ.①药… Ⅱ.①纪… Ⅲ.①药用动物—细胞培养—技术 Ⅳ.①Q954.6

中国版本图书馆 CIP 数据核字（2012）第 166020 号

药学动物细胞培养技术
纪其雄　主编

丛书策划　阮海潮(ruanhc@zju.edu.cn)
责任编辑　何　瑜
封面设计　春天·书装工作室
出版发行　浙江大学出版社
（杭州市天目山路 148 号　邮政编码 310007）
（网址：http://www.zjupress.com）
排　　版　杭州青翊图文设计有限公司
印　　刷　广东虎彩云印刷有限公司绍兴分公司
开　　本　787mm×1092mm　1/16
印　　张　16.5
字　　数　423 千
版 印 次　2012 年 8 月第 1 版　2023 年 7 月第 8 次印刷
书　　号　ISBN 978-7-308-10270-4
定　　价　35.00 元

版权所有　翻印必究　印装差错　负责调换
浙江大学出版社市场运营中心联系方式:0571-88925591;http://zjdxcbs.tmall.com

《高职高专工学结合医药类规划教材》

编委会名单

主　任　崔山风

委　员　（以姓氏笔画为序）

丁　丽　王国康　王麦成

叶丹玲　叶剑尔　纪其雄

吴　锦　何军邀　张佳佳

张晓敏　夏晓静　秦永华

虞　峰

秘　书　陈汉强

总　　序

近几年，医药高职高专教育发展势头迅猛，彰显出了强大的生命力和良好的发展趋势。《国家中长期教育改革和发展规划纲要(2010－2020年)》指出，要大力发展职业教育，培养创新型、实用型、复合型人才，培养学生适应社会和就业创业能力。高职教育培养生产、服务、管理等一线岗位的高端技能型人才，目标科学明确，满足适应了医药行业企业发展的迫切需要。而培养面向一线工作的高端技能型人才不仅要有扎实的理论基础，更要掌握熟练的实践操作技能，同时还应具备良好的职业素养和心理素质。

医药行业是涉及国民健康、社会稳定和经济发展的一个多学科先进技术和手段高度融合的高科技产业群体。医药类高职院校学生更应树立医药产品质量第一的安全意识、责任意识，更要着重强调培养学生钻研业务的研究能力、质量控制方面的职业知识及一专多能的职业能力。

为创新医药高职高专教育人才培养模式，探索职业岗位要求与专业教学有机结合的途径，浙江医药高等专科学校根据高端技能型人才培养的实际需要，以服务为宗旨，以就业为导向，依托宁波市服务型重点建设专业“医药产销人才培养专业群”的建设，推进教育教学改革，组织教学和实践经验丰富的相关教师及行业企业专家编写了一套体现医药高职高专教育教学理念的优质教材，贴近岗位、贴近学生、贴近教学。

本套教材具有以下几个特点：一是内容上强调需求。在内容的取舍上，根据医药学生就业岗位所需的基本知识技能和职业素养来选择和组织教材内容。二是方法上注重应用。教材力求表达简洁、概念明确、方法具体，基本技能可操作性强，让学生易于理解、掌握和实践。三是体例上实现创新。教材内容编排实现项目化，按照工学结合的教学模式，突出“案例导入”、“任务驱动”、“知识拓展”、“能力训练”等模块。

浙江医药高等专科学校作为教育部药品类专业教指委的核心院校，在医药高职高专教育中不断探索，不断前行，取得了一系列标志性的成果，教育质量不断提高，校企合作不断深入。本套教材是学校教师多年教学和实践经验的体现，教材体现了新的高职高专教育理念，满足了专业人才培养的需要。

姚文兵

前　言

本教材是哺乳动物细胞培养技术操作技能的入门教程，属于基础实验技术类教材。适用于药学细胞工程系列课程的理论、实验和实训教学，尤其适用于理实一体化教学时作教材使用。

对于生物制药技术相关专业的学生而言，如何理解、掌握依赖细胞基质（动物细胞系或人类正常细胞系或其转基因的重组细胞株）相关的生物制品生产技术显得非常重要。在2010版《中国药典》第三部（生物制品）收集的品种中，依赖细胞基质的制品累计超过27种，这些细胞基质包括原代细胞（地鼠肾、沙鼠肾、兔肾、猴肾、鸡胚）、动物细胞系（Vero细胞、CHO细胞）、小鼠骨髓瘤细胞系构建的杂交瘤细胞、人二倍体细胞系（2BS细胞、KMB17细胞、MRC-5细胞）等，涉及细胞冻存、细胞复苏、原代培养、扩大培养（方瓶、转瓶、细胞罐、细胞工厂）、传代培养、克隆化培养等主要技术。

为此，本教材的编写目的之一是，从工学结合的教学模式出发，期望为广大同行探索理实一体化教学形式（含实验实训教学）提供一定的帮助，适用于生物制药技术等药学相关专业学生开展动物细胞培养的操作技能训练。具体实施时，可以依据本单位现有细胞培养条件和特点，选择开展实验或实训项目。编写目的之二在于，尽量满足细胞培养技术的系统训练，并体现从技术入门到技能提高的特点。

本教材的结构体系包括细胞生物学基础、动物细胞培养基础条件、动物细胞培养基本技术、药学细胞培养应用技术、附录等5个部分。按照项目引领任务的形式进行本教材的编排，即每1个"项目"下设若干个"任务"，且每1个"任务"的格式化排版体系又包括"学习目标"、"背景知识"或"案例导入"、"任务内容"、"知识拓展"、"习题与思考"、"能力训练"等栏目。

第一部分是关于细胞生物学基础知识，以理论知识为主，包括项目一至项目三，主要讲述细胞基础知识、细胞的结构体系及其基因表达体系、细胞的主要生命活动概况；第二部分是关于动物细胞培养基础条件，由项目四至项目八组成，主要讲述细胞培养的基本设施、操作者本人的行为准则、动物细胞培养主要仪器及水电要求、无菌器材准备和细胞培养用液配制；第三部分是关于动物细胞培养基本技术，由项目九和项目十组成，主要涉及细胞活性观察与微生物污染判断、细胞培养基本技术，细胞培养基本技术包括原代培养、传代培养、扩大培养、克隆化培养、细胞冻存和复苏；第四部分是关于药学细胞培养应用技术，由项目十一和项目十二组成，涉及动物细胞培养应用技术、有关生物制品的动物细胞培养技术路线；最后一部分是本书的附录，包括附录一至附录三，分别是细胞培养实验室生物安全、细胞培养实验室守则、实验实训任务索引。

本教材编写时，融入了作者从事动物细胞培养教学10多年的教学经验和对学生实验操作特点的理解，力求结合生物制品行业的专业要求，充分考虑高职高专学生的学习特点、专业基础和教学大纲对学生技能训练的要求，以便能满足大多数高职院校生物制药技术相关专业如生物制品方向的学生系统学习哺乳动物细胞培养的一般需要。

在生物制品企业开展动物细胞培养岗位培训时，本书尚可以作为员工培训教材使用，具有较强的理论支持和较强的操作性。

由于作者自身知识和能力的局限，错误之处难免，为此，特恳请各位专家、读者不吝赐教、批评指正，以便在重印和改版时改正、充实。谢谢！

纪其雄

2012年7月

目　录

项目一　细胞基础知识 1

任务一　细胞的概念　/ 1
任务二　非细胞生物与细胞生物　/ 8
任务三　微生物细胞、植物细胞与动物细胞在培养上的主要区别　/ 16

项目二　细胞的结构体系及其基因表达体系 22

任务四　生物膜　/ 22
任务五　细胞骨架　/ 32
任务六　基因的结构与表达体系　/ 43

项目三　细胞的主要生命活动 53

任务七　细胞周期　/ 53
任务八　细胞的生长与分裂　/ 58
任务九　细胞的分化与去分化　/ 64
任务十　细胞的衰老与凋亡　/ 69

项目四　动物细胞培养的基本设施 75

任务十一　实验室或车间布局　/ 75
任务十二　洁净度要求与粉尘控制　/ 79
任务十三　温度和湿度控制　/ 82

项目五　操作者本人的行为规则 85

任务十四　个人卫生与衣着要求　/ 85
任务十五　无菌操作规程　/ 88

项目六　动物细胞培养主要仪器及水电要求 94

任务十六　动物细胞培养主要仪器　/ 94
任务十七　仪器的使用、维护与验证　/ 101
任务十八　细胞培养实验的水电配置　/ 105

项目七　无菌器材准备 111

任务十九　无菌器材选择原则与灭菌包装　/ 111

任务二十　培养用器皿的清洗、包装和灭菌操作流程　/ 116
任务二十一　无菌器材的存放和有效期　/ 124

项目八　动物细胞培养用液的配制　126

任务二十二　细胞的营养及影响细胞生长的因素　/ 126
任务二十三　培养用液选择、配制和无菌分装　/ 132
任务二十四　血清的筛选、购买、灭活和无菌分装　/ 141
任务二十五　细胞培养用液的存放和有效期　/ 143

项目九　细胞活性观察与微生物污染判断　145

任务二十六　倒置显微镜镜检及显微摄影技术　/ 145
任务二十七　活细胞与死细胞的显微判别、活细胞计数　/ 154
任务二十八　细胞株说明书、细胞增殖与细胞生长曲线　/ 158
任务二十九　染色体计数与染色体核型分析　/ 165
任务三十　动物细胞培养物的微生物污染分析和处置　/ 167

项目十　动物细胞培养基本技术　172

任务三十一　培养细胞生长特性　/ 172
任务三十二　健康动物体内培养　/ 184
任务三十三　原代培养、传代培养、扩大培养及克隆化培养　/ 187
任务三十四　细胞冻存与复苏　/ 200
任务三十五　细胞株的运输与接收　/ 204

项目十一　动物细胞培养应用技术　207

任务三十六　细胞大规模培养技术　/ 207
任务三十七　细胞药理与毒理试验　/ 221
任务三十八　细胞系或细胞株的建立　/ 226

项目十二　有关生物制品的动物细胞培养技术路线　237

任务三十九　病毒疫苗生产中的动物细胞培养概述　/ 237
任务四十　重组药物和单克隆抗体药物生产概况　/ 243

附　　录　246

附录一　细胞培养实验室生物安全　/ 246
附录二　细胞培养实验室守则　/ 251
附录三　实验实训任务索引　/ 252

参考文献　/ 254

项目一　细胞基础知识

任务一　细胞的概念

学习目标

熟悉细胞生物学中重要的细胞概念、细胞的生物学意义。在生物学背景下，了解细胞应该具有的基本共性。

BEI JING ZHI SHI

背景知识

细胞是指所有细胞生物组成的基本单位，尤其是所有生命活动的基本单位。

根据生命活动的形式，人们把不具有细胞结构的生物称为非细胞生物，包括病毒、类病毒和朊粒，这些生物必须进入细胞才能借助细胞的基因表达体系进行其基因表达、生物合成、组装、释放等过程，从而表现它们的增殖活性，体现出生命的本质属性。

在细胞生物中，依据细胞内有无被膜细胞器再区分为原核细胞生物和真核细胞生物。原核细胞生物包括细菌、放线菌、螺旋体、支原体、衣原体和立克次氏体等。真核细胞生物则指原生生物、霉菌、酵母、植物、动物等。

从基因表达体系上，人们可以把所有生物的生命活动描述成两种基本类型：①原核基因表达体系的生物，包括所有原核细胞生物，以及以原核细胞为宿主的那些非细胞生物如噬菌体；②真核基因表达体系的生物，包括所有真核细胞生物，以及以真核细胞为宿主的那些非细胞生物如病毒、类病毒、朊粒等。

在细胞学或细胞生物学的发展过程中，显微镜一直是非常重要的研究工具。因此，我们了解一些显微镜技术简史显得很有必要：

1665 年，英国人 Robert Hooke 用自制的显微镜（放大倍数为 40～140 倍）观察了软木（栎树皮）的薄片，第一次描述了植物细胞的构造，首次使用“cells”这个词。1680 年，荷兰人 A. van Leeuwenhoek 是第一位观察活细胞的人，观察了原生动物、人类精子、鲑鱼的红细胞、牙垢中的细菌等。

1886 年，德国人 Ernst Abbe 发明复消色差显微镜，并改进了油浸物镜，这是普通光学显微镜技术基本成熟的重要标志。

1932 年，德国人 M. Knoll 和 E. A. F. Ruska 描述了一台最初的电子显微镜，1940 年美国和德国制造出分辨力为 0.2nm 的商品电镜。

1932 年，荷兰籍德国人 F. Zernike 成功设计了相差显微镜。

1981 年，瑞士人 G. Binnig 和 H. Rohrer 在 BM 苏黎世实验中心（Zurich Research Center）发明了扫描隧道显微镜。

以细胞作为研究对象的学科发展分别是细胞学（Cytology）、细胞生物学（Cell Biology）和分子细胞生物学（Molecular and Cell Biology）。

细胞学是关于细胞的结构组成研究的学科。学科形成的标志是 1839 年由德国人施莱登（Matthias Jacob Schleiden）、施旺（Theodar Schwann）提出的细胞学说（Cell Theory）：一切植物、动物都是由细胞组成的，细胞是一切动植物的基本单位。

细胞生物学的研究范畴除了细胞水平的显微结构、细胞器显微结构、生物大分子聚合物超微结构外，还包括细胞内细胞器功能、生物大分子聚合物功能研究，阐述细胞生长、分裂、分化、衰老和凋亡等生命活动时的结构与功能基础。

分子细胞生物学就是在生物大分子水平研究细胞的一个生物学分支学科。目前，细胞的分子结构及其在生命活动中的作用成为主要研究范畴，尤其基因调控、信号转导、肿瘤生物学、细胞分化和凋亡是当代的研究热点。

任务内容

一、生物与非生物的区别是什么

区别生物与非生物的主要特征有 3 个，即所有生物均有增殖活性，具有特定的化学组成，严格细胞结构依赖，其中，最基本指标是增殖特征。不同时具备上述特征的就是非生物，如矿物会进行晶体生长。

增殖是指生物可以在其基因组基因指导下，获得个体数量的增加，如细胞分裂、病毒增殖、动植物的个体繁殖等。

无论细胞生物或非细胞生物，构成的化学元素丰度与地球的化学元素丰度有着明显的区别，且生物的组成元素中最多只出现 25 种化学元素（图 1-1）。如人的常量元素有 11 种——C、H、O、N、P、S、Ca、K、Na、Mg、Cl，其他 14 种为微量元素——Fe、Cu、Zn、Mn、Co、Mo、Se、Cr、Ni、Si、Sn、V、F、I。不同物种的常量元素和微量元素的组成存在一定的差异。

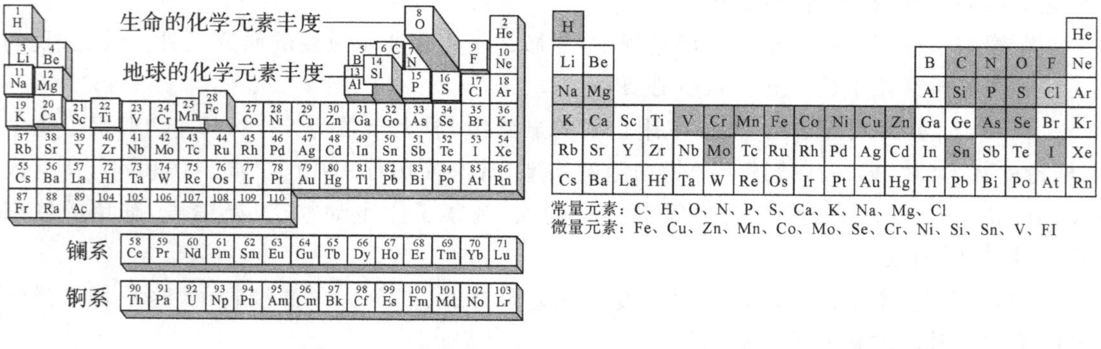

图 1-1　地壳化学元素丰度与生物化学元素丰度

所有生物的生命活动均表现为细胞结构依赖。原核细胞生物一般情况下每个细胞就是1个个体，真核细胞生物有单细胞生物和多细胞生物之别，多细胞生物如植物（单细胞藻类例外）、动物（原生动物是单细胞，例外）。非细胞生物如病毒、类病毒、朊粒等虽然没有细胞结构，但需要依赖特定的细胞才能表现主要的生命活动——增殖活动。

二、什么是细胞

可以从两方面来理解什么是细胞，一是结构表现，二是功能表现。

典型的细胞结构特征包括：①细胞质膜或细胞膜；②核糖体；③细胞基因组。在多细胞生物中有些高度分化的细胞，可能没有核糖体，甚至没有自己的基因组，如哺乳动物的成熟红细胞，仅有细胞质，没有细胞器，也没有染色质。

在功能表现方面，多细胞生物机体内，除了高度分化的细胞，所有其他细胞均有以下功能：①自主的基因表达；②细胞分裂。在多细胞生物的特定组织中，活细胞表达的基因可以区分为管家基因和组织特异性基因，而细胞基因组中的大多数其他基因均处于闭锁状态，一般不进行基因表达。

三、细胞是生命活动的基本单位

在生物学意义上，细胞是生命活动的基本单位。理由主要有以下5个方面：①细胞是构成有机体的基本单位；②细胞是代谢与功能的基本单位，具有独立的、有序的自控代谢体系；③细胞是有机体生长与发育的基础；④细胞是遗传的基本单位，具有遗传的全能性；⑤没有细胞就没有完整的生命。

四、细胞的基本共性

细胞的基本共性表现有以下4个方面：①所有的细胞表面均有由磷脂双分子层与镶嵌蛋白质构成的生物膜，即细胞膜；②所有的细胞都含有两种核酸，即DNA与RNA，构成遗传信息复制与转录的载体；③作为蛋白质合成的细胞器，所有细胞都有核糖体；④几乎所有细胞的增殖都以一分为二的方式进行。

五、细胞的化学组成

综观细胞生物学的研究水平，构成细胞化学成分的组成层次有4个：化学元素、水和无机盐、有机分子、生物大分子。

（一）细胞的化学元素

也是25个元素，其中，C、H、O、N、P、S、Ca、K、Na、Mg、Cl一般属于常量元素，其他如Fe、Cu、Zn、Mn、Co、Mo、Se、Cr、Ni、Si、Sn、V、F、I等属于微量元素。

（二）水和无机盐

细胞内的水有两种形式存在，一是游离水，二是结合水并在细胞生命活动中发挥作用。游离水是那些可以相对自由活动的H_2O分子，与有机分子或生物大分子的极性基团、无机离子等无疏水相互作用相联系。结合水是指与有机分子或生物大分子的极性基团、无机离子等产生较强的疏水相互作用，不能自主活动的H_2O分子，如离子的水化层结合水。

水是生命活动中非常重要的溶剂环境，没有水就没有生命，没有水细胞也不能正常发挥生理功能甚至死亡。一般认为水在组织、细胞中的比重占到80%以上。

无机盐在细胞生命活动中的作用是不可或缺的，无机盐在细胞内表现为阴离子或阳离子，这些离子使电中性的 H_2O 分子发生极化，且与相当多的 H_2O 分子结合形成水化层。

(三)有机分子

正常细胞内的有机分子有许多，研究比较清楚的是结构性有机分子，即是通过生物化学过程重构成生物大分子的那些有机分子，包括核苷酸、氨基酸、单糖、脂类分子这4类。

1. 核苷酸

组成核酸分子的重要有机分子就是核苷酸，由碱基、五碳糖和磷酸组成。在DNA和RNA这2种核酸中出现的碱基共有5种，分别是尿嘧啶(U)、胸腺嘧啶(T)、胞嘧啶(C)、腺嘌呤(A)和鸟嘌呤(G)(图1-2)；出现的五碳糖单糖有2种，分别称核糖或脱氧核糖。

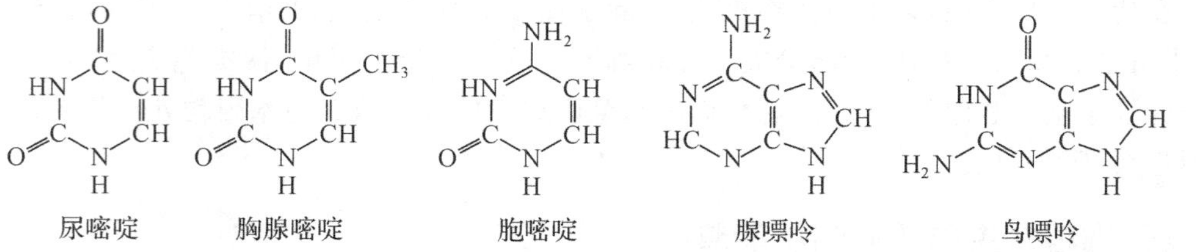

图1-2　碱基的类型

其他核苷酸及其衍生物在生物细胞内也多见，人们往往以生物活性物质的形式进行研究开发，用于人类健康或其他目的。

2. 氨基酸

自然界有200余种氨基酸被发现，组成生物大分子蛋白质或多肽的氨基酸共有20种(表1-1)。

其他氨基酸及其衍生物在生物细胞内发现用作食品风味物质，利于人类健康的生物活性物质或药物。

人体必需氨基酸有8种，需要通过食物摄取补充。这些氨基酸是异亮氨酸、亮氨酸、色氨酸、苏氨酸、苯丙氨酸、赖氨酸、蛋氨酸、缬氨酸。

3. 单糖

自然界有100余种单糖，组成多糖及寡糖链的单糖约10余种，包括五碳糖和六碳糖。

五碳糖包括核糖和脱氧核糖，是构成核酸的重要单糖。六碳糖则是构成多糖的重要单糖。

4. 脂类分子

细胞内的脂类分子主要是磷脂、胆固醇、帖类等若干种，主要功能是构成膜脂生物大分子，而膜脂是组成生物膜的重要基础。

(四)生物大分子

细胞内的生物大分子主要是核酸、蛋白、多糖和膜脂(图1-3)。

1. 核酸

核酸是一类相对分子质量巨大的生物大分子，根据核苷酸的差异区分为RNA和DNA。

无论哪种核酸，其聚合键均为磷酸二酯键，键合位3′,5′。核酸的书写方向是5′→3′,因

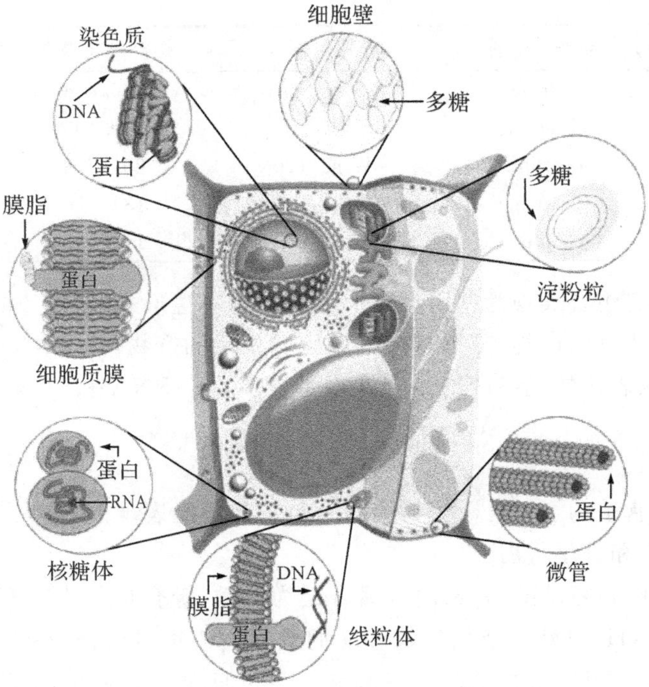

图 1-3　细胞内的生物大分子分布

此,核酸也称作核苷酸序列。

表 1-1　常见 20 种氨基酸名称及其缩写

中文名称	英文名称	符号与缩写	相对分子质量	类　型
丙氨酸	Alanine	A 或 Ala	89.079	脂肪族类
精氨酸	Arginine	R 或 Arg	174.188	碱性氨基酸类
天冬酰胺	Asparagine	N 或 Asn	132.104	酰胺类
天冬氨酸	Aspartic acid	D 或 Asp	133.089	酸性氨基酸类
半胱氨酸	Cysteine	C 或 Cys	121.145	含硫类
谷氨酰胺	Glutamine	Q 或 Gln	146.131	酰胺类
谷氨酸	Glutamic acid	E 或 Glu	147.116	酸性氨基酸类
甘氨酸	Glycine	G 或 Gly	75.052	脂肪族类
组氨酸	Histidine	H 或 His	155.141	碱性氨基酸类
异亮氨酸	Isoleucine	I 或 Ile	131.160	脂肪族类
亮氨酸	Leucine	L 或 Leu	131.160	脂肪族类
赖氨酸	Lysine	K 或 Lys	146.17	碱性氨基酸类
蛋氨酸	Methionine	M 或 Met	149.199	含硫类
苯丙氨酸	Phenylalanine	F 或 Phe	165.177	芳香族类
脯氨酸	Proline	P 或 Pro	115.117	亚氨基酸

续表

中文名称	英文名称	符号与缩写	相对分子质量	类型
丝氨酸	Serine	S 或 Ser	105.078	羟基类
苏氨酸	Threonine	T 或 Thr	119.105	羟基类
色氨酸	Tryptophan	W 或 Trp	204.213	芳香族类
酪氨酸	Tyrosine	Y 或 Tyr	181.176	芳香族类
缬氨酸	Valine	V 或 Val	117.133	脂肪族类

核酸的功能形态主要表现为基因存储形式或基因表达形式两种。如 mRNA、rRNA 和 tRNA 就是基因表达后的产物，都是相应的基因转录后的产物，但 mRNA 不是基因表达的最终产物，该类基因表达的最终产物是多肽或蛋白质，而 rRNA 和 tRNA 则是该类基因表达的最终产物。

2. 蛋白质

依据它们在细胞结构上相对于生物膜的分布及其功能表现差异，人们将蛋白质区分为膜蛋白质、基质蛋白和分泌蛋白。

蛋白质可以理解为氨基酸的聚合物，聚合键为肽键，键合位是—NH_2和—COOH，即一个氨基酸的游离—NH_2和另一个相邻氨基酸的游离—COOH缩合形成一个肽键。蛋白质的书写方向是游离—NH_2端的氨基酸→游离—COOH端的氨基酸，书写时使用氨基酸缩写，氨基酸缩写可以是单字母符号或三字母符号，一般使用单字母符号。由于这样规定书写方向，所以把蛋白质或多肽也称氨基酸序列。

细胞内的蛋白质或多肽还有其他存在形式，如真核细胞染色体骨架中的组蛋白和非组蛋白、细胞内的核糖体蛋白、细胞骨架蛋白（微管、微丝、中间纤维）、病毒或噬菌体的衣壳蛋白。

3. 多糖

多糖在细胞内存在的形式多种多样，主要是细胞壁多糖、膜多糖、糖原和淀粉，其他存在形式是与他种生物大分子形成复合物，如糖蛋白、糖脂。

多糖一般是由六碳糖缩合形成的有分枝或无分枝的长链分子，多糖的聚合键是糖苷键，键合位可以是六碳糖的1′、2′、3′、4′或6′碳。

细胞壁多糖在原核细胞一般是肽聚糖，在真菌细胞可以是几丁质或纤维素，在植物细胞则是纤维素、半纤维素、木质素、果胶质等。

糖氨聚糖（GAG）指由氨基己糖和糖醛酸组成的特定二糖单元组成的重复结构，糖苷键可以是β(1,3)、β(1,4)和β(1,6)等（表1-2）。

表 1-2 糖氨聚糖在细胞质膜外的分布

动物细胞外基质	植物细胞壁	真菌细胞壁	细菌细胞壁
透明质酸	果胶质	肽聚糖	肽聚糖
硫酸软骨素	纤维素	几丁质	
硫酸皮肤素	半纤维素	纤维素	
硫酸角质素	木质素		
硫酸类肝素			
肝 素			

4. 膜脂

膜脂的键合键主要是氢键、范德华氏力等弱相互作用。膜脂可以与糖链、蛋白质、多肽等形成生物大分子复合物。

膜脂指由脂质分子共同组成脂质双分子层，是组成生物膜的重要结构基础。

ZHI SHI TUO ZHAN

知识拓展

国际单位制(SI)

1. 名称由来

源自法文“le Système international d'unités”,英文“International System of Units”,简称SI。SI是国际单位制的国际通用符号,又称公制或米制,旧称“万国公制”,是一种十进制进位系统。

2. 制定者

由国际计量大会(General Conference of Weights & Measures,法文简称CGPM)采纳推荐的一种一贯单位制(表1-3)。

CGPM在1795年以来,相继制定了国际单位制的因数、词头、名称和符号(表1-4)。在自然科学领域中,尤其药学应用学科中,SI词头的熟悉和运用是非常有价值的,是全球采纳的因数词头。

表1-3 国际单位制基本单位

基本单位	中文符号	英文符号
长度	米	m
质量	千克	kg
时间	秒	s
电流	安[培]	A
热力学温度	开[尔文]	K
物质的量	摩[尔]	mol
发光强度	坎[德拉]	cd

表1-4 国际单位制的因数、词头、名称和符号

因数 1000^m	因数 10^n	中华人民共和国所用词头	中国台湾地区所用词头	词头英文	词头符号	开始使用年份*
1000^8	10^{24}	尧(它)	佑	yotta	Y	1991
1000^7	10^{21}	泽(它)	皆	zetta	Z	1991
1000^6	10^{18}	艾(可萨)	艾	exa	E	1975
1000^5	10^{15}	拍(它)	拍	peta	P	1975
1000^4	10^{12}	太(拉)	兆**	tera	T	1960
1000^3	10^9	吉(咖)	吉	giga	G	1960
1000^2	10^6	兆	百万	mega	M	1960
1000^1	10^3	千		kilo	k	1795
$1000^{2/3}$	10^2	百		hecto	h	1795
$1000^{1/3}$	10^1	十		deca	da	1795
1000^0	10^0	(无)				
$1000^{-1/3}$	10^{-1}	分		deci	d	1795
$1000^{-2/3}$	10^{-2}	厘		centic	c	1795
1000^{-1}	10^{-3}	毫		millim	m	1795
1000^{-2}	10^{-6}	微		micro	μ	1960***

续表

因数 1000^m	因数 10^n	中华人民共和国所用词头	中国台湾地区所用词头	词头英文	词头符号	开始使用年份*
1000^{-3}	10^{-9}	纳(诺)	奈	nanon	n	1960
1000^{-4}	10^{-12}	皮(可)	皮	pico	p	1960
1000^{-5}	10^{-15}	飞(母托)	飞	femto	f	1964
1000^{-6}	10^{-18}	阿(托)	阿	atto	a	1964
1000^{-7}	10^{-21}	仄(普托)	介	zepto	z	1991
1000^{-8}	10^{-24}	幺(科托)	攸	vocto	y	1991

* 1795 年引进的公制系统包含 6 个词头;其余的时间以 CGPM 的决议为准。

** 中华人民共和国和台湾地区的法定 SI 词头中,兆的含义不同(分别为 10^6 和 10^{12},为避免混淆,两岸交流中可称 10^6 为百万,称 10^{12} 为万亿)。

*** 微米的决议曾于 1967 年被 CGPM 废除。

习题与思考

1. 解释以下术语:生命、生物、细胞生物、非细胞生物。
2. 为什么说细胞是生命活动的基本单位?
3. 典型的细胞应该具有哪些结构特征?
4. 掌握 10^{-15}~10^{15}之间的 14 个常用 SI 因数词头符号及其英文发音。能够进行换算,如 $1nm=10^{-9}m$。

任务二　非细胞生物与细胞生物

学习目标

了解生物的类群,掌握生物分类基本内容。熟悉非细胞生物和细胞生物的常见类群及其一般生物学特征。

BEI JING ZHI SHI

背景知识

所有生物都是地球生物,目前还没有确切证据表明在地球以外存在地外生物或地外生命。

对于生物物种的描述,一般是沿用人类文明中先民传承下来的、有地域局限的物种普通名称。这种描述对于科学研究，不方便广泛的交流与学习，尤其对于研究成果的全球交流更是阻碍重重，显然，是由于各地域、各民族先民对同一物种很可能有不同的物种名。

现代生物学分类命名的奠基人便是瑞典自然学者林奈(Carolus Linnaeus，1707—1778)，他生活的年代，也正是欧洲的大航海世纪，许多航海归来的生物学家和博物学家带回世界各地的动植物，并以自己的喜好为之命名，造成一物多名，或异物同名的混乱现象。

1753年林奈发表《植物种志》(*Species Plantarum*)，采用双名法，以拉丁文来为生物命名，其中第一个名字是属的名字，第二个是种的名字，属名为名词，种名为形容词，形容物种的特性，或可加上发现者的名字，以纪念这位发现者，也有负责的意思。林奈用这种方法为植物命名，后来他也用同样的方法为动物命名，此种命名法一直沿用至今。

习惯上，在科学文献的印刷出版时，学名之引用常以斜体表示，或是学名加底线表示。例如：*Homo sapiens*(智人)。*Homo sapiens*(种的学名)＝Homo(属名)＋sapiens(种加词)，又如 *Trifolium repens* L.(一种三叶草，酢酱草)＝Trifolium (属名，名词)＋repens (种小名，形容词)＋L.(命名者，林奈名字的通用缩写)。

魏泰克(Robert H. Whittaker，1924—1980)在1969年提出生物分类的五界系统为许多学者所接受，该五界包括原核生物界、原生生物界、真菌界、植物界和动物界。

五界系统按其复杂性增加可以理解成3个生命层次：原核的单细胞(原核生物界)，真核的单细胞(原生生物界)，真核的多细胞(植物界、真菌界和动物界)。另外，有人认为多细胞生命的三个界又代表了一种生态的和形态的分类。植物是生产者、真菌是还原者，而动物则是消费者，代表了我们这个世界上3种主要生存方式。

生物分类的7阶元是：界(kingdom)、门(phylum 或 division)、纲(class)、目(order)、科(family)、属(genus)、种(species)。描述种的 species 单复数同形。分类学中，界下分若干个门，门下设纲若干，纲下设目，目下设科，科下设属，属下设种。按照分类指标，相似的种划归为一个属，相似的属划归某个科，相似的科划归特定的目，相似的目归某个纲，相似的纲再划归某个门，而若干个门组成一个界。

病毒、类病毒、朊粒等属于非细胞生物，不并列到上述五界生物分类系统，原因大概是它们不能独立地完整表现出生命现象。往往把非细胞生物称作半生命。

任务内容

一、非细胞生物

已知的非细胞生物有病毒、类病毒、朊粒等。

(一)病毒

病毒是由一种核酸分子(DNA 或 RNA)，与蛋白质、多糖或者膜脂共同构成生物大分子复合体，必须寄生于细胞内才能进行病毒基因组基因的表达以及病毒的生物合成和装配、释放等生物学过程，完成病毒的复制周期，从而实现病毒增殖这一重要的生命活动。

病毒的大小一般为10～30nm，大的如牛痘病毒的长径可达300nm(图1-4)。

依据病毒的基因表达类型差异，病毒分为2类。一类是原核基因表达体系病毒，即感染原核细胞的病毒，特称噬菌体。另一类是真核基因表达体系病毒，即感染真核细胞的病毒。

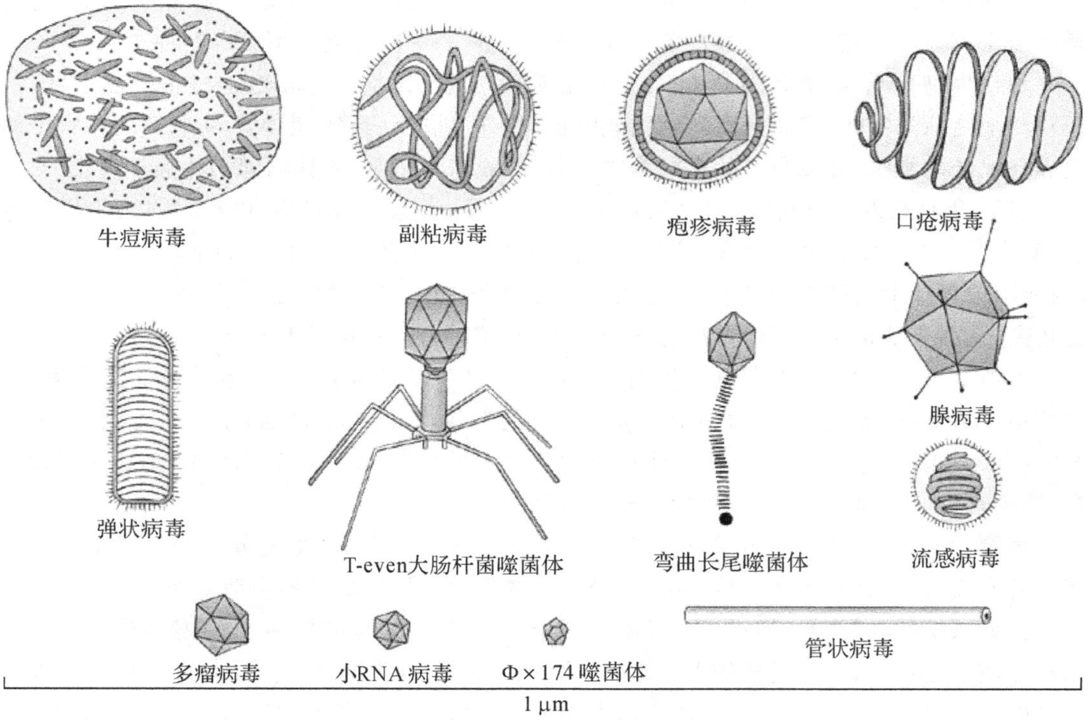

图 1-4　病毒的形态与大小

依据病毒的遗传物质核酸形态差异，病毒分为两大类。一类是 RNA 病毒，包括开链 ssRNA 病毒和开链 dsRNA 病毒。另一类是 DNA 病毒，包括开链 ssDNA 病毒、开链 dsDNA 病毒、带端粒蛋白的开链 dsDNA 病毒、端粒共价闭合的 dsDNA 病毒、环状 ssDNA 病毒和环状 dsDNA 病毒(图 1-5)。

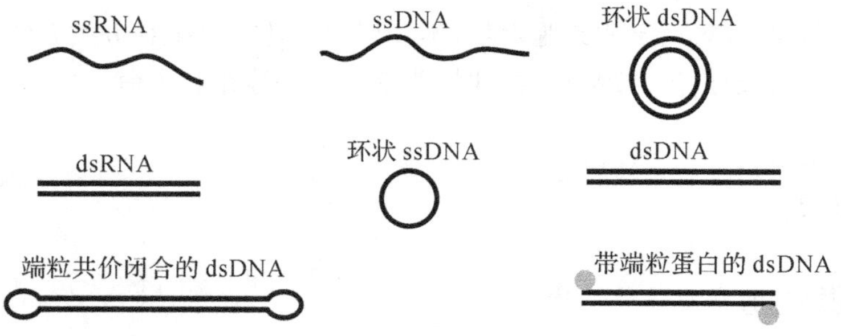

图 1-5　病毒的核酸类型

依据病毒的细胞生物宿主类型，病毒则可以分为噬菌体、真菌病毒、低等植物病毒、高等植物病毒、无脊椎动物病毒及脊椎动物病毒。噬菌体是指感染原核细胞的病毒，原核细胞生物包括细菌、放线菌、螺旋体、支原体、衣原体、立克次体。

值得注意的是，某些低等植物如藻类、苔藓的病毒未发现，未见报道。另外，无脊椎动物病毒在某些无脊椎动物门也未见报道。

病毒的宿主特异性往往比较高，具有很强的宿主种属特异性。感染原核细胞如细菌的噬菌体不能以真菌细胞、植物细胞、动物细胞为宿主，即噬菌体不会感染真菌、植物和动物。类似地，植物病毒也不会感染动物。

病毒增殖周期，或病毒复制周期，包括吸附、穿入、脱壳、合成、装配、成熟与释放，也是病毒感染细胞的典型过程。

（二）类病毒

类病毒是由感染性的 ssRNA 构成，无蛋白、多糖或者膜脂等其他组分，必须寄生于细胞内才能进行生物合成、释放等生物学过程，完成增殖周期。类病毒为严格寄生，专一性很强，通常感染高等植物，并整合到植物的细胞核内进行复制。类病毒通常通过种子或花粉传播。类病毒最早由在美国工作的瑞士学者迪纳（Theodor O. Diener）于 1971 年在马铃薯纺锤块茎病中发现。有 2 科 7 属：

马铃薯纺锤形块茎类病毒科（Pospiviroidae）

- 马铃薯纺锤形块茎类病毒属（Pospiviroid），代表种有马铃薯纺锤形块茎类病毒（Potato spindle tuber viroid）
- 啤酒花矮化类病毒属（Hostuviroid），代表种有啤酒花矮化类病毒（Hop stunt viroid）
- 椰子死亡类病毒属（Cocadviroid），代表种有椰子死亡类病毒（Coconut cadang-cadang viroid）
- 苹果锈果类病毒属（Apscaviroid），代表种有苹果锈果类病毒（Apple scar skin viroid）
- 锦紫苏类病毒属（Coleviroid），代表种有锦紫苏类病毒 1（Coleus blumei viroid 1）

鳄梨日斑类病毒科（Avsunviroidae）

- 鳄梨日斑类病毒属（Avsunviroid），代表种有鳄梨日斑类病毒（Avocado sunblotch viroid）
- 桃潜花叶类病毒属（Pelamoviroid），代表种有桃潜花叶类病毒（Peach latent mosaic viroid）

（三）朊病毒

朊病毒也称朊粒，则是仅仅由感染性的蛋白质构成，无核酸、多糖或者膜脂等其他组分。在宿主细胞内可自我复制并具感染性。与普通蛋白质不同，经 120～130℃加热 4h、紫外线、离子照射或甲醛消毒，这些都不能把朊病毒杀灭，对蛋白酶也有抗性，但不能抵抗蛋白质强变性剂，如苯酚、尿酸。

朊病毒具体的活动和复制机制还不是很清楚，但是它们通常被认为是引起某些疾病的原因，这一系列疾病是先前人们了解甚少的传染性海绵状脑病，这些脑病包括羊瘙痒症和牛海绵状脑病（也叫“疯牛病”）。这些疾病对脑组织结构的影响都是致命且不可医治的。

二、细胞生物

（一）细胞的典型结构与其他结构

1. 典型结构

几乎所有细胞均有典型的结构特征：细胞质膜、核糖体和细胞基因组。

（1）细胞质膜　细胞质膜是以膜脂为骨架构建的生物膜，是细胞与细胞外环境进行物质交换的结构基础，也是细胞与外界的信息通路，并实现细胞内、外的能量交换。选择通透性是细胞质膜的重要特点。

细胞质膜上有丰富的膜蛋白和膜多糖，如载体蛋白、通道蛋白、细胞膜表面受体蛋白等。

对于细胞质膜而言，绝大多数原核细胞、真菌细胞和植物细胞在细胞外方向与细胞壁成分相连，动物细胞等真核细胞的细胞质基质方向有细胞骨架蛋白与其相连。

(2)核糖体细胞器　核糖体由若干种核糖体蛋白和若干种核糖体 RNA(rRNA)共同组成，这种由核糖体蛋白和 rRNA 组成的生物大分子聚合物的形态主要有 2 种，即核糖体大亚基和核糖体小亚基。核糖体在细胞完成生命活动中主要是参与结构基因或蛋白基因的表达，根据基因转录的成熟 mRNA 和细胞质基质中的各种 tRNA 辅助，先—NH_2端再—COOH端，翻译出新生肽链。

从结构与功能上理解，细胞生物学把核糖体也可以称作细胞器，是一种细胞内没有生物膜结构的细胞器。

(3)细胞基因组　细胞基因组都以 dsDNA 形式存在，这些 DNA 构成了该细胞的核遗传物质和核外遗传物质。但在原核细胞内，细胞基因组游离在细胞基质中，没有与生物膜形成细胞核样结构的细胞器。而在真核细胞内，细胞基因组与特定的生物膜，即核膜，形成细胞核。细胞核属于一种细胞器。

原核细胞的核遗传物质和核外遗传物质都是环形 dsDNA。核遗传物质只有一套，基因种类和数量比真核的少，核外遗传物质可以有多套，如 1 个细菌细胞内可以有若干个质粒，每个质粒有 1 个环形 dsDNA 存储质粒基因。

真核细胞的核遗传物质是两条以上的线形 dsDNA，基因容量大。核外遗传物质是环形 dsDNA，1 个真核细胞可以有多个线粒体，1 个植物细胞也可以有多个叶绿体，并且，每个线粒体或叶绿体可以有多套环形 dsDNA 共存。

(4)细胞质基质　细胞质基质指细胞内，除细胞质膜、核糖体、细胞器、dsDNA 以外的其他成分。如基质蛋白、细胞质骨架、mRNA、tRNA、rRNA、水、无机盐、有机分子等。

2. 其他结构

(1)细胞膜外结构　细胞壁，主要成分是多糖，存在于绝大多数原核细胞、真菌细胞和植物细胞。

细胞外基质，主要成分是多糖，存在于动物细胞。

鞭毛，指某些细菌的细胞壁外，由鞭毛蛋白(一种弹性蛋白)构成，长度是菌体长径的两倍以上，引导鞭毛菌的运动；或者指真核生物的鞭毛。细菌鞭毛与某些真核细胞的鞭毛在结构上有差异。

菌毛，是菌体表面的纤维蛋白，长度短于菌体的短径，须用电镜观察。特点是细、短、直、硬、多，与细菌运动无关，根据形态、结构和功能，可分为普通菌毛和性菌毛两类。前者与细菌吸附和侵染宿主有关，后者为中空管子，与细菌之间的核外遗传物质传递有关。

荚膜，指细菌细胞壁外层覆盖着的一层多糖物质。荚膜对细菌的生存具有重要意义，细菌不仅可利用荚膜抵御不良环境，保护自身不受白细胞吞噬，而且能有选择地黏附到特定细胞的表面上，表现出对靶细胞的专一攻击能力。

(2)内膜系统与膜性细胞器　内膜系统是指真核细胞内由生物膜形成了许多功能区隔，这种由生物膜围成的各种细胞器，如核膜、内质网、高尔基器、线粒体、叶绿体、溶酶体等，在结构与功能上形成了一个连续的体系。在真核细胞内，这些依赖生物膜组成的，有特定功能的结构便称为膜性细胞器。

细胞核，由双重生物膜围成的，与细胞内遗传信息的存储、基因表达的转录、转录后加工、成熟 mRNA 选择转运到细胞质基质、核糖体大亚基和小亚基的组装运输等功能有关。真核细胞才具有细胞核，原核细胞无此结构。

线粒体，由两层生物膜围成的，与细胞内能量代谢有关的细胞器，主要作用是通过氧化磷酸化合成 ATP，将化学能转换成生物能。

内质网，是由生物膜围成一个连续的管道系统。粗面内质网表面附有核糖体，与核被膜相通，结构与功能方面与核被膜、高尔基器关联，参与蛋白质的合成和加工；光面内质网表面没有核糖体，参与脂类合成。

高尔基器，由规则的扁囊和小泡组成，结构与功能方面与内质网相关，与细胞的分泌活动和溶酶体的形成有关。

溶酶体，动物细胞中行细胞内消化作用的细胞器，含有多种酸性水解酶。

液泡，植物细胞中由生物膜围成的细胞器，功能上类似动物细胞的溶酶体。

叶绿体，植物细胞中由两重生物膜围成的细胞器，主要功能是进行光合作用，将光能转换成化学能。

微体，由生物膜围成的小泡状结构，含有多种氧化酶，与分解过氧化氢和乙醛酸循环有关。

(3)其他非膜性细胞器　中心粒，出现于动物细胞，由相互垂直的两组 9+0 三联微管组成。中心粒和中心粒周物质合称为中心体。

纺锤体，真核细胞有丝分裂或减数分裂时，伴随核膜的磷酸化而出现，重新形成核膜后消失。包括中心体、星体微管、极间微管、动粒微管等结构。动粒微管连接染色体。

有丝分裂器，概念同纺锤体。

染色体，指真核细胞基因组 dsDNA 和组蛋白、非组蛋白等形成的结构，出现于有丝分裂中期。典型的染色体结构包括端粒、短臂、着丝粒和长臂。

(4)细胞结构的变化　L 型菌，特指缺失了细胞壁的变异菌株。一般有回复突变的可能性，返祖重新形成细胞壁。

芽孢，有些细菌(多为杆菌)在一定条件下，细胞质高度浓缩脱水所形成的一种抗逆性很强的球形或椭圆形的休眠体。1 个细菌细胞只形成 1 个芽孢，有的在细胞一端，有的在细胞中部。由于芽孢是在细胞内形成的，所以也称之为内生孢子。

原生质体，指解除细胞壁后的细胞，如细菌原生质体、植物原生质体。有时，也统称没有细胞壁的细胞。

微绒毛，是上皮细胞的细胞质基质在微丝的作用下使细胞质膜向外突起，直径约 0.1μm，长度由 0.2μm 到数微米，广泛存在于动物细胞中。较为常见的如成长期的卵母细胞、小肠、肾小管曲细尿管的上皮细胞，以及内耳、鼻、侧线等感觉细胞。

伪足，也称变形足，指细胞质基质临时性或半永久性地使细胞质膜向外突出的部分，见于所有肉足和某些鞭毛原生动物，用于行动和摄食。高等动物的某些细胞如巨噬细胞也能形成伪足。

(二)原核细胞与原核生物

1. 原核细胞基本特点

遗传的信息量小，仅由一个环状 dsDNA 构成。细胞内没有分化出含生物膜的细胞器和细胞核。核糖体细胞器为70S。

2. 原核生物

原核生物就是指原核细胞生物，全部是单细胞生物。原核生物主要是细菌、放线菌、螺旋体、支原体、衣原体和立克次氏体等。

支原体，最小最简单的细胞，无细胞壁，大小0.2～0.3μm，容易通过滤菌器。细胞膜中胆固醇含量较多，约占36%，这对保持细胞膜的完整性是必需的，因此，凡能作用于胆固醇的物质（如二性霉素B、皂素等）均可引起支原体膜的破坏而使支原体死亡。

细菌，种类最多，广义概念包括所有原核细胞生物。

蓝藻，又称蓝细菌。

（三）真核细胞与真核生物

1. 真核细胞基本特点

真核细胞核遗传物质的载体为2条以上的线性dsDNA，且与组蛋白、非组蛋白形成染色体存在于细胞核中。真核细胞内有细胞核、线粒体、高尔基器等各种膜性细胞器。核糖体细胞器为80S。

2. 真核细胞基本结构体系

在细胞生物学中，真核细胞的结构体系包括以下3个基本结构体系：

（1）生物膜结构体系　以膜脂、蛋白质、多糖等生物大分子成分为基础，类型包括细胞质膜、细胞器膜。细胞核也是一种细胞器，并且细胞核、线粒体和叶绿体有2层生物膜组成，分别称外膜和内膜。

（2）遗传信息结构与表达体系　真核细胞的核基因组存在于细胞核染色体dsDNA上，基因表达是指基因组DNA基因经过转录、翻译等过程形成该基因的最终表达产物。

基因组基因的转录产物是各种RNA，如mRNA、tRNA和rRNA。tRNA和rRNA是该类基因的最终表达产物，mRNA在核糖体（含核糖体蛋白和rRNA）上翻译形成的肽链才是该类基因的最终表达产物。

（3）细胞骨架体系　细胞骨架系统是指真核细胞中的蛋白纤维网架系统，通常分为细胞质骨架和细胞核骨架。与细胞运动、细胞器定位、细胞内生物大分子的运输和细胞形态维持等有关。

细胞质骨架指细胞质基质中的微丝、微管和中间纤维。

细胞核骨架一般指核基质，即细胞核内除核膜、核纤层、染色质、核仁和核孔复合体以外的以纤维蛋白为主的纤维骨架系统。广义的细胞核骨架则包括核基质、核纤层和核孔复合体。

原核细胞与真核细胞的结构有明显差异（表1-4），另外，原核细胞与真核细胞在核遗传物质结构和基因表达方面也存在差异（表1-5）。

表1-4　原核细胞与真核细胞的结构比较

细胞结构	原核细胞	真核细胞
细胞质膜	有（多功能性）	有
染色体	由一个环状dsDNA分子构成的单个染色体，dsDNA不与或很少与蛋白质结合	2个染色体以上，染色体由线状dsDNA与组蛋白质及非组蛋白共同组成
核膜	无	有
核仁	无	有

续表

细胞结构	原核细胞	真核细胞
线粒体	无	有
内质网	无	有
Golgi 器	无	有
溶酶体	无	有
细胞骨架	70S(50S+30S)	80S(60S+40S)
核糖体	蓝藻含有叶绿素 a 的膜层结构,细菌含菌色素	植物叶绿体有叶绿素 a 与叶绿素 b
光合作用结构	细菌具有环状的质粒 dsDNA	线粒体环状 dsDNA,叶绿体环状 dsDNA
核外 DNA	主要成分是氨基糖与壁酸	动物细胞无细胞壁,植物细胞壁的主要成分为纤维素与果胶
细胞壁		
细胞增殖/分裂	无丝分裂(直接分裂)	以有丝分裂(间接分裂)为主

表 1-5 原核细胞与真核细胞关于核遗传物质结构和基因表达的比较

特征	原核细胞	真核细胞
DNA 量(信息量)	少	多
DNA 分子数	1 条	2 条以上
DNA 分子结构	环状	线状
基因组数	仅 $1n$	$2n$ 以上
基因数	几千	大于几万,十万
大量“多余”的“重复”的 DNA 序列	无	有
内含子序列	无	有
DNA 与组蛋白结合	最多与少量类组蛋白结合	与 5 种组蛋白结合
DNA 与组蛋白以核小体及各级高级结构构成染色质与染色体	无	有
DNA 复制的明显周期性	无	有
基因表达的调控	主要以操纵子方式	复杂性,多层次性
转录与翻译的时空关系	转录与翻译同时同地进行	核内转录,细胞质内翻译严格的阶段性与区域性
转录后与翻译后大分子的加工与修饰	无	有
细胞复制与分裂(DNA 传递与分配)	无丝分裂	有丝分裂,减数分裂

3. 真核生物

真核生物也称真核细胞生物,指原生生物、霉菌、酵母、植物、动物等。原生生物是单细胞真核生物,动物、植物是多细胞真核生物。

真核细胞中动物细胞与植物细胞在细胞器组成上也有明显差异,主要表现为是否存在细胞壁、液泡、叶绿体、中心体等细胞结构(表 1-6)。

表 1-6 动物细胞与植物细胞比较

细胞器	动物细胞	真植物细胞
细胞壁	无	有
液泡	部分有	有
叶绿体	无	有
中心体	有	无

ZHI SHI TUO ZHAN

知识拓展

药物靶标概况

1. 药物作用靶标

能与药物相互作用,赋予药物活性效应的特定分子称作药物作用靶标。绝大多数属于蛋白质,并且多数是受体。

2. 药物靶标在细胞内外的分布

分布于细胞表面,如细胞质膜受体;或细胞内,如细胞器膜受体、细胞质受体、线粒体靶标等。

3. 靶向药物治疗研究与应用

信号转导抑制剂及血管新生抑制剂研究,以及肿瘤基因及其表达的靶向制剂研究。

习题与思考

1. 解释如下术语:病毒、类病毒、朊粒、原核细胞、真核细胞、原核生物、真核生物。
2. 从结构组成上,包膜病毒与裸露病毒有什么异同?
3. 简单比较原核细胞与真核细胞的结构差异。
4. 一般情况下动植物细胞在结构上有哪些明显差异?

任务三　微生物细胞、植物细胞与动物细胞在培养上的主要区别

学习目标

初步了解微生物细胞培养、植物细胞培养与动物细胞培养的基本区别,这些区别主要表现在培养基种类、培养器皿种类、培养箱类型、显微镜类型、温湿度控制等方面。

BEI JING ZHI SHI

背景知识

微生物细胞培养,简称微生物培养,包括原核细胞培养(细菌培养)和真核细胞培养(霉菌培养和酵母培养)。这些细胞小、且具有细胞壁,细胞周期非常短,如细菌每 20～30min 增殖 1 次。

植物细胞培养指原生质体培养。未考虑分离出原生质体的植物细胞培养，无论是游离的单细胞或组织块，都称作植物组织培养。

动物组织细胞培养包括接种单细胞悬液进行的培养、接种组织块进行的培养。传代细胞如细胞株、细胞系，通常采用接种单细胞悬液进行的培养，是动物细胞培养常见的方式。原代细胞是指来源于动物组织的细胞团块，往往包含多种细胞类型，并且细胞与细胞之间的细胞质膜有紧密联系。如果培养时不需分离组织中的细胞，直接用组织块进行的培养就是组织培养。如果需要制备成单细胞悬浮液，再接种培养，则属于原代细胞培养。

任务内容

一、细胞型微生物培养

细胞型微生物包括原核细胞类微生物和真核细胞类微生物。细菌、放线菌、螺旋体、支原体、衣原体和立克次氏体等一般属于单细胞原核生物，放线菌是菌丝生长，其菌丝由多细胞组成，但每个细胞往往含多套核物质，属于无隔菌丝。酵母一般是单细胞真核生物，霉菌往往是多细胞真核生物。霉菌菌丝多数时候是有隔菌丝，每个细胞一般含 1 个细胞核或 2 个以上的细胞核。

(一)培养目的

根据培养基物理性状的差异，分为 3 种类型：①液体培养，用于增菌培养、鉴别培养等目的；②固体培养，这种培养的目的有增菌、分离、鉴别、保藏等；③半固体培养，一般用于鉴别和增菌目的。

(二)培养形式

在液体培养类型中，常见发酵管培养、发酵罐培养、摇瓶培养、多孔板培养等形式。

在固体培养类型中，培养皿平板、克氏瓶(扁瓶)平板、试管斜面为常见形式。

(三)培养仪器

原核细胞培养所用的培养箱是生化培养箱或厌氧培养箱，前者用于好氧菌培养，后者用于厌氧菌培养，厌氧培养需要钢瓶提供食品级氮气。霉菌培养箱用于霉菌培养，能提供较高的相对湿度，气密性也比较高。

二、植物组织细胞培养

植物组织培养是指通过无菌操作分离植物体的一部分，即外植体，接种到培养基上，在人工控制的条件下进行培养，使其产生完整植株的过程。

植物组织培养主要有原生质体培养、悬浮细胞培养、花药培养、组织培养、器官培养等形式，其中最常见的是愈伤组织培养。

(一)培养目的

由于植物细胞具有全能性，植物组织细胞培养的各种类型均可经过诱导分化形成愈伤组织，发育形成新植株。

植物组织培养技术不仅用于快速繁殖，而且有着相当广泛的用途。这些应用包括单倍体育种、种质保存、生理学研究和基因转化等。

(二)培养类型

1. 植物原生质体培养

植物细胞培养，狭义上仅指植物原生质体培养，广义上包括植物原生质体培养和植物组织培养。

脱除细胞壁后的植物细胞称为原生质体。植物原生质体培养是将来源于某个植物器官的组织块中的细胞，用纤维素酶或果胶酶等降解细胞壁，离心收集得到单细胞悬液，然后接种培养。其特点是：①比较容易摄取外来的遗传物质，如 DNA；②便于进行细胞融合，形成杂交细胞；③与完整细胞一样具有全能性，仍可产生细胞壁，经诱导分化成完整植株。

2. 植物组织培养

包括茎尖分生组织或愈伤组织培养。其中，诱发产生的愈伤组织，在条件适宜情况下，可培养出再生植株。用于以下目的：①研究植物的生长发育、分化和遗传变异；②进行特定品种的克隆，即无性繁殖；③制取特定植物组织细胞的代谢产物。

3. 悬浮植物细胞培养

在愈伤组织培养技术基础上发展起来的一种培养技术。适合于进行产业化大规模细胞培养，制取植物代谢产物。

4. 花药培养

也称单倍体培养。通过花药或花粉培养可获得单倍体植株，经人为加倍后可得到完全纯合的植株或品种。

5. 植物器官培养

植物器官培养是指将植株的胚、花药、子房、根或茎在体外进行的培养。

(三)培养条件

人工培养条件，即人工环境，包括：①提供能量来源的光照条件；②保证新陈代谢的温度条件；③提供气一水平衡的湿度条件；④提供生物原料来源的培养基；⑤避免环境微生物污染的无菌环境。人工环境模仿了植物的自然环境，即光照、温度、湿度、土壤和完整植株体内无菌环境。

光照、温度的选定通常依据所培养植物的生态习性，习惯上采用暗培养与光照培养(8h/d,3000lx)相结合交替进行全程的培养，温度控制在 25～28℃ 范围。湿度在组织培养中不需特意地调整，因为培养容器中的相对湿度几乎达到 100%，因此，如何控制人工培养环境的重点和难点在于培养基的选择和配制。

1. 培养基

植物培养基是从无土栽培的营养液发展而来的，在某种意义上可理解为模拟土壤。最初的培养基是马铃薯浸出液，随着植物生理学和生物化学研究的深入，培养基的构成越来越复杂，成分越来越多。

当琼脂、明胶支持物的发现并且应用到培养基中时，固体培养基随之诞生。固体培养基是组织培养基中最常用的一种培养基类型。

不同的植物对培养基最适 pH 值的要求也是不同的，大多在 5～6.5 范围，一般培养基 pH 控制在 5.8，这基本能适应大多植物培养的需要。

培养基中添加食盐、蔗糖、甘露醇和乙二醇等物质可以调整渗透压。通常 1～2 个大气压可促进植物组织生长，2 个大气压以上时，出现生长障碍，6 个大气压时植物组织即无法生存。

无论培养目标设计是针对细胞生长还是针对代谢产物的积累，其培养基主要由碳源、有机氮源、无机盐、植物生长激素、有机酸和一些复合物质组成。

(1)碳源 蔗糖或葡萄糖是常用的碳源，果糖比前两者差。其他的碳水化合物不适合作为单一的碳源。通常增加培养基中蔗糖的含量，可增加培养细胞的次生代谢产物量。

(2)有机氮源 通常采用的有机氮源有蛋白质水解物(包括酪蛋白质水解物)、谷氨酰胺或氨基酸混合物。有机氮源对细胞的初级培养的早期生长阶段有利。L-谷氨酰胺可代替或补充某种蛋白质水解物。

(3)无机盐类 大量元素和微量元素通常使用无机盐代替，铁盐通常以螯合铁的形式出现。对于不同的培养形式，无机盐的最佳浓度是不相同的。通常在培养基中含大量元素的无机盐浓度控制在 25mmol/L 左右。硝酸盐浓度一般采用 25～40mmol/L，虽然硝酸盐可以单独成为无机氮源，但是加入铵盐对细胞生长有利。如果添加一些琥珀酸或其他有机酸，铵盐也能单独成为氮源。培养基中必须添加钾元素，其浓度为 20mmol/L。磷、镁、钙和硫等微量元素的浓度在 1～3mmol/L 之间。

(4)植物生长激素 大多数植物细胞培养基中都含有天然的和合成的植物生长激素。植物激素在组织培养中具有无可动摇的核心地位，包括五大类，即生长素类、细胞分裂素类、赤霉素、乙烯类和生长抑制素类。在植物组织培养中最常用的是生长素和细胞分裂素。分裂素和生长素通常一起使用，促使细胞分裂、生长。生长素在植物细胞和组织培养中可促使根的形成，最有效和最常用的有吲哚丁酸、吲哚乙酸和萘乙酸，分裂素通常是腺嘌呤衍生物。

(5)有机酸 加入丙酮酸或者三羧酸循环中间产物如柠檬酸、琥珀酸、苹果酸，能够保证植物细胞在以铵盐作为单一氮源的培养基上生长，并且耐受钾盐的能力至少提高到 10mmol/L。三羧酸循环中间产物，同样能提高低接种量的细胞和原生质体的生长。

(6)复合物质 通常作为细胞的生长调节剂，如酵母抽提液、麦芽抽提液、椰子汁和水果汁。目前这些物质已被已知成分的营养物质所替代。在许多例子中还发现，有些抽提液对细胞有毒性。目前仍在广泛使用的是椰子汁，在培养基中浓度是 1～15mmol/L。

2. 培养器皿

培养器皿是强调植物组织细胞培养物的形态，有试管、三角烧瓶、罐头瓶、培养皿、扁身培养瓶、凹面载玻片、L 型管和 T 型管等种类。

3. 培养外环境

植物组织细胞培养需要光照、温度、湿度等条件，满足此类条件的培养箱是光照培养箱、大型的人工气候箱、人工气候室或植物生物反应器。

三、动物细胞培养

(一)培养类型

1. 依据培养细胞来源动物分类

分为无脊椎动物细胞培养和脊椎动物细胞培养。

(1)无脊椎动物细胞培养 指来源于多孔动物门、腔肠动物门、环节动物门、节肢动物门、软体动物门和棘皮动物门的细胞培养。

无脊椎动物的细胞培养研究晚于哺乳动物，由于无脊椎动物细胞在形态、结构和功能以及营养需求等方面的特殊性，其细胞培养多数停留在原代培养和有限细胞系水平上。

节肢动物门可分为3个亚门7个纲，其中的甲壳纲、蛛形纲、多足纲、昆虫纲的种类多，分布广，某些种类可供药用，主要代表有虾、蟹、昆虫。从1961年至今，已建立昆虫细胞系800余株。

(2)脊椎动物细胞培养　这些脊椎动物从低级到高级包括鱼类、两栖类、爬行类、鸟类和哺乳类。

脊椎动物细胞培养开展较早，细胞系建立比较完善。哺乳动物细胞培养研究起步早，研究较多，其生物学特性更接近于人体天然产物，是目前生物技术产品研究开发的重点。

20世纪80年代WHO明确了哺乳动物传代细胞可用于生物制品生产以后，该领域的细胞培养在生物技术药物的研发中获得了长足的发展。据文献报道，已批准上市的生物技术药物中70%是由哺乳动物细胞产生的。

2．依据细胞生长特性分类

一般分为贴壁培养和悬浮培养，参考任务三十一。

3．依据培养目的分类

原代培养、传代培养、克隆化培养、扩大培养等。

详细内容和操作方法参考任务三十三。

(二)培养条件

1．培养基

常用的有含血清培养基和无血清培养基，一般是合成培养基，有各种型别的商品培养基供应，如干粉培养基和液体培养基。含血清培养基通常使用胎牛血清、新生牛血清或小牛血清，一般添加量为5%～20%。

2．培养器皿

常用培养器皿包括培养皿、培养方瓶、多孔细胞培养板等种类，具体内容可阅读任务十九和任务二十。

3．培养仪器

开放性的培养使用专业的CO_2培养箱，为动物细胞的生长提供温度、湿度与pH保证，其中，CO_2浓度的恒定对稳定培养液的pH至关重要。

除常用的CO_2培养箱以外，生产中还需要动物细胞生物反应器、细胞工厂或滚瓶机等仪器或大型设备。

4．镜检仪器

倒置生物显微镜是不可或缺的镜检仪器，用于观察培养物的生长状况，检查是否有微生物污染，初步判断是何种细胞型微生物污染。

四、微生物细胞、植物细胞与动物细胞在培养上的主要区别

在生物技术中，人们已经利用细菌、丝状真菌的大量培养来生产各种酶、抗生素、蛋白质、氨基酸等产物，但是很多有重要价值的生物物质，如毒素、疫苗、干扰素、单克隆抗体、色素、香味物质等，必须借助于动物细胞、植物细胞的大规模培养来制备。

如果对微生物细胞、植物细胞或动物细胞在培养上的异同点有一定的了解，将帮助学习者更好地掌握动物细胞的基本条件和要求，为哺乳动物细胞培养建立一定的理论基础。不

同细胞类型的培养要求和条件比较见表 1-7。

表 1-7　微生物细胞、植物细胞及动物细胞的培养特征比较

影响因素	微生物细胞	植物细胞	动物细胞
细胞大小	1～10μm	10～100μm	10～100μm
悬浮生长	可以	可以，但易结团，无单个细胞	多数细胞需附着表面才能生长
生长倍增时间	0.5～5h	24～72h	15～100h
代谢调节	内部	内部、激素	内部、细胞因子
环境敏感	不敏感	能忍受广泛范围	非常敏感
细胞分化	无	有	有
细胞产物浓度	正比于细胞密度，高	正比于细胞密度，低	正比于细胞密度，低
培养用液用水	蒸馏水或去离子水以上，或 0.2MΩ·cm 以上	蒸馏水或去离子水以上，或 0.2MΩ·cm 以上	三蒸水或高纯水以上，或 5MΩ·cm 以上
渗透压与 pH	依赖于培养基种类，固体或液体培养基	依赖于培养基种类，固体培养基常用	依赖于培养基种类，需 CO_2 浓度调节 pH，液体培养基常用
温度与湿度	依据细胞种类决定，对培养环境的温度、湿度变幅不十分敏感，但霉菌要求相对湿度大于 70%	依据细胞种类决定	依据细胞种类决定，对培养环境的温度、湿度变幅敏感，通常要求温度变化少于 0.1℃，相对湿度大于 90%
培养箱	生化培养箱，提供温度与湿度保证	光照培养箱或气候箱，提供温度与湿度保证	CO_2 培养箱，提供温度、湿度与 CO_2 浓度保证
镜检仪器	普通生物显微镜或带荧光、数码摄像等装置	普通生物显微镜或带荧光、数码摄像等装置	倒置生物显微镜或带荧光、数码摄像等装置
气体	空气或无氧气体	空气	空气，CO_2、O_2、N_2 等
光照	一般不需要	需要	不需要
无机有机成分	简单	丰富	非常丰富
细胞活性物质	简单	丰富	非常丰富
无菌控制	一般无菌操作，非空气对流环境，或超净工作台，或生物安全柜	无菌操作，超净工作台	严格无菌操作，洁净间内的超净工作台或生物安全柜

习题与思考

1. 在描述上，培养基和培养液这两个概念有什么不同？

2. 请从实验室仪器依赖方面，比较微生物细胞培养、植物细胞培养和动物细胞培养的主要区别。

项目二　细胞的结构体系与基因表达体系

任务四　生物膜

学习目标

掌握生物膜的基本概念，熟悉生物膜的4种基本类型。了解细胞膜外结构，细胞壁、细胞外被与细胞外基质的化学组成特点。

任务内容

一、生物膜与细胞质膜

(一)生物膜的结构模型

关于生物膜结构模型，人们熟知的流动镶嵌模型是以前普遍接受的概念，目前更为科学的概念是脂筏模型(图2-1)。

脂筏是指在生物膜上脂质分子胆固醇富集而形成有序的脂相，即膜脂大分子，如同脂筏一样载着各种膜蛋白和膜多糖。组成脂筏的紧密分子在脂质双分子层上可以流动，并且所有组成分子一起流动。

脂筏是质膜上富含胆固醇和鞘磷脂的微结构域，大小约70nm，是一种动态结构，位于质膜双层的外侧。由于鞘磷脂具有较长的饱和脂肪酸链，分子间的作用力较强，所以这些区域结构致密，介于无序液体与液晶之间，称为有序液体。脂筏就像一个糖蛋白和糖脂分子停泊的平台，与膜的信号转导、蛋白质分选均有密切的关系。脂筏最初可能在内质网上形成，转运到细胞膜上后，有些脂筏可在不同程度上与生物膜内侧的细胞骨架蛋白交联。推测一个100nm大小的脂筏可能载有600个蛋白分子。

从脂筏的角度来看，膜蛋白可以分为三类：①存在于脂筏中的蛋白质，包括糖磷脂酰肌醇锚定蛋白、某些跨膜蛋白、Hedgehog蛋白、双乙酰化蛋白如非受体酪氨酸激酶Src、G蛋白的Gα亚基、血管内皮细胞的NO合酶。②存在于脂筏之外无序液相的蛋白质；③介于两者之间的蛋白质，如某些蛋白在没有接受到配体时，对脂筏的亲和力低，当结合配体，发生寡聚化时就会转移到脂筏中。

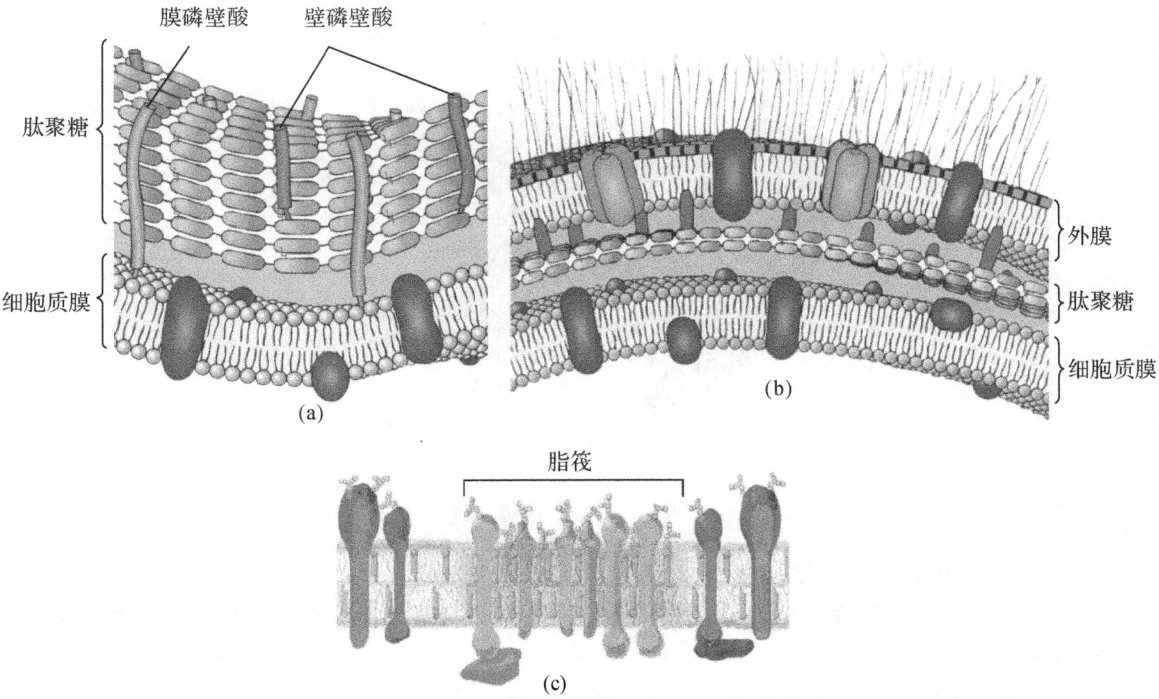

图 2-1　脂筏模型与生物膜

a. G^+菌细胞质膜;b. G^-菌细胞质膜及外膜;c. 脂筏模型

(二)生物膜的类型

1. *细胞质膜*

细胞质膜,也称原生质膜,存在于所有细胞的细胞质基质外表面,是典型细胞结构特征之一。细胞质膜是细胞与外界进行物质交换、信号传递、能量传递的基础。

细胞质膜的功能主要有以下几个方面:①维持细胞的结构完整性,保护细胞内成分;②细胞内外选择性物质运输的通道和桥梁;③细胞通讯中,是受体一配体、抗原一抗体特异性识别的物质基础和位置;④细胞表面绒毛、纤毛、鞭毛的着生位点;⑤分隔不同的酶系,使各种代谢反应不相干扰。

相对而言,具有细胞壁的真菌细胞和植物细胞的细胞质膜的结构功能要比动物细胞的细胞质膜简单。但是,由于原核细胞没有细胞内膜和其他膜性细胞器,因此,原核细胞的细胞质膜的结构功能比动物细胞的复杂,膜上承载着更多结合酶组成的酶系。

细胞质膜及其细胞质基质方向的纤维蛋白等共同结构称细胞膜骨架,或简称膜骨架。

细胞表面的细胞质膜相关的特化结构包括鞭毛、纤毛、微绒毛、变形足、内褶等。

2. *细胞内膜系统和细胞器膜*

(1)细胞内膜系统　核膜、内质网、Golgi 器、溶酶体等内膜系统细胞器的生物膜,其膜的结构和功能互相关联,这些膜性细胞器统称为内膜系统(图 2-2)。

核膜,也称核被膜,与内质网尤其粗面内质网相连。核膜上有核膜复合体控制选择性物质的运输,如组装完好的核糖体大亚基和小亚基可被选择通过该复合体进入细胞质方向,成熟的 mRNA 也可被选择通过进入细胞质方向。

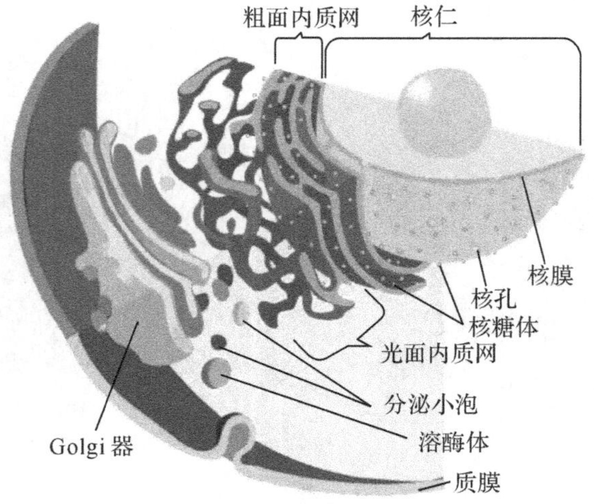

图 2-2 细胞内膜系统

Golgi 器也称 Golgi 复合体，它的结构包括(图 2-3)：

①顺面囊泡或运输小泡。是多糖、蛋白质、膜脂等生物大分子在粗面内质网内加工后释放的囊泡。

②顺面膜囊和顺面网络(CGN)，具有嗜锇反应。

③中间膜囊(Medial Cisternae)，具有特征的 NADP 酶反应。

④反面膜囊和反面网络(TGN)，与 TPP 酶或 CMP 酶反应。

⑤反面囊泡，也称分泌小泡或分泌颗粒。

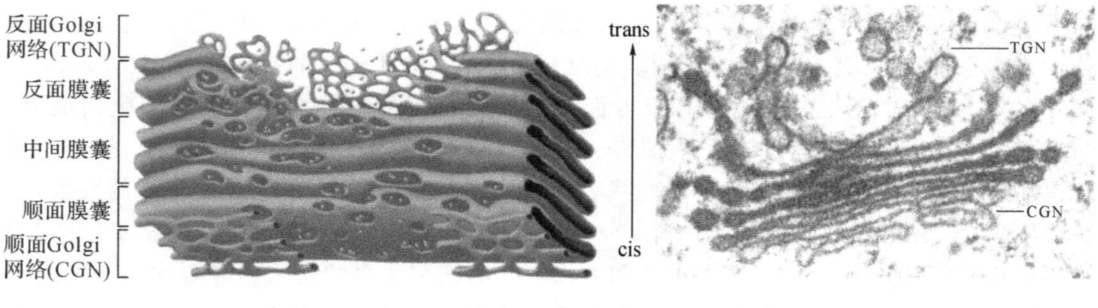

图 2-3 Golgi 器结构模式图与 SEM 照片

(2)细胞器膜 细胞内，除核糖体细胞器外，所有膜性细胞器均有生物膜，可称之为细胞器膜。膜性细胞器包括线粒体、叶绿体、内膜系统的细胞器。

线粒体和叶绿体这两种细胞器内还有内膜。线粒体的内膜折叠形成嵴，嵴上有氧化磷酸化酶系存在，如 ATP 酶。内膜在叶绿体内组成基粒片层和基质片层，也称囊泡膜(图 2-4，图 2-5)。每个线粒体或叶绿体还有对应的基因表达体系，如核糖体、基因组等结构。

3. 病毒包膜

包膜病毒最外层结构，属于生物膜，具有类似动物细胞质膜的结构特点。包膜上有病毒基因编码的特征膜蛋白和膜多糖成分。

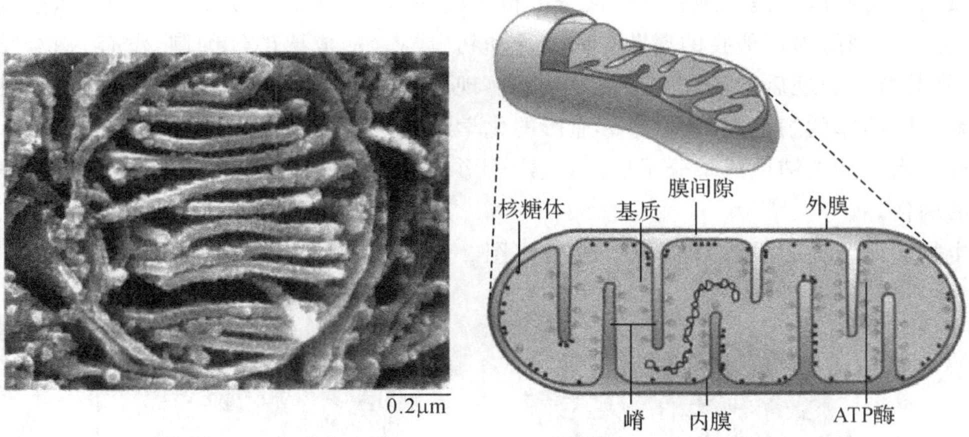

图 2-4　线粒体结构

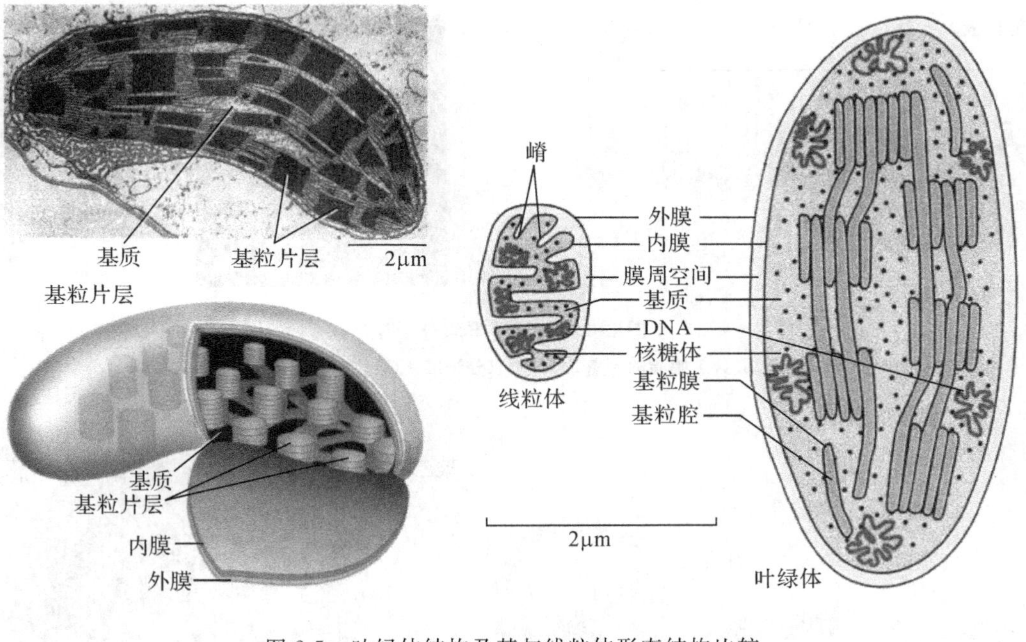

图 2-5　叶绿体结构及其与线粒体形态结构比较

4. G^- 菌外膜

存在于 G^- 菌细胞壁的外层，结构类似细胞质膜。G^- 菌外膜富含膜蛋白，尤其富含膜多糖，如微孔蛋白，O-特异多糖和脂多糖。

在药物制剂中控制和检查的内毒素是 G^- 菌细胞壁中的脂多糖成分，是菌体死亡后释放出来的物质，属于外源性致热原，也称热原质。

(三)生物膜研究

研究生物膜的重要研究材料之一是血影。另外，人们也使用各种比例的脂质分子制作人工膜供生物膜研究(图 2-6)。

血影是指人的红细胞经低渗处理后，质膜破裂但保持原来的形态和大小的细胞膜结构。

制备较纯净的细胞膜是细胞膜化学成分分析的前提。从真核细胞分离出纯的细胞膜较为困难,因为会有细胞内其他膜的混杂。而哺乳动物(或人)的成熟的红细胞,没有内膜,没有细胞核,将其特殊处理后造成细胞破裂发生溶血现象,再将溶出细胞外的物质冲洗掉,剩下的结构就是较纯净的细胞膜,即血影。血影的化学组成为:蛋白质 49%,脂类 43%,糖类 8%。在空气一水界面上铺展成单分子层后,血影所形成膜脂分子单层的面积是原来细胞整个表面积的两倍。

生物膜研究是脂质体制剂研究的基础(图 2-7)。

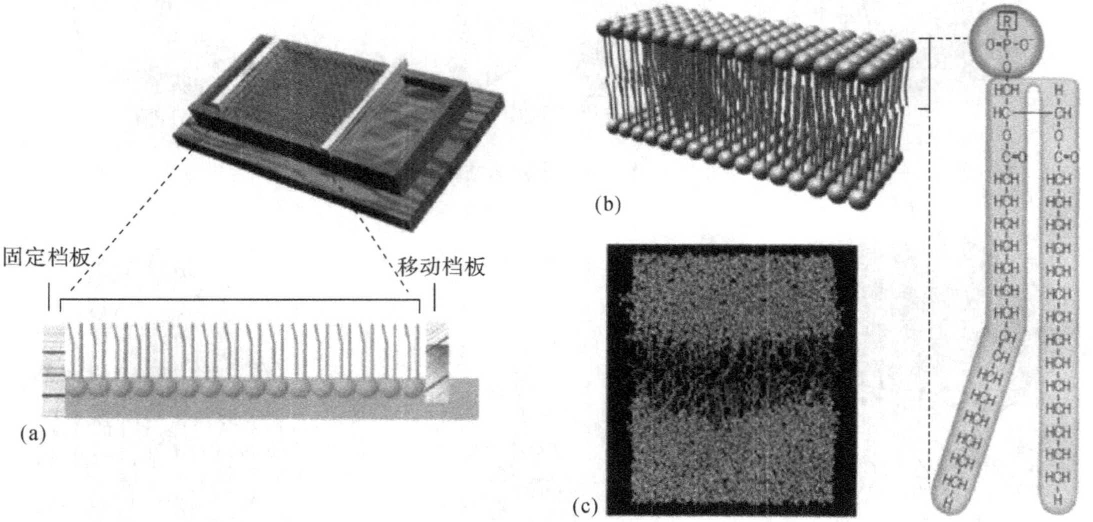

图 2-6　人工脂质双分子层

a. 人工膜脂的制备;b. 脂质双分子层;c. 脂质双分子层

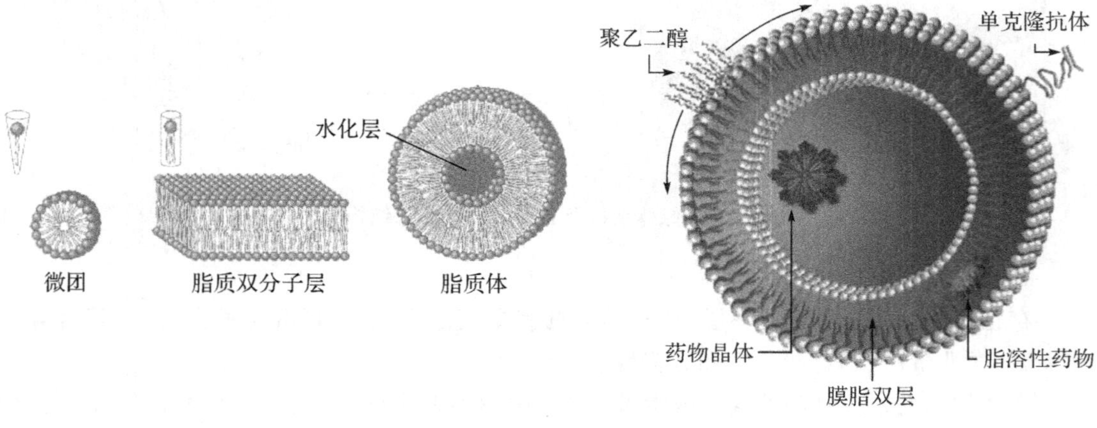

图 2-7　人工膜脂类型

二、细胞连接

细胞连接是多细胞生物中细胞与细胞之间、细胞与细胞外基质之间的一些特化的连接装置,它们对机体的构建和功能都非常重要。细胞连接的结构很小,它们的发现和对其结构的了解依赖于电镜技术，尤其是冷冻蚀刻技术的应用。根据结构与功能不同，细胞连接可分为三类：封闭连接、锚定连接、通讯连接。

1. 封闭连接

在人体和脊椎动物细胞中，封闭连接只有一种，就是紧密连接。

目前已分离出数十种参与紧密连接的跨膜蛋白，如封闭蛋白、密封蛋白、ZO蛋白等。

各种组织的上皮细胞层在功能上都可以作为一个有选择性通透作用的屏障，能维持上皮细胞层两侧的物质成分差异，存在于上皮细胞之间的紧密连接对此起了重要的作用。例如小肠上皮对肠腔内大部分物质起了阻隔作用，只允许其中的一部分物质如葡萄糖、氨基酸进入，并将它们输送到上皮下结缔组织中的毛细血管中。

2. 锚定连接

锚定连接是一类能将一个细胞的骨架成分与相邻细胞的骨架成分、或与细胞外基质锚定在一起的结构，广泛分布于动物的各种组织内，在上皮、肌肉等需要承受机械压力的组织中尤为丰富。

构成锚定连接的膜蛋白主要有两种。一种是锚定蛋白，在细胞质膜的胞质方向形成一个独特的斑，是细胞骨架成分如微丝或中间纤维附着的部位。另一种是跨膜黏附蛋白，又称跨膜连接糖蛋白，是一类黏附分子，其胞内部位与一个或多个细胞内锚定蛋白相连，胞外部分与相邻细胞的跨膜黏附蛋白或细胞外基质结合。除此以外，许多锚定连接还含有细胞内信号转导蛋白，能使连接处的信号传至细胞内。

根据参与锚定连接的细胞骨架成分不同，锚定连接有两类：一类是与微丝相连的锚定连接，包括黏合带和黏合斑，两者通称黏合连接；另一类是与中间纤维相连的锚定连接，包括桥粒和半桥粒。

3. 通讯连接

多细胞生物的大多数组织细胞中，相邻细胞膜上存在着特殊的连接通道，以实现细胞间电信号和化学信号的通讯联系，从而完成群体细胞间的合作和协调，这种连接形式称为通讯连接。

动物组织中的间隙连接和化学突触，以及植物组织中的胞间连丝都属于通讯连接。

三、细胞外被与细胞外基质

(一)细胞外被

也称糖萼，是指细胞分泌的多糖，与膜脂的分子共价形成糖脂或糖蛋白的复合结构体系。

(二)细胞外基质

细胞外基质是指动物细胞分泌于细胞质膜外的多糖和蛋白组成的特定大分子复合物，这些分子不与或少与膜脂的分子形成共价结构。

细胞外基质是动物细胞质膜外的结构，组成上包括多糖、纤维蛋白和跨膜蛋白等成分。

1. 多糖

(1)糖氨聚糖　糖氨聚糖是一组由二糖单元重复形成的大分子，由氨基己糖和糖醛酸组成单元，糖苷键可以是β(1,3)、β(1,4)和β(1,6)等。

在动物细胞和人体细胞中，糖氨聚糖的化学类型有透明质酸、硫酸软骨素、硫酸皮肤素、硫酸角质素、肝素和硫酸乙酰肝素。

①透明质酸：存在于大多数结缔组织中，是唯一存在于某些细菌（如A型链球菌）的氨基

聚糖。是结构最简单的氨基聚糖。其重复二糖单位由葡萄糖醛酸及 *N*-乙酰氨基葡萄糖组成，是唯一不发生硫酸化的氨基聚糖。亦不与蛋白质共价结合，因此不参与构成蛋白聚糖单体；但可与蛋白聚糖单体的核心蛋白质通过非共价键结合，故可作为多聚蛋白聚糖的聚合轴线。

②硫酸软骨素：是哺乳动物体内最丰富的氨基聚糖，除大量存在于软骨外，亦存在于皮肤、角膜、巩膜、骨、动脉、心瓣膜及脐带中。其重复二糖单位由葡萄糖醛酸及 *N*-乙酰氨基半乳糖组成。硫酸化的位置是乙酰氨基半乳糖 4 或 6 位碳原子的—OH 基，分别称为 4-硫酸软骨素及 6-硫酸软骨素，对应的旧称分别是硫酸软骨素 A 及硫酸软骨素 C。

③硫酸皮肤素：不仅存在于皮肤中，亦出现在血管、心、心瓣膜、肌腱、关节囊、纤维软骨、韧带及脐带等组织中。其二糖单位艾杜糖醛酸及 *N*-乙酰氨基半乳糖的 4 位碳原子发生硫酸化。硫酸皮肤素与核心蛋白质的连接方式与硫酸软骨素接近，因此曾被称为硫酸软骨素 B。

④硫酸角质素：具有两种不同的类型。来自角膜的硫酸角质素Ⅰ是角膜中唯一的氨基聚糖，来自骨、软骨及髓核等支架组织的硫酸角质素Ⅱ常与硫酸软骨素一起构成蛋白聚糖。硫酸角质素在单糖组成及糖-肽连接方式上皆与糖蛋白相似，但因具有重复二糖序列及多硫酸化，故仍归入氨基聚糖类。

⑤肝素及硫酸乙酰肝素：虽列为同一类，但其分布、结构及功能颇具差异。

肝素由紧靠血管的肥大细胞产生，并贮存于肥大细胞的颗粒中，因一定的刺激而释放，具有抗凝血作用。硫酸乙酰肝素则普遍存在于各种细胞的表面，参与膜结构以及细胞之间和细胞与基质之间的相互作用。

肝素和硫酸乙酰肝素的共同结构特点是由艾杜糖醛酸或葡萄糖醛酸和乙酰氨基葡萄糖组成二糖单位，此类氨基聚糖的硫酸化程度高。但肝素中艾杜糖醛酸多于葡萄糖醛酸，而在硫酸乙酰肝素中则两者大致相等。硫酸乙酰肝素与肝素相比其硫酸化程度较低而乙酰化程度较高。两者的核心蛋白质却全然不同。肝素常以蛋白聚糖单位的形式存在。

肝素的相对分子质量范围很宽，肝素的抗凝血活性与其相对分子质量有关。由于肝素的抗凝血作用是通过与抗凝血酶结合，从而使某些凝血因子失去作用，而肝素与抗凝血酶的亲和力在一定范围内随相对分子质量的加大而增加。此外，肝素的抗凝活性还与 N 硫酸基及糖醛酸的羧基有关。

硫酸乙酰肝素的核心蛋白质的肽链中存在疏水性区域，可嵌入细胞膜的脂双层中，因此可作为细胞膜的结构成分。硫酸乙酰肝素分子暴露于质膜外表面的糖链及肽段可与细胞外基质中的某些成分，如胶原、纤黏连蛋白及层黏连蛋白相结合；其伸入胞质中的肽段可与细胞骨架成分，如肌动蛋白相结合。因此，硫酸乙酰肝素既参与细胞之间和细胞基质之间的相互作用，又可从细胞外向细胞内传递信息，但几乎没有抗凝血作用。

(2)蛋白聚糖　蛋白聚糖是一类被大量糖胺聚糖糖基化了的糖蛋白。基本的蛋白聚糖单位由一个核心蛋白质与一个或多个糖胺聚糖链共价结合形成。每个糖胺聚糖链的附着点是一个丝氨酸残基，糖胺聚糖通过四糖桥被连接到其上(例如：硫酸软骨素-葡萄糖酸-半乳糖-半乳糖-木糖-蛋白质)。丝氨酸残基通常在于“-丝氨酸-甘氨酸-X-甘氨酸-”特征序列中，其中，X 指可以是任何氨基酸残基，但并不是所有具有此序列的蛋白质都一定附着有一个糖胺聚糖。

在各类糖胺聚糖中，只有透明质酸不与蛋白质结合，能以自由链的形式游离于细胞质基质中，其余 5 种糖胺聚糖都与核心蛋白以共价键结合形成蛋白聚糖。

蛋白聚糖具有多样性和异质性，即使是单种核心蛋白，与其结合的糖胺聚糖种类和数量也很不相同。核心蛋白序列分析表明，各种蛋白聚糖的核心蛋白也没有共同的特征。因此，每种蛋白聚糖都有其特有的结构，其功能由各自的核心蛋白和糖胺聚糖所决定。

有些蛋白聚糖常与透明质酸以非共价结合方式形成多聚体复合物。核心蛋白的 N-末端氨基酸序列与透明质酸的二糖单位有很高的亲和性，许多条蛋白聚糖链 N-末端可同时结合在一条透明质酸长链上，两者的非共价结合可由连接蛋白加强和稳定。这类多聚体复合物的相对分子质量可达 10^5 kD 或更大，所占的空间可相当于一个细菌那样大。聚集蛋白聚糖就是一种典型的多聚体复合物，它是软骨的主要基质成分，在一条透明质酸分子上结合百余条蛋白聚糖链，如果机体缺少这种聚集蛋白聚糖，可引起长骨发育不良，四肢短小。

2. 纤维蛋白

纤维蛋白分布于细胞质膜外侧，不同种类的细胞，其种类、含量各不相同。常见的纤维蛋白包括胶原、层黏连蛋白、纤黏连蛋白和弹性蛋白。

3. 跨膜蛋白

与细胞外基质蛋白，即与纤维蛋白共价连接。

（三）细胞壁

动物细胞是没有细胞壁的，细胞壁存在于植物细胞、真菌细胞和原核微生物细胞。

1. 植物细胞壁的糖氨聚糖

典型的植物细胞壁包括中胶层、初生壁和次生壁（图 2-8）。植物细胞壁的中胶层主要成分是果胶质，是细胞有丝分裂后首先出现的多糖成分，又称膜体合成分泌。

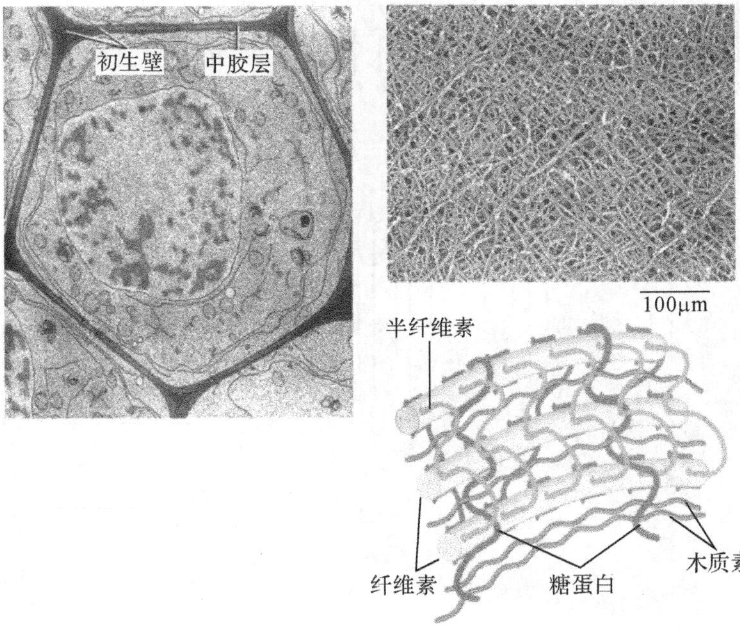

图 2-8　植物细胞壁结构组成

植物细胞壁的初生壁主要成分有纤维素、半纤维素、木质素、果胶质、纤维蛋白等。

植物细胞壁的次生壁主要成分是纤维素、半纤维素、木质素、纤维蛋白等。

2. 真菌细胞壁的糖氨聚糖

大多数真菌细胞壁的多糖成分是以几丁质为主，而卵菌纲的细胞壁多糖成分是纤维素。

3. 细菌、放线菌细胞壁的糖氨聚糖

几乎所有原核细胞的细胞壁多糖成分是肽聚糖。

习题与思考

1. 标注以下细胞模式图（图 2-9，图 2-10）中的细胞结构术语或细胞器名称：

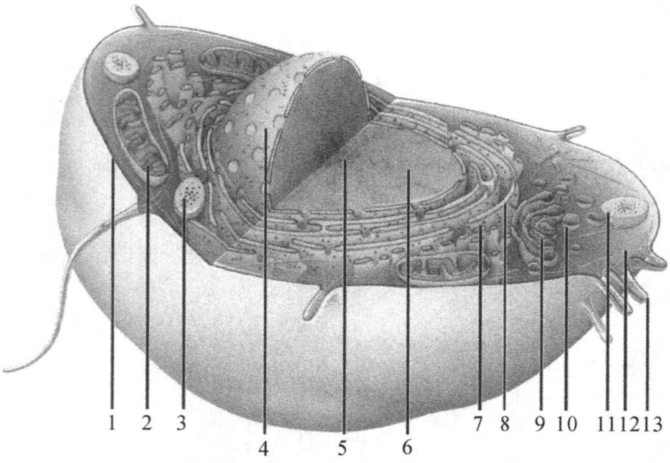

图 2-9　动物细胞模式图

1. ____________
2. ____________
3. ____________
4. ____________
5. ____________
6. ____________
7. ____________
8. ____________
9. ____________
10. ____________
11. ____________
12. ____________
13. ____________

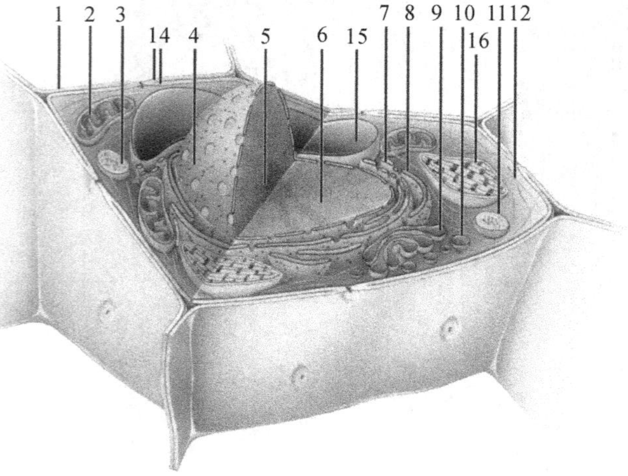

图 2-10 植物细胞模式图

1. __________　2. __________
3. __________　4. __________
5. __________　6. __________
7. __________　8. __________
9. __________　10. __________
11. __________　12. __________
13. __________　14. __________
15. __________　16. __________

2. 分别简述模式图 2-11 中 1～4 的细胞生物学意义：

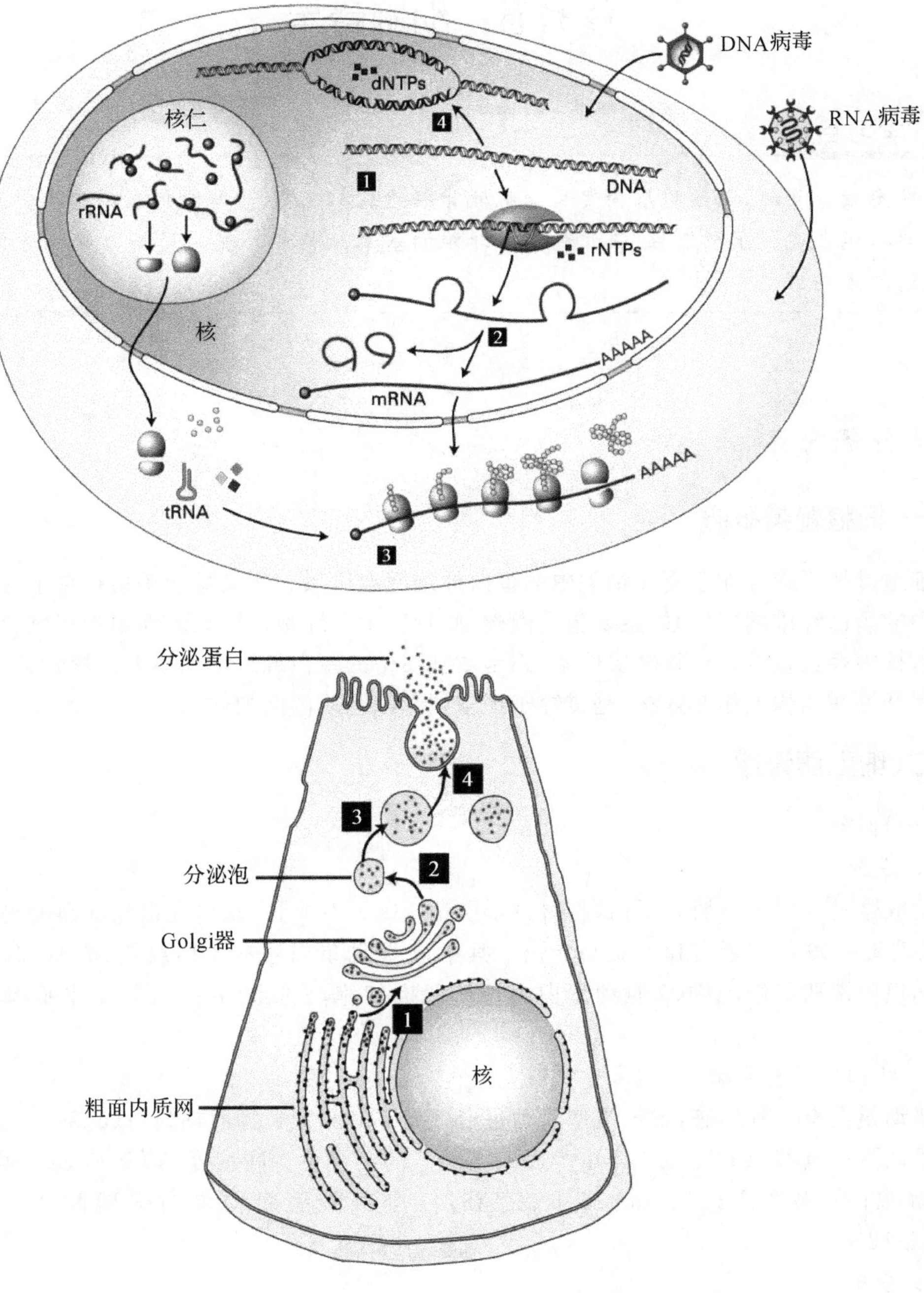

图 2-11　细胞生命活动描述

3. 简述生物膜的主要种类。

4. 简述生物膜模型。

任务五　细胞骨架

学习目标

熟悉细胞骨架，即细胞质骨架和细胞核骨架的基本概念，了解它们在细胞生命活动中的主要功能表现。了解微丝、微管和中间纤维的基本结构和功能。了解细胞核骨架对基因表达的主要影响。

任务内容

一、细胞骨架概念

细胞骨架泛指存在于真核细胞中的蛋白纤维网架体系。狭义概念是指存在于在细胞质基质中的蛋白纤维网架体系，主要包括微丝、微管和中间纤维。广义的细胞骨架概念是指包括细胞核中存在核骨架一核纤层体系、细胞质基质中的蛋白纤维网架体系。核骨架、核纤层与中间纤维在结构上相互连接，是贯穿于细胞核和细胞质的网架体系。

二、细胞质骨架

（一）微丝

1. 成分

构成微丝的成分是肌动蛋白，相对分子质量 43kD，有 6 种，来自同祖先基因编码。分别是α 肌动蛋白、β 肌动蛋白和 γ 肌动蛋白。其中，α 肌动蛋白存在于横纹肌、心肌、血管平滑肌和肠道平滑肌等细胞中，β 肌动蛋白出现于肌肉细胞，γ 肌动蛋白则只在非肌肉细胞中表达。

2. 结构单位与装配

肌动蛋白有 2 种形态，即纤维型肌动蛋白（F-actin）和颗粒型肌动蛋白（G-actin）。

肌动蛋白具有 ATP、Ca^{2+}、Mg^{2+}、Na^{+} 或 K^{+} 的结合位。高浓度 ATP 和 Ca^{2+} 存在时，促进解离；高浓度 Mg^{2+}、Na^{+} 或 K^{+} 存在时，则颗粒型肌动蛋白去磷酸化，促进聚合（图 2-12）。

3. 分布

微丝在细胞中的分布不一定是永久的或暂时的，根据细胞类型而不同（图 2-13）。可以归纳为 3 种情形：①永久分布型，如肌肉细胞、肠上皮细胞中的微丝。②暂时分布型，如血小板激活过程形成的微丝、无脊椎动物精子顶体微丝。③动态分布型，出现在大多数非肌肉细胞中。

4. 微丝结合蛋白

微丝结合蛋白主要有肌球蛋白、肌钙蛋白和原肌球蛋白。

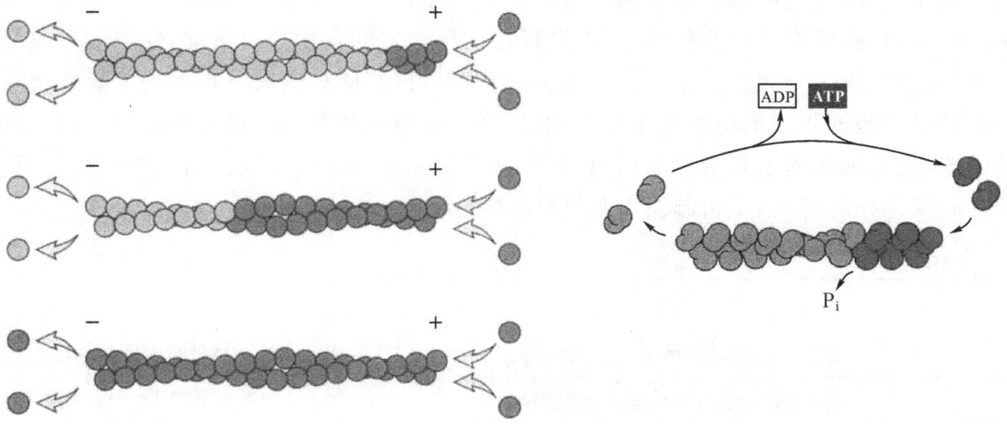

图 2-12　微丝的聚合和解离

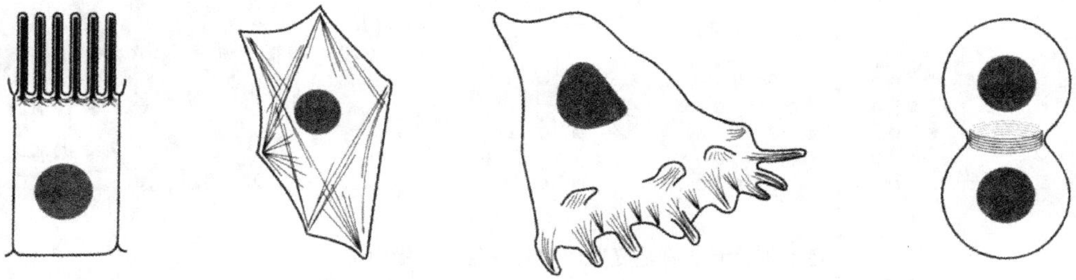

上皮细胞微绒毛　　维持细胞特定形态　　细胞移动中的伪足　　细胞分裂中的收缩环

图 2-13　微丝在细胞中的分布

5. 微丝功能

微丝功能主要表现在以下几个方面：

(1)维持细胞形态，赋予质膜机械强度　微绒毛是由微丝形成的微丝束构成的骨架，另外还有一些微丝结合蛋白，在调节微绒毛长度和保持其形状方面具有重要作用。微绒毛侧面质膜有侧臂与肌动蛋白丝束相连，从而将肌动蛋白丝固定。肌动蛋白丝之间由许多绒毛蛋白和毛缘蛋白组成的横桥相连，毛缘蛋白在微丝束的形成中起作用。在肠上皮细胞表面伸出了大量的微绒毛，微绒毛对扩大小肠的表面积、增强消化和吸收功能具有重要意义。

应力纤维是指在细胞内紧邻质膜下方，由微丝束构成相对稳定的纤维状结构，也叫张力纤维。常与细胞的长轴大致平行并贯穿细胞的全长。这些微丝束具有极性，一端与质膜的特定部位相连，另一端插入到细胞质中，或与中间纤维结合。应力纤维具有收缩功能，但不能产生运动，而只能用于维持细胞的形状和赋予细胞韧性和强度。

(2)细胞运动　细胞运动的形式包括细胞变形运动、细胞分裂和肌肉收缩等情形。

许多动物细胞在进行位置移动时多采用变形运动的方式。如变形虫、巨噬细胞和白细胞以及器官发生时的胚胎细胞等，这些细胞含有丰富的微丝，依赖肌动蛋白和微丝结合蛋白的相互作用，均可进行变形运动。这些细胞通过肌动蛋白聚合使细胞表面形成突起，如片状伪足或丝状伪足。

收缩环是在细胞分裂中围绕细胞质膜内侧形成的，促进胞质分裂。收缩环由大量平行排列的微丝组成，这些微丝具有不同的极性。通过肌动蛋白与肌球蛋白分子的相互作用产生收缩的动力，在肌球蛋白的作用下，不同极性的微丝之间发生相对滑动，使收缩环收缩，形成分裂沟，使细胞一分为二。干扰肌动蛋白或肌球蛋白都能抑制收缩环的功能。

骨骼肌细胞的收缩单位是肌原纤维，肌原纤维由粗肌丝和细肌丝装配形成，粗肌丝的成分是肌球蛋白，细肌丝主要由肌动蛋白、原肌球蛋白和肌钙蛋白构成。肌动蛋白丝与肌球蛋白丝之间发生相对滑动，可引起肌肉收缩（图 2-14）。

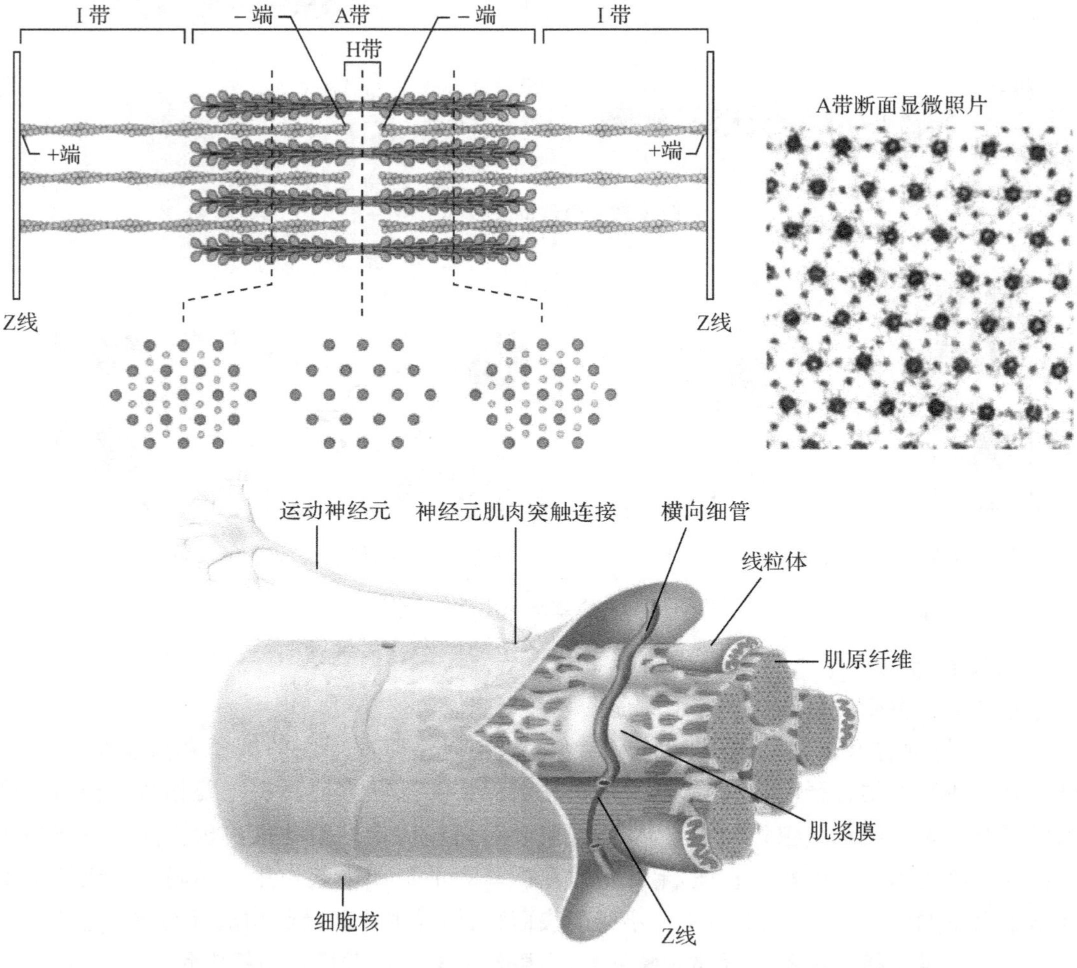

图 2-14　肌肉收缩运动的肌细胞结构

（3）参与胞内信息传递　细胞表面的膜受体在受到外界信号作用时，可触发细胞膜下肌动蛋白的结构变化，从而启动细胞内激酶变化的信号转导过程。

微丝主要参与 Rho 蛋白家族有关的信号传导，Rho 蛋白家族是与单体的 GTP 酶有很近亲缘关系的蛋白质，它的成员有：Cdc42、Rac 和 Rho。

（二）微管

1. 成分

α 微管蛋白和 β 微管蛋白，相对分子质量为 50kD。

2. 结构单位与装配

微管的结构基础是 αβ 异二聚体。装配过程依赖 GTP 和 Mg^{2+}，微管的解离需要 Ca^{2+}。组装顺序是：αβ 异二聚体→原纤维→片层→微管。

微管可装配成单管、二联管和三联管。

单管由 13 根原纤维围成，是细胞质中主要的存在形式，分散或成束分布，但不稳定，易受低温、Ca^{2+} 等许多因素的影响而发生解聚。

二联管由 A、B 两根单管组成，A 管由 13 根原纤维围成，B 管由 10 根原纤维组成，与 A 管共用 3 根原纤维，二联管主要分布于细胞表面的纤毛和鞭毛中。

三联管由 A、B、C 三根单管组成，A 管由 13 根原纤维围成，B 管和 C 管均由 10 根原纤维组成，三联管主要分布于中心粒以及鞭毛和纤毛的基体中。

二联管和三联管是比较稳定的微管结构。

有些微管特异性药物在微管结构与功能研究中起重要作用，这些药物主要有：紫衫酚、秋水仙素、长春花碱和 nocodazole 等。紫衫酚能和微管紧密结合防止微管蛋白亚基的解聚，加速微管蛋白的聚合作用。秋水仙素和秋水仙碱能结合和稳定游离的微管蛋白，使它无法聚合成微管，引起微管的解聚作用。长春花碱和长春花新碱能结合微管蛋白异二聚体亚单位，抑制它们的聚合作用。nocodazole 能结合微管蛋白，阻断微管蛋白的聚合反应。

3. 分布及其类型

除了人红细胞外，几乎所有真核细胞都有微管存在。

微管有 3 种类型，分别是：①单管，在纤毛、鞭毛中存在，在有丝分裂器中的星体微管、极间微管和动粒微管均是单管。②二联管，也出现在纤毛、鞭毛和细胞质骨架中。③三联管，除了在纤毛和鞭毛基粒中存在以外，中心粒主要是由三联管组成的。

4. 微管功能

(1)维持细胞形态　微管本身不能收缩，且具有一定的刚性，构成细胞内的网状支架，支持和维持细胞的形态。细胞的各种形态是由微管和其他细胞骨架成分来维持的。

例如，在血小板中有一束微管环形排列于血小板四周，维持血小板的圆盘形结构。当血小板暴露于低温中，环行微管即消失，血小板变成不规则的球形，但把血小板再加热到 37℃时，环行微管重新出现，血小板又恢复它的圆盘形结构。秋水仙素、长春花碱等抗分裂剂能与微管蛋白异二聚体中的一个单体特异结合，从而阻止其聚合，使微管解聚，因此这些药物也可使血小板失去其圆盘形结构。这些现象都表明，环行微管是血小板骨架的主要组成部分，它们在血小板中的排列对维持血小板的形状有重要作用。

另外，对于细胞突起部分，如纤毛、鞭毛、轴突的形成和维持中，微管也具有重要作用。

(2)参与中心粒、纤毛和鞭毛的形成　微管在细胞中有多种存在形式。其中一种形式就是形成一些特殊的细胞结构，如中心粒、纤毛、鞭毛等。它们均是由微管构成的细胞结构，具有同源性，在结构和功能上也有一定的关系。

中心体位于细胞核附近，中心体含有两个深染的颗粒，称为中心粒。中心粒周围围绕有半透明的物质，称为中心球，也称为中心粒周围物质。中心粒是由 9 组三联体微管围成的一个圆筒状结构，在各种细胞中基本相同。细胞内成对存在的两个中心粒总是在一端相互垂直排列。中心体是动物细胞中主要的微管组织中心。在细胞分裂间期，中心体组织形成胞质微管，构成细胞骨架的主要纤维系统，一方面作为细胞内物质运输的轨道基础，另一方面对细胞形状的维持和改变也起到必不可少的作用；在M期，经过复制的中心体形成纺锤体的两极，指导有丝分裂事件的进行，对染色体移动有密切关系。

鞭毛和纤毛具有运动功能，是细胞表面的特化结构。纤毛和鞭毛在来源和结构上基本相同。所不同的是，就一个细胞而论，纤毛短而多，而鞭毛则长而少。纤毛和鞭毛都是以微管为主要成分构成的，并且有特殊的结构形式，大多数属于9+2类型。纤毛和鞭毛的横断面电镜观察可见中央有两条微管，称为中央微管。中央微管的外周包围一层蛋白质性的鞘，称为中央鞘。外周则以9组二联管围绕。二联管两两之间以微管连接蛋白相连。外周二联管和中央鞘之间也有连接，称为放射辐条。放射辐条由A管伸出，近中央鞘一端膨大，称为辐头。A管上还伸出动力蛋白臂，其头部具有ATP酶活性，可为纤毛与鞭毛的运动提供动力。鞭毛和纤毛的运动是通过核心微管相互之间滑动造成其轴心弯曲而产生的。

鞭毛和纤毛的基体由三联管组成，与中心粒相似。基体的中央无微管。

(3)细胞器的定位和分布　微管及其相关的马达蛋白在真核细胞内的膜性细胞器的定位上起着重要作用。细胞中的线粒体的分布与微管相伴随，游离核糖体附着于微管和微丝的交叉点上，微管使内质网在细胞质中展开分布，使高尔基体在细胞中央靠近细胞核而定位于中心体附近。

如果用秋水仙素处理细胞，破坏微管的装配，那么这些细胞器的有序空间排列就会改变。由于内质网与核被膜相连系，坍塌的内质网便积聚到核附近。高尔基体分解成小的囊泡，分散在整个细胞质中。当把秋水仙素去除以后，则细胞器的分布重新恢复正常。现在认为，这些细胞器的正常分布是由细胞器膜上与马达蛋白结合的受体所调控的，在内质网上存在与驱动蛋白结合的受体，而在高尔基体上具有与动力蛋白结合的受体。

(4)细胞内物质的运输　真核细胞具有复杂的内膜系统，从而使细胞质高度区室化，细胞内物质的合成部位往往与其行使功能的部位不同，因此，新合成的物质必须要经过胞内运输才能被运往其功能部位。细胞内的有些物质的定向运送，特别是小泡运输，与微管的存在有关，微管为细胞内物质运输提供轨道。

例如，神经细胞合成的蛋白质等物质沿神经轴索快速运送至远端的神经末梢，细胞的分泌颗粒和色素细胞的色素颗粒的运输沿微管运送，线粒体的快速运动也是沿微管进行的。

在细胞内物质运输中，微管主要为运输物质提供轨道并对运输方向具有指导作用，而参与胞内物质运输则由马达蛋白来完成。特异性蛋白不同的尾部轻链介导马达蛋白附着在特异的被转运的细胞器上。目前已发现有几十种马达蛋白，可以归属于两个家族：胞质动力蛋白和驱动蛋白。胞质动力蛋白和驱动蛋白各有两个球状ATP结合头部和一个尾部，它的头部与微管是以空间结构专一的方式结合的，因此驱动蛋白就只有当它以正确的姿势“指向”微管时才能结合上去，而马达蛋白的尾部通常是和细胞组分如小泡或细胞器稳定结合的，因而也就决定了马达蛋白所运载的“货物”种类。

另外，微管在细胞中分布广泛，特别是神经细胞内的微管与某些信息传递有关，信号分子可直接与微管作用或通过一些蛋白质来与微管作用(图2-15)。

(三)中间纤维

1. 概述

中间纤维，也称中间丝，是细胞骨架的一种主要种类，广泛存在于真核细胞中，有很强的抗拉强度，因而它们的主要功能是使细胞在被牵伸时能经受住机械力的作用。中间纤维在

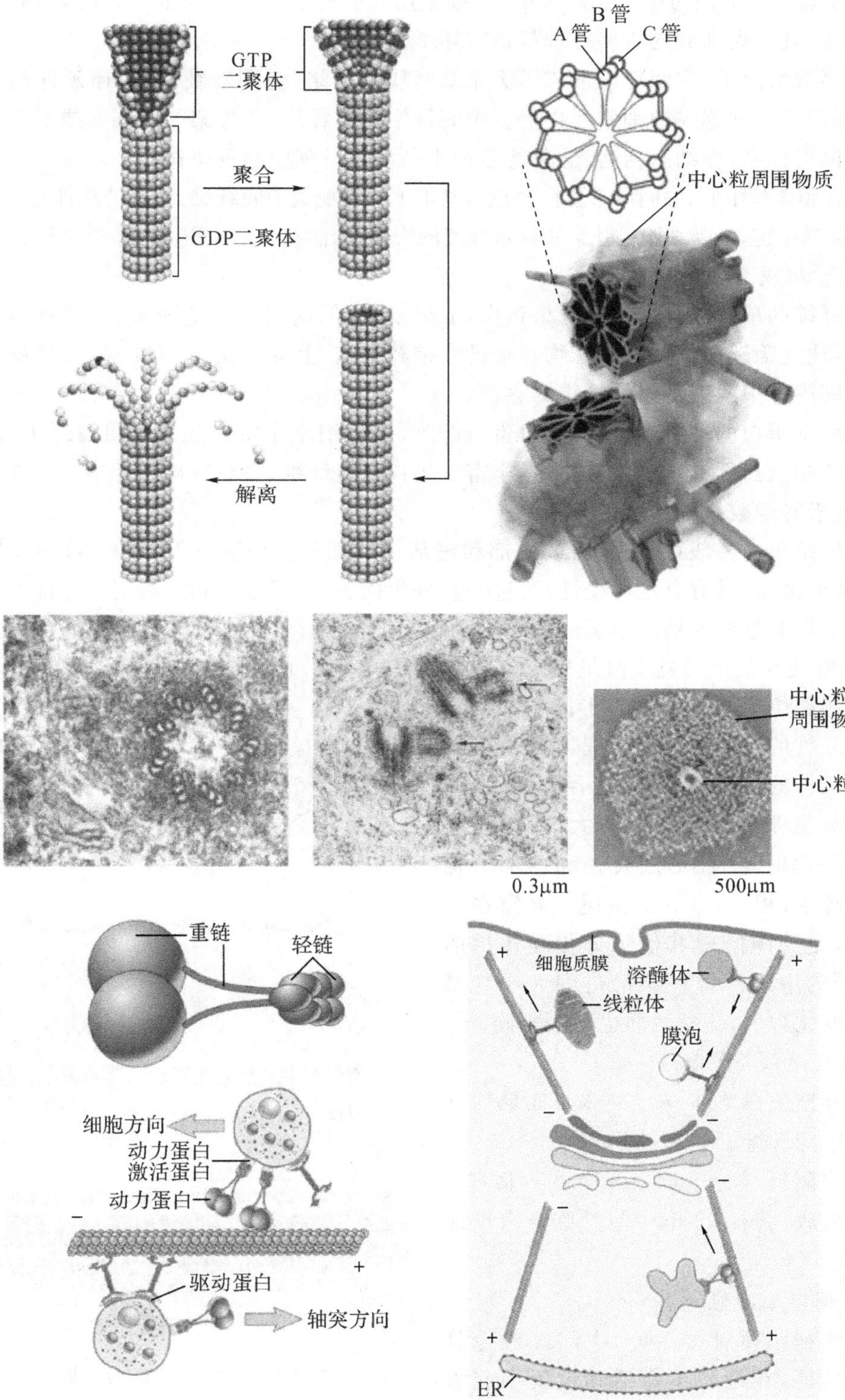

图 2-15　微管的结构与功能

3类细胞骨架纤维中最为坚韧和耐久的，当细胞用高盐和非离子去垢剂处理时，只有中间纤维可以保留，其余大部分的骨架纤维都被破坏了。

在大多数情况下，中间纤维形成了满布细胞质的网络，包围着细胞核，还延伸到细胞膜的周边，锚着位于细胞膜的细胞连接上。中间纤维与核纤层、核骨架等共同构成贯穿于细胞核内外的网架体系，在细胞构建、分化等多种生命活动过程中起重要作用。

与微管和微丝不同，中间纤维蛋白合成后基本上均装配成中间纤维，游离的单体很少。中间纤维结构极其稳定，不受细胞松弛素和秋水仙素的影响，因而在化学性质上与微丝和微管不同。

2. 化学组成

中间纤维的单体成分是中间纤维蛋白，成分复杂，但同属于超基因家族，具有高度的组织特异性，往往筛选用作肿瘤标志物。现已在神经细胞、上皮细胞、肌肉细胞、成纤维细胞和神经胶质细胞等中发现了中间纤维的存在。

中间纤维蛋白的种类主要有：①角蛋白纤维，上皮细胞丰富。②波形蛋白纤维，间质细胞丰富。③结蛋白纤维，肌细胞内含量丰富。④神经元纤维，主要在神经元中。⑤神经胶质纤维，出现于神经胶质细胞中。

中间纤维蛋白一般可分为头部、杆部和尾部3个部分。头部位于N-末端，为非螺旋结构，是一球形区域，具有高度可变性，可进一步分为同源区、可变区和末端区。杆部有4段高度保守的α螺旋形成伸展的超螺旋。4个螺旋区间通过3个短的非螺旋的肽链片段连接在一起，3个螺旋片段中的氨基酸呈现7个一组的重复序列，它们并不显著地使整个杆状区发生扭曲。尾部位于C-末端的球形区域。

中间纤维的上述结构特点是其进一步组装成高级结构的基础。不同中间纤维蛋白杆部的大小和氨基酸序列变化不大，所以当它们聚集在一起时，往往形成直径和内部结构都相同的纤维；相反，球状的头尾部暴露在纤维的表面，是与胞质中其他组分相互作用的区域，不同的中间纤维在该部位的大小与氨基酸序列变化很大，化学性质也各不相同。

3. 结构单位与装配

中间纤维蛋白单体→二聚体→四聚体→原纤维→中间纤维。

每个中间纤维分子均由4个八聚体或8个四聚体组成，共有32个中间纤维蛋白单体(图2-16)。

4. 中间纤维功能

与其他细胞质骨架一样，中间纤维也具有丰富的功能，在细胞生命活动过程中起着重要的作用(图2-17)。

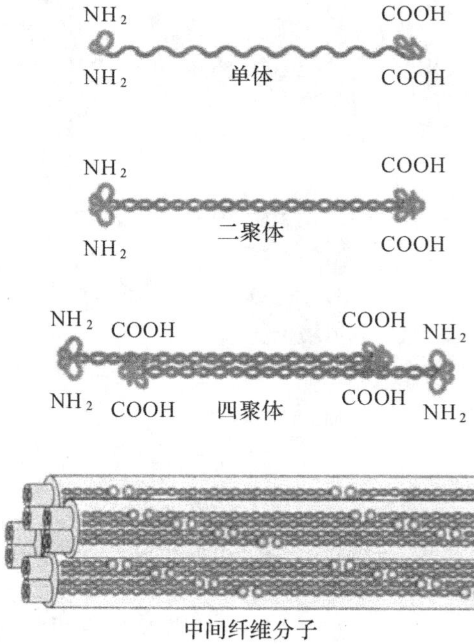

图2-16 中间纤维结构与装配

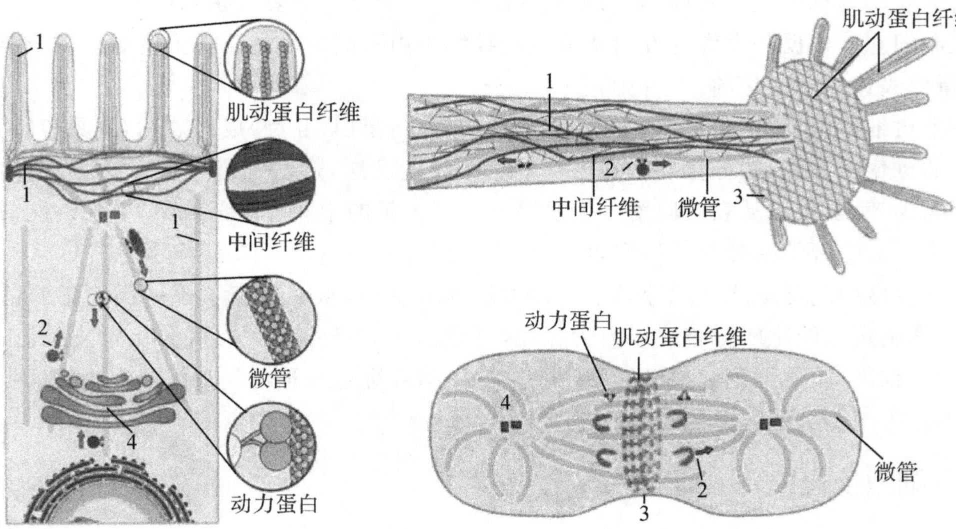

图 2-17 细胞质骨架的基本功能概况

1. 细胞结构支撑；2. 细胞内运输；3. 细胞的变形与运动；4. 空间组织者

(1)细胞内支架作用 中间纤维在外与细胞膜和细胞外基质有直接的联系，内与核膜、核基质联系，贯穿整个细胞起着广泛的骨架功能，在细胞内形成一个完整的网状骨架系统。

该骨架具有一定的可塑性，对维持细胞质的整体结构和功能的完整性有重要作用。在细胞内外起着多方面结构的构成与功能联系的作用，特别对细胞核的定位和固定有关。

在那些容易受到机械应力的细胞的胞质中特别丰富，增强细胞机械强度。在神经轴突中大量存在，为这个又细又长的细胞延伸物提供必要的内部支撑。在肌肉和上皮细胞中也很丰富，中间纤维在这些细胞中可伸展并将细胞在某一点上所受到的外力分散到细胞的其他部位，使得细胞及细胞膜不至于在受到机械拉拽时破裂。遗传性疾病单纯性大泡性表皮松懈症是由于角蛋白基因发生突变造成的。病人表皮基底细胞中的角蛋白丝网受到破坏，使皮肤很容易受到机械损伤，轻轻一碰即可使皮肤松懈脱落。

参与相邻细胞间、细胞与基膜间的连接结构的形成。角蛋白纤维参与桥拉和半桥粒的形成和维持。上皮细胞中的角蛋白纤维往往从细胞的一边伸展到另一边，相邻两个上皮细胞中的角蛋白纤维间接地通过桥粒相连，角蛋白纤维的末端锚着在桥粒上，而暴露在纤维表面的角蛋白球状末端则与胞质中其他组分有联系。角蛋白基因缺失研究表明，角蛋白纤维网络对于维持上皮组织细胞间连接及上皮组织结构完整是极为重要的。

(2)参与胞内信息传递 与质膜和胞外基质相联系的中间纤维，同时与核骨架有连接，形成一个跨膜的信息通道。当外界信号与膜上专一受体作用时，即启动 Ca^{2+} 流入胞内，局部 Ca^{2+} 浓度升高，引起级联反应，导致膜结合的酶激活，酶激活又导致膜结合的中间纤维的二次修饰，切掉 N-端并被水解。中间纤维大分子产物通过核孔进入核内，与组蛋白和 DNA 的作用来调节复制和转录，从而达到传导信息的目的。

(3)与 mRNA 运输有关 胞质 mRNA 锚定于中间纤维，可能对其在细胞内的定位及是否翻译起重要作用。

(4)与细胞分化有关 值得主要的是，微丝和微管在各种细胞中都是相同的，而中间纤维蛋白的表达具有组织特异性，表明中间纤维与细胞分化可能具有密切的关系。

胚胎细胞能根据其发育的方向调节中间纤维蛋白基因的表达。在上皮组织的分化过程中，角蛋白表达也是变化的。

在上皮细胞中，酸性角蛋白（Ⅰ型）和中性/碱性角蛋白（Ⅱ型）成对表达，并具有特异性。在表皮的分化中，细胞的分化发生在表皮最深部的生发层，这些细胞一边分化，一边向表皮的表层运动，直至最后从表皮脱落。生发层细胞有大量的中间纤维纤维束，它们的构成成分是前角蛋白。随着细胞分化的进程，可以检出它们逐渐表达出不同的角蛋白。

不同类型中间纤维严格地分布于不同类型的细胞中，从而决定了不同类型细胞的组织特异性，即决定了细胞的分布。正因为如此，可根据中间纤维的种类区分出上皮细胞、肌肉细胞、间质细胞、胶质细胞和神经细胞，或者说，中间纤维是一种与其来源组织相关的特异性抗原，可作为细胞类型区分的特征性标志之一。

三、细胞核骨架

细胞核骨架是存在于真核细胞核内的以蛋白纤维为主的网架体系，是细胞骨架系统中的一个重要组成部分，因为它的基本形态与细胞质骨架很相似，又与细胞质骨架系统有一定联系，所以也称为核骨架。

对细胞核的研究，曾经主要集中在染色质、核仁和核膜，尤其注重对 DNA、RNA、组蛋白和核酸酶的研究，核骨架曾长期被人们所忽视。直到 20 世纪 70 年代中期，R. Berezney 和 D. S. Coffey 等（1974）才首次将核骨架作为细胞核内独立的结构体系进行研究。近年来，核骨架的研究取得很大进展，成为细胞生物学研究的一个新的生长点，它与 DNA 的复制、RNA 的转录和加工、染色体的组装、病毒感染以及肿瘤的发生等一系列重要的细胞生命活动密切相关。

目前对核骨架的概念有两种理解，广义的细胞核骨架包括核基质、核纤层－核孔复合体体系、残存的核仁和染色体骨架；狭义的细胞核骨架仅指核内基质，即细胞核内除去核膜、核纤层、染色质、核仁和核孔复合体以外的以蛋白纤维成分为主的纤维网架体系。

（一）核基质

核基质又称核内骨架，是指细胞核内的纤维网络，充满整个细胞核空间，把染色质和核仁网络其中，与核纤层和核孔复合体相连接，并与胞质骨架系统有一定联系。

1. 核基质的一般形态结构

要在电镜下观察到核基质，一般的方法为生化抽提技术加上整装样品电镜技术，方可清晰地显示核骨架－核纤层－中间纤维网架结构体系。

1991 年，Coffey 等人根据所得到的网络结构，提出了核基质的结构模型，认为由蛋白纤维构成的网架结构充满核内的整个空间，残存的核仁被包围在该网架中。核纤层由中间纤维蛋白构成，位于内层核膜下方，核基质的纤维网架与核纤层有着广泛的结构联系。核基质纤维粗细不均，直径可为 3～30nm，推测其纤维单体的直径是 3～4nm，较粗的纤维直径呈 3nm 的倍数，提示为单纤维的聚合体。

2. 核基质的化学成分

由于提取方法和所用盐溶液的不同，在电泳上显示的核基质蛋白成分有相当的差异。核基质成分较为复杂，不像细胞质骨架和核纤层那样简单，不同类型细胞，其细胞周期不同阶段以及正常与癌变细胞的核基质成分都可能有所差别。已检测出的核基质成分有10多种，相对分子质量为40～60 kD，多数是非组蛋白成分，其中相当一部分为含硫蛋白质。二硫键对核基质完整性起极为重要的作用，破坏二硫键可引起核基质的瓦解。

由于核基质蛋白成分常与一部分DNA和RNA有紧密的结合，与RNA的结合对于维持核骨架三维网络结构的完整性是必要的，与少量DNA的结合是一种功能性结合，所以有人认为核基质成分应该说是一类核蛋白。

常见的核基质蛋白有下列几种：

(1)核基质蛋白，相对分子质量大于50kD，主要定位于核基质，且呈现纤维颗粒样分布。很可能是核基质上DNA襻环的结合蛋白。

(2)Nuc2＋蛋白，Nuc2＋蛋白存在于核基质以及染色体支架中，相对分子质量为76kD，有一个结构域与富含AT的DNA序列有特异的亲和性。Nuc2＋蛋白能在体外自我组装，是一种具有聚合能力的酸性结合蛋白质。Nuc2＋蛋白可能在有丝分裂期染色体分离过程中起重要作用。

(3)核内肌动蛋白，有报道在间期细胞核内发现肌动蛋白，这些核基质中的肌动蛋白可能与mRNA前体的加工过程有关，如果向细胞核内注射抗肌动蛋白抗体及肌动蛋白结合蛋白，能抑制细胞核内的mRNA的转录。

(4)附着区结合蛋白，与骨架结合的DNA序列(简称MAR)往往是富含AT的DNA序列，长度300～1000bp。是一种MAR结合蛋白，相对分子质量为95kD，广泛存在于各种组织中，不具有组织特异性。通常特异性地与DNA襻环两端的序列结合，将其锚定在核基质上，以形成DNA襻环。

(5)DNA拓扑异构酶Ⅱ，是间期的核基质和分裂期染色体骨架的重要成分之一。

3. 核基质结合蛋白

近年陆续发现了一些核骨架结合蛋白，又称核基质结合蛋白，是一些与DNA和RNA代谢密切相关的酶类、细胞信号识别和细胞周期的调控因子以及病毒特异性的调控蛋白，紧密地结合在核基质结构上，协助核基质蛋白共同完成核基质网架的构建和生物学功能。

4. 核基质的功能

一般认为，核基质为细胞核内组分布局提供了一个结构支架，细胞核内许多重要的生命活动与核基质有关。

(1)核基质与DNA复制　原核细胞的DNA复制是结合在细胞膜上进行的。近年来研究表明真核细胞中DNA复制与核膜没有直接的关系，更无专一的结合位点，复制中的DNA均结合在核基质上，并且DNA复制所必需的DNA聚合酶和DNA拓扑异构酶Ⅱ都可能在核基质上有特定的结合位点。DNA襻环的根部结合在基质纤维上，DNA以襻环的形式通过核基质结合序列与DNA拓扑异构酶Ⅱ的结合锚定到核基质上，调控DNA的复制。与DNA复制有关的酶及调控因子与DNA襻环共同锚定于核基质上形成DNA复制复合体，进行DNA复制合成。

近年来证实，真核细胞中的DNA聚合酶结合于核基质上，通过结合于核基质上而被激活。所以可以认为，在真核细胞中核基质是DNA复制的空间支架。

(2)核基质与基因表达　在细胞核这样的小小的空间内容纳基因要有序表达，必须在时空上进行有序的调节，在一定时间内只有极少数基因活跃表达，其他基因暂时处于关闭状态。在鸟类和哺乳动物细胞中，具有转录活性的基因是结合在核基质上的，基因只有结合在核基质上才能进行转录。具有转录活性的基因两端存在 MAR 序列，可以经 DNA 拓扑异构酶Ⅱ结合到核基质上，并且 MAR 序列的存在可增加基因的转录活性。核基质是 DNA 的转录位点，RNA 的合成是在核基质上进行，RNA 聚合酶在核基质上具有结合位点。另外，mRNA 的剪切加工与运输也是在核基质上进行，mRNA 前体(hnRNA)与核基质的相结合，hnRNA 上的特异性片段 poly A 可能是 hnRNA 在核基质上的附着点。

(3)核基质和细胞癌变　有些癌细胞如肝细胞的核基质结构很不规则，而且其蛋白组成与正常细胞核基质有显著不同。肿瘤细胞核常呈异常的形态结构，与核基质结构及其蛋白组成的异常密切相关。有实验证明，癌基因是结合在核基质上才能转录。一些致癌物、促癌剂能紧密与核基质结合，并通过核基质发挥其致癌、促癌作用。某些抑制癌细胞增殖的药物可能是通过干扰核基质的 DNA 拓扑异构酶Ⅱ起作用的。

(二)核纤层

核纤层是位于细胞核内层核膜下与染色质之间的纤维蛋白片层或纤维网络，由核纤层蛋白多肽组成。核纤层与中间纤维、核基质相互连接，形成贯穿于细胞核与细胞质的骨架纤维结构体系。间期细胞核中，核纤层与核膜在结构上有密切联系，与核孔位置的维持、核膜形态的维持以及为染色体提供结构支架有关。

1. 核纤层形态结构

在某些真核细胞中，核纤层厚度为 20～100nm，核纤层纤维的直径为一般为 10nm 左右，排列整齐，呈正交状编织成网络，分布于内层核膜与染色质之间。核纤层整体结构呈一球形或笼形网络，切面观呈片层结构。在分裂期细胞，核纤层解体，以蛋白单体形式存在与细胞中。

2. 核纤层的化学成分

核纤层在真核细胞中普遍存在，由一类核纤层蛋白组成，相对分子质量在 60～80kD 之间。在哺乳动物和鸟类细胞中，存在 3 种核纤层蛋白，即核纤层蛋白 A、核纤层蛋白 B、核纤层蛋白 C。在两栖类中有 4 种，即核纤层蛋白Ⅰ、Ⅱ、Ⅲ、Ⅳ。果蝇中发现两种核纤层蛋白。

核纤层蛋白是中间纤维蛋白家属成员，核纤层蛋白 A 和核纤层蛋白 C 两种多肽的氨基酸顺序中有一段长度为 350 个氨基酸残基的序列与中间纤维蛋白高度保守的 α 螺旋区有 28%的同源性；而核纤层蛋白与波形蛋白之间，在同源岛区域有 70%的氨基酸相同，核纤层蛋白被确定为第Ⅴ型中间纤维蛋白。

3. 核纤层的装配

哺乳动物核纤层蛋白能装配成杆状二聚体。二聚体由约 50nm 长的杆部和两个球状头部组成。球状头部由蛋白质 C-末端区域构成，杆部由高度保守的 α 螺旋区构成。体外重组实验表明，核纤层蛋白 A 和核纤层蛋白 C 能在体外自我装配，首先形成二聚体，二聚体首位相连形成多聚体，多聚体横向联合形成核纤层纤维，最后形成具有周期性结构的核纤层纤维网络。

核纤层蛋白的正确装配依赖核定位信号(简称 NLS)序列、C-末端的 CaaX 结构域和 α 螺旋区。核纤层蛋白在形成二聚体时依赖于 α 螺旋区形成的超螺旋，在 NLS 序列引导下被运入细胞核，并被装配到核纤层中。C-末端的 CaaX 结构域保证了核纤层只在核膜下进行装配而在细胞质中大量堆积。

4. 核纤层的功能

核纤层与核膜、染色质、核孔复合体及核基质在结构上有密切联系，一般认为核纤层在细胞核中起支架作用。不仅为核膜及染色质提供了结构支架，还在DNA复制、mRNA分选以及细胞有丝分裂过程中核膜的崩解和重新形成中发挥重要作用。

(三)染色体支架

染色体支架是指染色体中由非组蛋白构成的结构支架，功能不仅上是染色体高级结构的结构骨架，还与DNA的复制、RNA的转录与加工、染色体的构建密切相关。

染色体支架含大约30种非组蛋白，支架中不含组蛋白。近年来对染色体支架的成分进行了进一步的纯化分析，在染色体支架的非组蛋白中主要有两种蛋白：SCⅠ和SCⅡ，构成支架蛋白的40%以上。SCⅠ就是DNA拓扑异构酶Ⅱ，DNA拓扑酶Ⅱ是一种主要的染色体支架结构蛋白。着丝粒蛋白CENP-B和CENP-C也位于染色体支架上。

染色体支架中的蛋白质能识别特定的碱基序列，并与碱基形成氢键，从而与一段较短的特异性DNA序列结合，因此被称为序列特异性DNA结合蛋白。这些蛋白质具有许多功能，如参与染色体的构建，与组蛋白相互作用使DNA分子形成在复制和转录功能上相对独立的结构域；以复合物的形式结合在特异DNA序列上，启动和推进基因的复制；以竞争性或协同性结合方式作用于特异DNA系列上，调控有关基因的转录等。

习题与思考

1. 解释如下术语：微管、微丝、中间纤维。
2. 细胞质骨架的基本功能包括哪些？
3. 如何理解核骨架对基因组基因表达的影响？

任务六　基因的结构与表达体系

学习目标

掌握原核基因与真核基因在结构上的主要特征，熟悉基因表达体系的几种主要类型。了解外源基因在原核基因表达体系和真核基因表达体系中表达后产物活性的差异。

任务内容

一、基因

(一)基因及其载体

1. 基因的概念

通常而言，基因是指DNA上特定排列的碱基序列。这些序列能转录为对应的tRNA、rRNA或mRNA分子，甚至翻译为特定的多肽或蛋白质分子。对于非细胞生物，基因还可以是能间接转录为对应的 tRNA、rRNA 或 mRNA 分子，甚至翻译为特定的多肽或蛋白质分子的那些在 RNA 上存在的特定碱基序列，如 RNA 病毒基因组基因。朊粒是一种感染性蛋白分子，对于朊粒的基因，可以理解为在该蛋白质分子上存在的特定氨基酸序列。

根据基因的转录产物性质不同，有时把基因分为 tRNA 基因、rRNA 基因或 mRNA 基因。tRNA 基因或 rRNA 基因的最终表达产物就是 tRNA 或 rRNA。mRNA 基因的最终表达产物则是多肽链，即多肽或蛋白质分子。

根据基因存在的形式差异，有时可以把基因区分为 DNA 基因或 RNA 基因。DNA 基因的典型表达流程是转录→转录后加工→翻译→翻译后加工，而 RNA 基因的典型表达流程是逆转录→转录→转录后加工→翻译→翻译后加工。

2. *基因存在的形式*

基因存在于所有生物中。

在细胞生物中，无论原核细胞生物或真核细胞生物，它们的基因都存在于 dsDNA 上，随着细胞的分裂而复制、分配到新细胞中。

非细胞生物的基因储存形式多样，如 DNA 病毒的 dsDNA 或 ssDNA，RNA 病毒的 dsRNA 或 ssRNA。由于朊粒只由一种感染性蛋白分子组成，朊粒的基因似乎可以理解为在该蛋白质分子上存在的特定氨基酸序列，即朊粒的基因形式是蛋白质。

(二)基因结构

1. *原核基因结构*

原核基因在组成上经常是 1 个以上基因的核苷酸序列连续排列，共用一套启动子和终止子，这样，每个基因编码序列就称为顺反子。每套启动子和终止子，连同其中的多个基因编码序列一起，称作操纵子。

依据操纵子所含编码基因即顺反子的数量差异，人们将原核基因结构分为单顺反子操纵子和多顺反子操纵子这两种类型。

多顺反子操纵子中，顺反子前后排列，在启动子和终止子控制下将一组基因一起转录和翻译而得到一组功能相关的蛋白质或酶。

如大肠杆菌的乳糖操纵子、β-半乳糖苷酶、β-半乳糖苷渗透酶、β-半乳糖苷转酰酶的结构基因以 Lac Z(z)、Lac Y(y)、Lac A(a)的顺序分别排列在染色体 DNA 上，与 z 相邻，与 y 相对的一侧有操纵基因 Lac O(o)，更前面有启动基因 Lac P(p)，操纵子(乳糖操纵子)就是这样构成的(图 2-18)。

2. *真核基因结构*

真核细胞基因组的大部分序列属于非编码区，不编码具有生物活性的蛋白质或多肽。编码区通常为结构基因，结构基因不仅在两侧有非编码区，而且在基因内部也有许多不编码蛋白质的间隔序列(称内含子)。真核细胞的基因大多由不连续的几个编码序列(称外显子)所组成，可称之为断裂基因。

真核细胞基因所在核苷酸序列可以区分为内含子和外显子，有一套启动子和终止子，在基因的上游和下游通常有增强子和沉默子(图 2-19)。

与原核生物不同，真核生物中很少有多顺反子，一般是单顺反子。

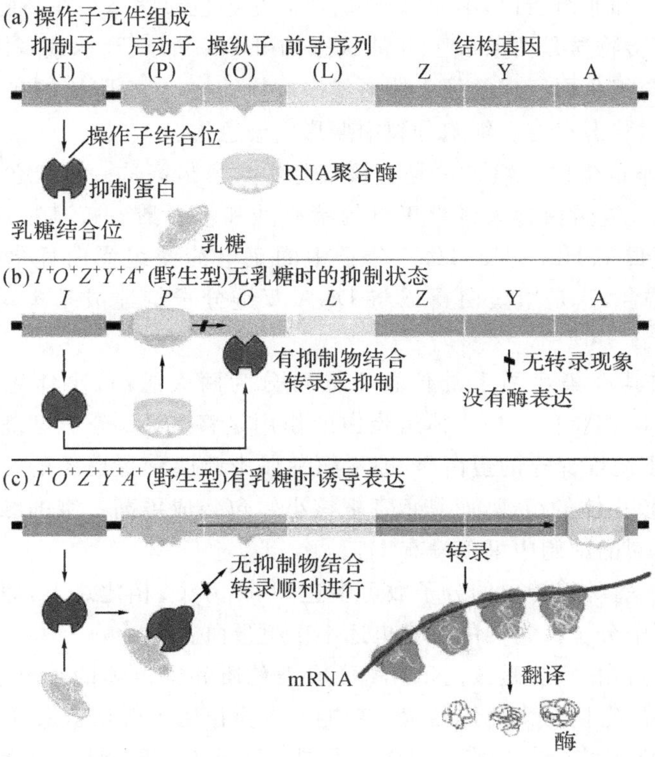

图 2-18　乳糖操纵子结构与表达

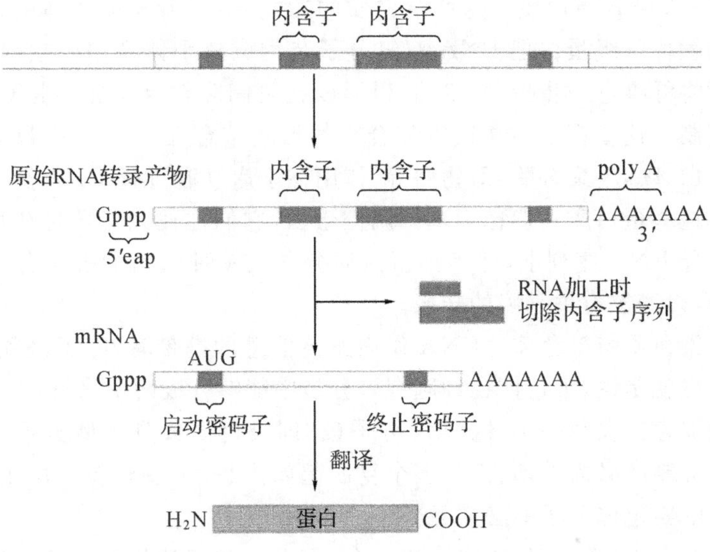

图 2-19　真核基因结构及其表达

(三)基因组

1. 核遗传物质与细胞核

(1)dsDNA 分子　原核细胞核遗传物质是指 1 个环状 dsDNA 分子，承载约 4000 个基因，由于缺少组蛋白和非组蛋白，不能形成染色体，呈染色质状态存在细胞质基质中。

真核细胞核遗传物质是两条以上开链状态的 dsDNA 分子，承载基因种类和数量远比原核细胞多，通常与组蛋白组成的核小体形成串珠样结构，在细胞核内在核骨架即非组蛋白的参与下，以染色质状态存在。细胞分裂中期形成染色体。

(2)组蛋白与非组蛋白　组蛋白是真核细胞中含量最高的一种染色体蛋白质，其总量相当于 DNA 的量。组蛋白含大量带正电的精氨酸和赖氨酸。按其精/赖比例，可将组蛋白分为 5 种：H1、H2A、H2B、H3、H4。分子中的正电荷使组蛋白凭借静电引力与 DNA 双螺旋非特异地结合，这是组蛋白得以将 DNA 双链分子构建成基本单位核小体的重要力量。

5 种组蛋白因其在染色质上的位置不同可分为两大组：核小体组蛋白（包括 H2A、H2B、H3、H4）和 H1 组蛋白。核小体组蛋白的作用是将 DNA 分子盘绕成核小体，其中的 H3 和 H4 是进化上高度保守的蛋白质，即不同种属中此两种蛋白质的一级结构高度相似。H1 组蛋白不参与核小体的组建，而是负责把核小体包装成更高一级的结构，在进化上也较不保守。在某些种属的细胞中可以没有 H1。

在一个细胞中，每种组蛋白的分子数可多达 6000 万个，相比之下，非组蛋白的量很小，每种一般仅有 1 万个分子。它们的总量也远小于组蛋白。

非组蛋白与组蛋白一起，是核内 DNA 形成染色质和染色体的重要组分。非组蛋白的种类繁多，功能各异，它们对染色体结构和功能的重要作用正得到越来越多的关注。

非组蛋白与 DNA 结合的方式与组蛋白不同。这类蛋白质能从 DNA 双链外部的大沟、小沟中识别碱基排列并与碱基形成氢键，从而与一段较短的特异 DNA 序列结合，因此被称为序列特异性 DNA 结合蛋白质。这些蛋白质的功能有：①参与染色体的构建。这方面的作用与组蛋白相辅佐。组蛋白把 DNA 双链分子装配成核小体珠串联接成的纤维，非组蛋白则在此基础上将纤维进一步折叠、盘曲，以形成在复制和转录功能上相对独立的结构域。②启动基因的复制。这些蛋白质往往以复合物的形式结合在一段特异 DNA 序列上，复合物中包括启动蛋白、DNA 聚合酶、引物酶等，作用在于启动和推进 DNA 分子的复制。③调控基因的转录。这些蛋白质一般称为基因调控蛋白，它们往往以竞争性或协同性结合的方式作用于一段特异 DNA 序列上，即多种蛋白质分子或一种蛋白的多个分子之间存在着竞争或协同的关系，以调控有关基因的转录。

(3)核小体、染色质与染色体　DNA 作为遗传信息的携带者，除了必须能表达以外，还必须能够复制。也就是说，染色体在细胞有丝分裂中能够分成两份拷贝，并且在细胞的代代相传中自身得到保存。在每一个 dsDNA 分子（亦即染色质或染色体分子）上，有 3 种特异的核苷酸序列是复制所必需的，它们是多个复制起始点、一个着丝粒和两个端粒，这就是细胞生物学中提及的染色体分子的必需元件。

核小体是由 2 个 H2A-H2B 二聚体和 2 个 H3-H4 二聚体组成的八聚体。围绕在八聚体外围的 dsDNA 长度恒定地为 146bp，绕核小体 2 圈，H1 组蛋白结合在外层，连接段 dsDNA 的长度为 0～80bp。这样，每个核小体所含 DNA 长度平均为 200bp。

染色质是指直径 30nm 以下的纤维结构，染色体则指直径在 300nm 以上的纤维结构，此时光学显微镜视场下可分辨。原核细胞的 dsDNA 一般也能形成直径在 300nm 以上的纤维结构，出现袢环样高级结构，即染色体。

大肠杆菌的染色体是一个环形分子，上面缺乏组蛋白，但也存在袢环结构。所以，可以认为，袢环是从细菌、两栖类、昆虫到人的染色体都普遍存在的一种结构。每个袢环含一个或数个基因，根据袢环上的基因是否发生表达，袢环可以松解或紧缩。

值得注意的是，在真核细胞内，染色体的结构层次是：dsDNA→核小体串珠样→染色质纤维→袢环→染色体（图 2-20）。

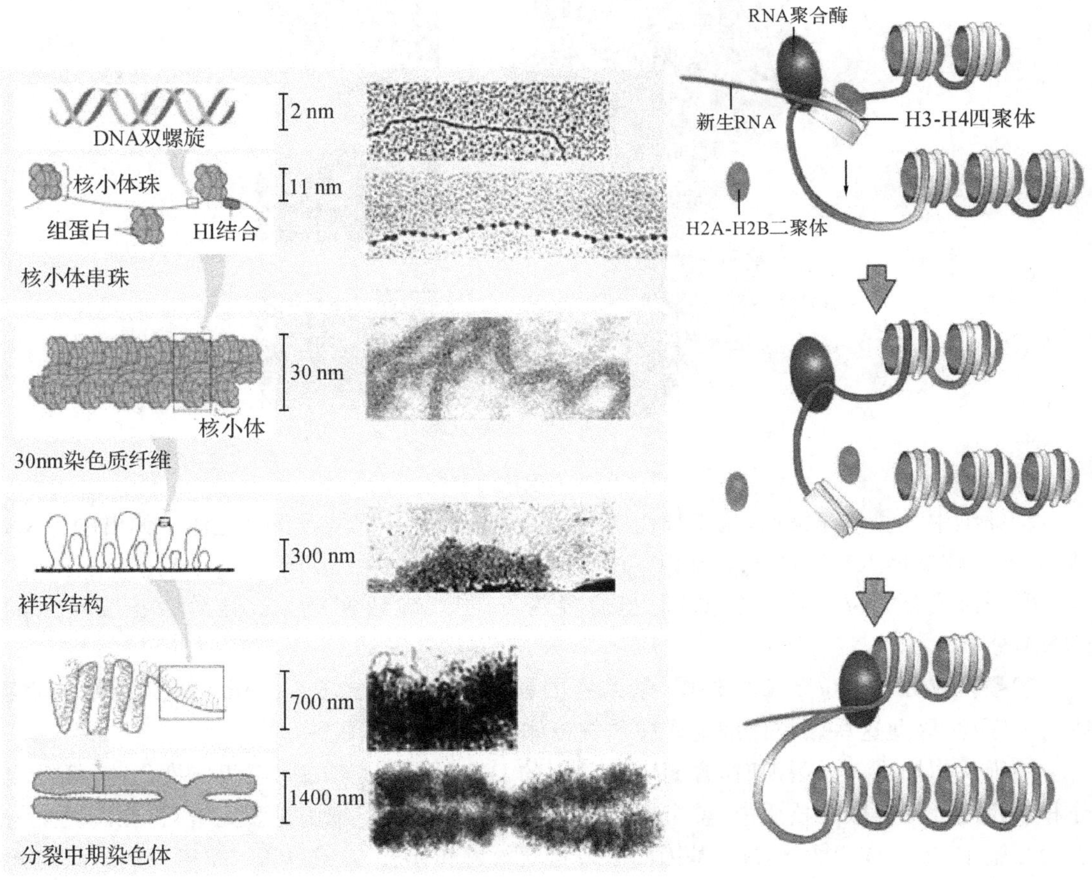

图 2-20　染色体的结构层次及其在基因转录时的状况

一个细长的 DNA 分子通过核小体、30nm 纤维、袢环等一系列形式以及其他机制，包装或构建成间期和分裂期的染色体，这些包装体现出一个原则：有利于遗传物质在间期的表达、复制和分裂期的分配。

处于部分基因表达的真核细胞，如管家基因和组织特异性基因表达时，这些基因对应的 dsDNA 所处的高级结构将去折叠，出现游离的 dsDNA，并在解旋酶的作用下解开 DNA 双螺旋后，才会在 RNA 聚合酶的参与下进行基因的转录。类似地，在细胞分裂进入 M 期以前，dsDNA 所处的高级结构将去折叠，游离的 dsDNA 区段在解旋酶的作用下解开 DNA 双螺旋后，才会依赖 DNA 聚合酶进行复制。

（4）核仁与细胞核　核仁呈圆或椭圆形，外无界膜包围，是由多种组分形成的一种网络结构，出现在间期细胞核内。在电镜超薄切片中可以看到，核仁包括互相不完全分隔的 3 个部分（图 2-21）。

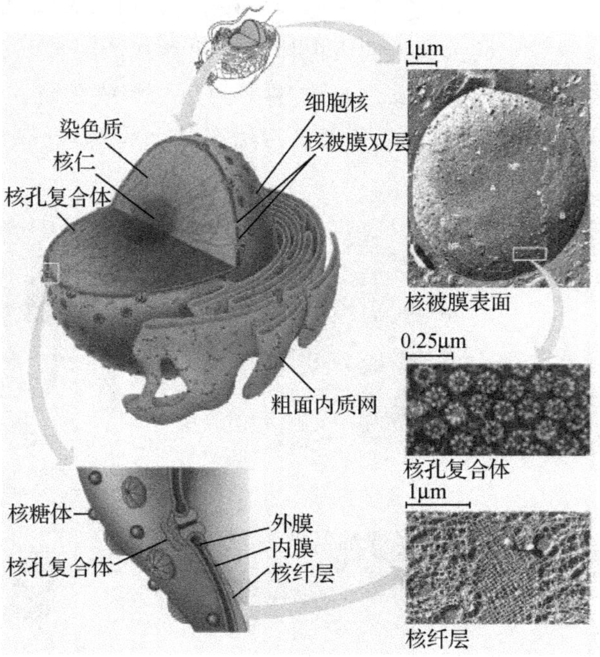

图 2-21 细胞核的结构

①纤维中心。呈浅染区，位于核仁中央部分。该部分含有从数条染色体上伸出的 DNA 袢环，上有核糖体 RNA(rRNA)基因。

②纤维成分。位于浅染区周围，呈直径为 5～10nm 致密纤维。该处含正在转录的 rRNA 分子。

③颗粒成分。多位于核仁外周，呈致密的颗粒，颗粒直径 15～20nm，为已合成的核糖体前体颗粒，因此这些颗粒比细胞质中的核糖体颗粒略小些(图 2-22)。

细胞从间期进入分裂期时，含 rRNA 基因的 DNA 袢环逐渐缩回至相应染色体，纤维成分和颗粒成分均分散于核质中，整个核仁先是缩小继而消失。细胞分裂完毕后，在刚诞生的子代细胞中，染色体上含 rRNA 基因的区段重新松解和伸展，在这些 DNA 袢环周围又组建新的核仁。先是有数个小核仁形成，随即小核仁互相融合成一个或数个大核仁。

在间期细胞，核酸和蛋白质以染色质和核仁的形式存在，核外周有核被膜，核被膜上的间隔存在核孔复合体，内层核膜下有一个由纤维蛋白形成的核纤层，核内还存在一个蛋白质纤维组成的核骨架，它们共同维持核的形状、核内外物质交换和染色质、染色体的空间位置。

在有丝分裂期，核被膜融解，核骨架解聚，核仁消失，染色质浓聚紧缩形成棒状的染色体，然后每条染色体纵向分裂，此时核膜解体，核形态消失。当细胞分裂完成，两个子细胞出现时，核又重新形成。

2. 核外遗传物质

染色体外遗传物质所表现的遗传现象称核外遗传。在真核生物中常称为细胞质遗传，也称为核外遗传、非染色体遗传、非孟德尔式遗传或母体遗传，主要是叶绿体染色质和线粒体染色质，都是环形 dsDNA。在原核细胞生物中，主要是质粒，也是环形 dsDNA。

3. 基因组的概念

一个生物体的 DNA 所带的全套基因叫作该生物的基因组，也可以把带有全套基因的

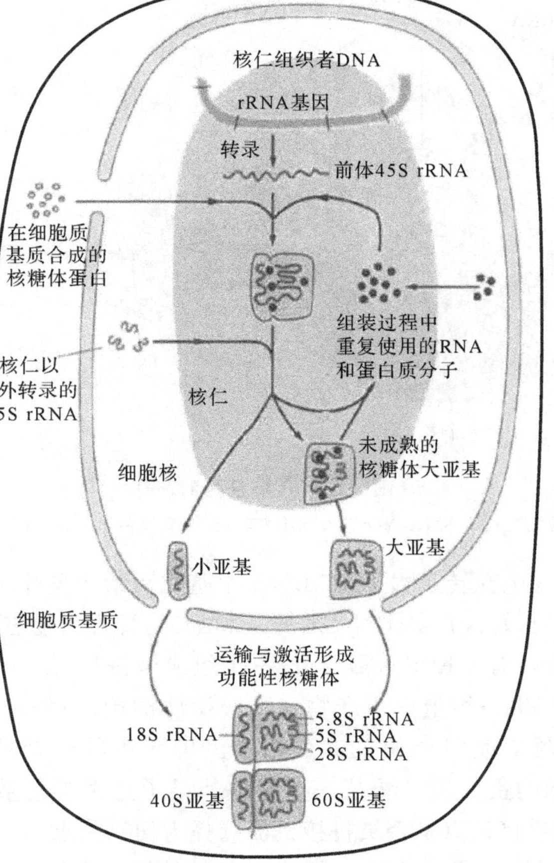

图 2-22　核仁内核糖体亚单位的加工、成熟

DNA 或细胞叫作基因组，或称细胞基因组。生物基因组或细胞基因组所合成的所有蛋白质都在相应基因组的指导之下进行。人类基因组约指导 3 万个蛋白质的合成。

核外遗传的基因组所含的基因数 1～200 个。

二、基因表达与基因表达体系

1. 基因表达

基因表达的典型流程是，转录→转录后加工→翻译→翻译后加工(图 2-23)。

双链 DNA 中只有一条链可作为 RNA 合成的模板。作为 RNA 合成模板的链称为反意义链，也称为负链，与其相互补的对应链称为有意义链，或密码链，也称为正链。新合成的 RNA 序列与有意义链 DNA 序列相同(只是 U 替代了 T)，与反意义链序列互补。

2. 真核细胞的基因表达调控

基因表达的调节是多水平的，DNA 到蛋白质的过程有很多步骤，原则上，调控可发生在每个环节。

(1)转录　调控一个基因什么时候以及如何被转录。真核生物的转录激活与 TATA 盒、CAAT 盒和 GC 盒有关，其中，TATA 盒决定转录起始的位点即启动子序列的位置，CAAT 盒和 GC 盒决定 RNA 聚合酶转录基因的效率，如增强子或沉默子序列。

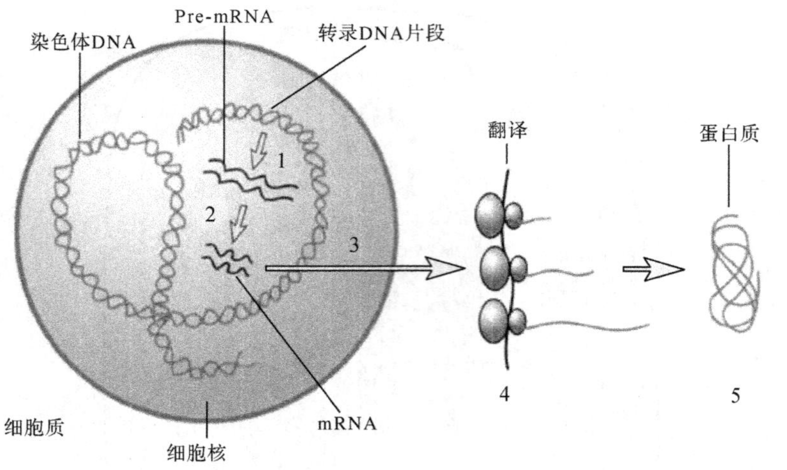

图 2-23 真核基因的表达

1. 转录；2. 转录后加工；3. mRNA 选择进入胞质方向；4. 多聚核糖体上的 mRNA 翻译；5. 基因产物

基因表达阻遏可发生在转录水平，如 DNA 甲基化阻断相关基因的转录。

(2)转录后加工 指转录产物 RNA 的剪接和加工，即在细胞核内进行的 hnRNA 加工为成熟 mRNA 的过程。有 3 种情形需要关注：①组成型拼接，是一个基因只产生一种成熟的 mRNA，一般也只产生一种蛋白质产物。②选择性拼接，一种广泛存在的 RNA 加工机制，一个基因能编码两个或多个相关的蛋白质。可调控的选择性拼接产生不同的成熟 mRNA，翻译产生不同的蛋白质。③某一特定的外显子是否被包括在成熟 mRNA 内主要取决于它的 3′和 5′端拼接位点是否被拼接机器选择为切割位点。

(3)mRNA 翻译调控 核内成熟 mRNA 选择性地转运到细胞质定位，确定它们在胞质中位置，如动物受精卵形成胚胎所需要的信息预存在卵母细胞里。微管和微丝对细胞中特定部位的 mRNA 的聚集有一定关系。

mRNA 选择性地与核糖体亚基结合，组成 mRNA-核糖体复合体，然后进行翻译，编码合成新生肽链。隐蔽 mRNA 是如何被激活的，铁蛋白 mRNA 与翻译速率又有什么联系等问题的研究就属于翻译水平的调控。

mRNA 稳定性的调控方面，未与核糖体亚基结合的 mRNA 会被选择性地分解。研究发现，mRNA 的寿命与它的 poly A 尾巴长度有关，哺乳动物细胞内 mRNA 的 ploy A 尾巴减少到一定长度时，mRNA 将会被迅速降解。

(4)翻译后加工水平的调控 翻译后加工就是关于蛋白质活性的调控。细胞质内，合成的新生肽链或蛋白质会被选择性地激活、灭活、降解，或者将被区域化，如包装成初级溶酶体。

新生肽链的修饰加工指肽链的剪切、黏接、糖基化、甲基化等现象和过程。肽链的修饰加工场所是在细胞质基质、内质网、Golgi 器中完成的。

3. 基因表达体系

基因表达体系指在基因结构、RNA 聚合酶、tRNA、核糖体、肽链修饰加工等方面有专一性的基因表达系统。

基因表达体系的种类包括原核基因表达体系、真核基因表达体系、线粒体基因表达体系和叶绿体基因表达体系(图 2-24)。

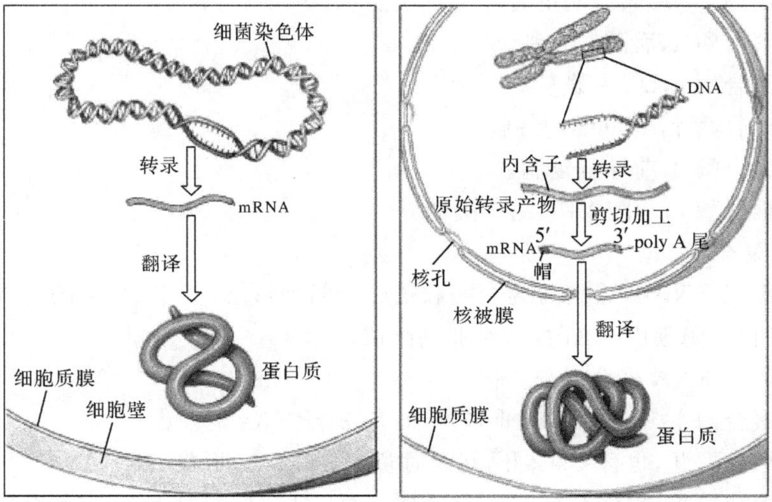

图 2-24　原核基因表达体系与真核基因表达体系比较

(1)原核基因表达体系　原核基因表达体系是指完成原核基因表达所必需的原核 RNA 聚合酶、tRNA、原核核糖体等组成的基因表达系统,肽链修饰加工不明显。

原核细胞的 RNA 聚合酶有两种形态,即全酶和核心酶。

全酶的亚基组成包括 $\alpha_2\beta\beta'\delta$,而核心酶的亚基组成是 $\alpha_2\beta\beta'$,不包括 δ 亚基。

(2)真核基因表达体系　真核基因表达体系是指完成真核基因表达所必需的真核 RNA 聚合酶、t-RNA、真核核糖体等组成的基因表达系统,肽链修饰加工丰富。核糖体的大小亚基分别是 60S 和 40S。

真核细胞的 RNA 聚合酶有 3 类,RNA 聚合酶Ⅰ,负责 5SrRNA 以外的 rRNA 基因转录。RNA 聚合酶Ⅱ,负责 hnRNA 基因/mRNA 基因转录。RNA 聚合酶Ⅲ,负责 5SrRNA 基因转录。

(3)线粒体基因表达体系　类似原核基因表达体系。

(4)叶绿体基因表达体系　类似原核基因表达体系。

ZHI SHI TUO ZHAN

知识拓展

DNA 聚合酶与 RNA 聚合酶

1. DNA 聚合酶

(1)原核细胞 DNA 聚合酶的种类及其功能

①DNA 聚合酶Ⅰ或 pol Ⅰ,功能是进行 3′→5′外切,5′→3′外切,或完成 DNA 聚合等。

②DNA 聚合酶Ⅱ或 pol Ⅱ,功能未明确。

③DNA 聚合酶Ⅱ或 pol Ⅲ,功能是进行 DNA 聚合。

④DNA 聚合酶Ⅲ或 pol Ⅲ,功能是进行 DNA 复制。

(2)真核细胞 DNA 聚合酶的种类及其功能

①DNA 聚合酶 α,后随链复制。

②DNA 聚合酶 β,DNA 修复。

③DNA 聚合酶 γ,mtDNA 复制。

④DNA 聚合酶 δ,前导链复制。

⑤DNA 聚合酶 ε,功能未明,结构类似 δ。

2. RNA 聚合酶

(1)原核细胞 RNA 聚合酶分为全酶和核心酶两种形态,其中,全酶的结构是 $\alpha_2\beta\beta'\delta$,共有 4 种亚基。核心酶则由 $\alpha_2\beta\beta'$这 3 种亚基组成。

(2)真核细胞 RNA 聚合酶分 3 种。

①RNA 聚合酶Ⅰ,也称 Class Ⅰ,转录时负责 rRNAs 聚合。

②RNA 聚合酶Ⅱ,也称 ClassⅡ,转录时负责 hnRNA,形成 mRNA。

③RNA 聚合酶Ⅲ,也称 Class Ⅲ,转录时负责 5sRNA 和 tRNAs 的聚合。

习题与思考

1. 解释如下术语:断裂基因、基因组、核小体、组蛋白、非组蛋白、基因表达体系。

2. 基因表达体系有哪几种?

3. 真核基因如何在原核基因表达体系内进行表达?以 *E. coli* 表达系为例,参照重组药物制备的菌株情况进行解释。

4. 很少有人将原核基因置于真核基因表达体系进行表达,为什么?

项目三 细胞的主要生命活动

任务七 细胞周期

学习目标

熟悉细胞周期及其时相组成，掌握 G1 期细胞、G0 期细胞和终末分化细胞的一般概念。

任务内容

一、细胞周期概念

细胞周期，也称细胞生活周期或细胞繁殖周期，是指细胞从一次有丝分裂结束到下一次有丝分裂完成所经历的一个有序过程，结果是由 1 个细胞分裂形成 2 个子代细胞。其间原细胞的遗传物质和其他内含物分配给 2 个子细胞。

二、细胞周期的时相组成

（一）标准细胞周期的 4 个时相及其事件

细胞周期可以分为间期和分裂期。间期的细胞体积增大，细胞旺盛生长。分裂期表现为细胞核物质先分裂，然后胞质分裂。

间期又细分为 G1 期、S 期和 G2 期，分裂期称作 M 期。

细胞周期的时相发生顺序为：G1→S→G2→M→G1（图 3-1）。

在每个细胞周期时相中，细胞内部发生了特征的变化。

1．G1 期

此时相的细胞内部，与 DNA 生物合成的启动以及细胞生长相关的其他生物合成在进行。如蛋白质、RNA、碳水化合物、脂等的生物合成。另外，间期细胞核内的染色质开始去凝集，退行性地由高度折叠状态变为去折叠状态，暴露 DNA 双螺旋链。300nm 袢环→30nm 染色质纤维→核小体串珠结构→游离的 dsDNA。

G1 期中物质代谢活跃，有大量 RNA 和蛋白质合成，细胞质量及体积都比上一次分裂

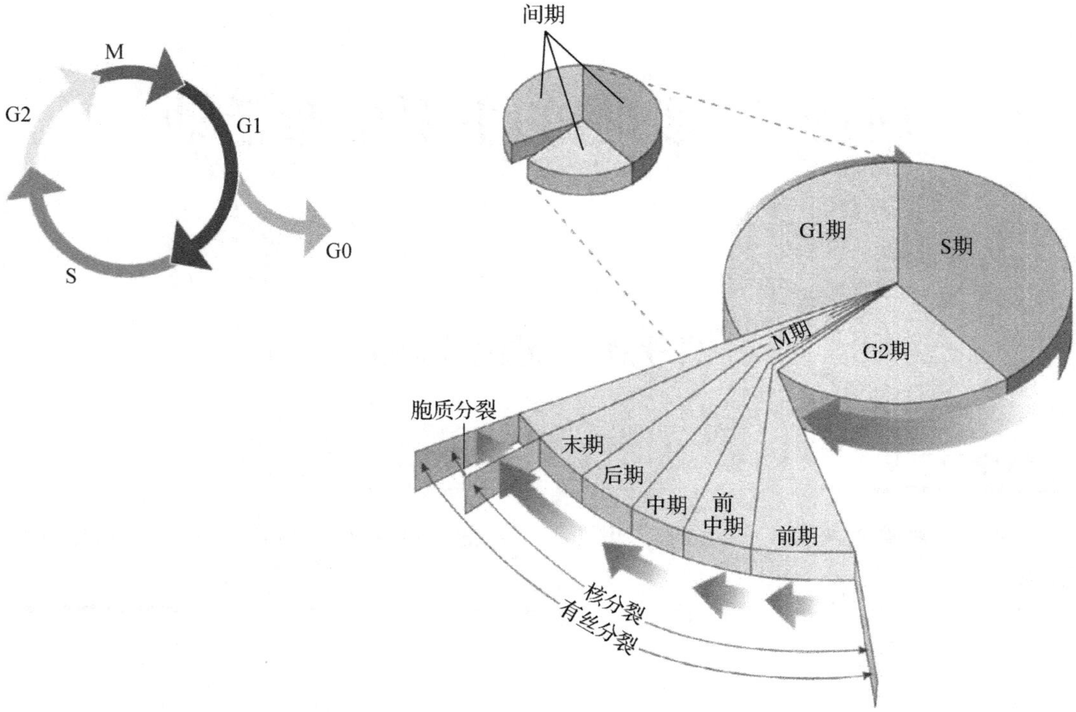

图 3-1 细胞周期各时相

结束时增加一倍。G1 期还发生蛋白质磷酸化，细胞膜转运功能增强等变化。

(1)RNA 和蛋白质合成　G1 期 RNA 的含量增加很快，同时 RNA 聚合酶活性也迅速提高，催化 rRNA、mRNA 和 tRNA 生成。如果用抑制 RNA 合成的药物放线菌素 D 作用于 G1 期的细胞，可阻断细胞从 G1 期进入 S 期，可见 G1 期合成 RNA 是细胞进入 S 期的必要条件。

RNA 含量的增长导致蛋白质合成的增加。一些重要蛋白质的合成对于 G1 期细胞进入 S 期是必需的，如钙调素、非组蛋白及与 DNA 复制起始和延续有关的酶等。蛋白质合成抑制剂如嘌呤霉素可抑制 G1 期细胞进入 S 期。此外，在 G1 期中产生了一类具有组织特异性的蛋白质性的物质，称为抑素，也能使细胞停留在 G1 期，对调节细胞周期进程也有重要作用。

(2)蛋白质磷酸化　在 G1 期中发生多种蛋白质的磷酸化。如组蛋白磷酸化，可使染色质的结构在 G1 晚期发生改变，有利于 S 期 DNA 合成。非组蛋白、一些蛋白激酶的磷酸化也增加。

(3)细胞膜转运功能增强　细胞膜通透性改变，磷酸盐、氨基酸、葡萄糖、核苷酸、钾离子等物质入膜运输增加。这些变化为 G1 期大量的物质合成提供了原料。

细胞周期中两个间隙期不仅使细胞有足够的时间生长，也使细胞有时间监测内外环境是否合适，从而确保细胞周期进程进入下一个阶段。例如环境中营养不足，细胞就延迟通过 G1 期并可能进入一种特殊的休眠状态，此时蛋白质合成率极度下降，通常只有增殖细胞的 20%，称为 G0 期。在细胞重新开始增殖之前，此状态可以保持几天、几星期甚至几年。事实上，许多细胞永远保持在 G0 期直到细胞或机体死亡。若各方面条件合适并有生长和分裂的信号，G1 期或 G0 期的细胞会通过 G1 晚期阶段的一个特定时期，从而进入 S 期，这个特定时期在酵母细胞中称为起始点，在哺乳动物细胞中称为限制点。通过这个点后，即使刺激细胞生长和分裂的细胞外信号被除去，细胞仍然会开始 DNA 复制。但与 G1 期细胞相比，G0 期细胞进入 S 期需要较长时间进行物质代谢的动员和营养补给，如 3T3 细胞从 G0 期到 S 期至少需要 12h，而从 G1 期到 S 期仅需 6h。

2. S 期

DNA 开始复制并大部分完成复制。细胞内进行大量的组蛋白合成。新合成的组蛋白包括 H1、H2A、H2B、H3 和 H4。DNA 复制与组蛋白合成同步，同时，协调地进行核小体串珠结构的建成。

S 期的主要特征是 DNA 复制，此外也合成组蛋白和非组蛋白，最后形成两份子细胞染色质。细胞增殖的主要物质基础是细胞质和遗传物质的成倍增加，前者的合成贯穿于整个细胞周期，后者的复制仅局限在 S 期。DNA 复制有严格的时间顺序，通常 GC 含量较高的 DNA 在 S 期早期复制，AT 含量较高的 DNA 在 S 期晚期复制。异染色质比常染色质复制的晚，如女性失活的那条 X 染色体最后复制。

S 期是组蛋白合成的主要时期，进入 S 期后，组蛋白 mRNA 水平可增加 50 倍。在细胞质内合成的组蛋白能迅速地通过核孔进入细胞核，与那里的 DNA 组装成核小体。组蛋白的合成是与 DNA 复制同步进行的。实验表明，如果用抑制剂抑制蛋白质合成，则几秒钟后 DNA 合成就停止。反之，如果抑制 DNA 合成，组蛋白的合成也会立即终止，但非组蛋白的合成却不受影响。可见，DNA 和组蛋白在染色质复制过程中相互制约，相互联动，以保证新合成的组蛋白在数量上适应 DNA 复制的需要。S 期中组蛋白合成后还经磷酸化、乙酰化、甲基化等修饰。组蛋白的磷酸化与染色质的凝集有关，组蛋白的乙酰化有利于基因转录。

在 S 期还不断合成与 DNA 复制有关的酶，如 DNA 聚合酶、DNA 连接酶等。随着细胞由 G1 期进入 S 期，这些酶的含量或活性显著提高。

新中心粒也在 S 期开始形成。细胞中原先的一对中心粒在 G1 期时稍分开一段距离，进入 S 期后在每个老的中心粒旁边分别开始形成一个新的中心粒，完成中心体的复制。

3. G2 期

G2 期是从 DNA 合成结束到分裂期开始前的阶段，主要合成一些与 M 期结构和功能相关的 RNA 和蛋白质，此时细胞核内 DNA 的含量已经比 G1 期增加一倍。

此时，DNA 复制趋于完成。合成一定数量的蛋白质和 RNA 分子。

这一时期主要为细胞分裂做准备，如微管蛋白合成开始于 S 期，在 G2 期达到高峰，为 M 期有丝分裂装置的形成提供了丰富的来源。

4. M 期

M 期是指细胞分裂期，出现在有丝分裂或减数分裂中。在 M 期，即核分裂结束前或结束后，遗传物质和细胞内其他物质，如胞质、细胞器等，随着胞质分裂的进行，相继分配给 2 个子细胞。

在有丝分裂中，母细胞一般分裂形成 2 个相同的子细胞，子细胞内的遗传物质一般与母细胞相同，但细胞质基质和细胞器种类数量的分配不一定均等。而在减数分裂中，母细胞一般分裂形成 4 个形态结构相同或形态结构不对等的子细胞，但在子细胞内的遗传物质都是母细胞的一半。

在有丝分裂期间，染色质凝集成染色体，转录活性降低，细胞质内的多聚核糖体也大部分解体了。除非组蛋白外，蛋白质合成显著下降。RNA 的合成则完全停止。

(二)依细胞周期而分的细胞类型

1. G1 期细胞

大多数周期中细胞转变为其他细胞类型，如 G0 期细胞、终末分化细胞，是在 G1 期发生的，为了对比方便，往往把周期中细胞称作 G1 期细胞，也称连续增殖细胞。

多细胞生物在生长发育旺盛的阶段，G1 期细胞比例比较高，随着机体的成熟、衰老，G1 期细胞的比例越来越少。如在成人机体内，肌肉组织细胞的 G1 期细胞比例远比皮肤组织细胞的低，因为肌肉细胞的平均寿命据称有 40 年，而皮肤细胞一般寿命是 7～10d。

G1 期细胞始终保持旺盛的增殖活性，连续进行增殖。这类细胞分化程度低，能量代谢和物质代谢水平高，对外界信号极为敏感。它们不断地补充那些分化、衰老、死亡的细胞，保持组织的更新，维持机体代谢平衡，如上皮基底细胞、胚胎细胞、体外培养的对数生长期细胞和恶性肿瘤细胞就属于此类细胞。

2. G0 期细胞

由于多细胞个体发育的需要，有些细胞暂时脱离细胞周期，停止细胞分裂，执行一定的生物学功能，此时的细胞称 G0 期细胞，或称静息期细胞、暂不增殖细胞。

G0 期细胞的代谢活性下降，但是这类细胞并没有丧失增殖的能力，在适宜的条件下能够被激活成为增殖状态，如肝、肾、胰等脏器的实质细胞均属此种类型，这些细胞往往属于组织细胞中的单能干细胞、多能干细胞。

结缔组织中的成纤维细胞，正常情况下不进行分裂，一旦所在的组织部位受到损伤，便会马上返回细胞周期，分裂产生大量的成纤维细胞，分布于受伤部位，促进伤口愈合。骨髓里面有许多造血干细胞，它们的分裂速度并不是恒定不变的，如献血者在献血后，会加速造血过程，促进血液细胞的分化和增殖。

例外的是，人类卵母细胞在 5 个月胚胎期时全部通过了减数分裂前期Ⅰ的粗线期，但直到性成熟排卵之前仍停留在减数分裂前期Ⅰ的双线期。意味着卵母细胞长时间静止于此阶段，也可以认为属于 G0 期细胞。

3. 终末分化细胞

在多细胞机体，一般认为绝大多数细胞属于终末分化细胞，即从 G1 期分化形成执行特定生物学功能、具有特定形态特征的组织细胞类型之一。终末分化细胞也称不再增殖细胞。

不再增殖细胞丧失增殖能力，始终停留在 G1 期状态，结构和功能发生高度分化，直至衰老死亡。如哺乳动物的红细胞、角化上皮细胞、肌细胞和神经细胞等。绝大多数肌肉细胞、神经细胞等许多组织细胞，在分裂形成以后，分化程度非常高，不能再进入细胞周期进行增殖，其命运是生长、衰老和凋亡或坏死，不再表现增殖、分化的生命属性。

ZHI SHI TUO ZHAN

知识拓展

特异细胞周期的细胞材料

1. 爪蟾早期胚胎细胞的细胞周期

爪蟾早期胚胎细胞分裂快，无 G1 期且 G2 期非常短，S 期也短。基因组内所有复制子都激活，以至认为仅含有 S 期和 M 期。

爪蟾早期胚胎细胞的子细胞在 G1、G2 期并不生长，越分裂体积越小(图 3-2，表 3-1)。

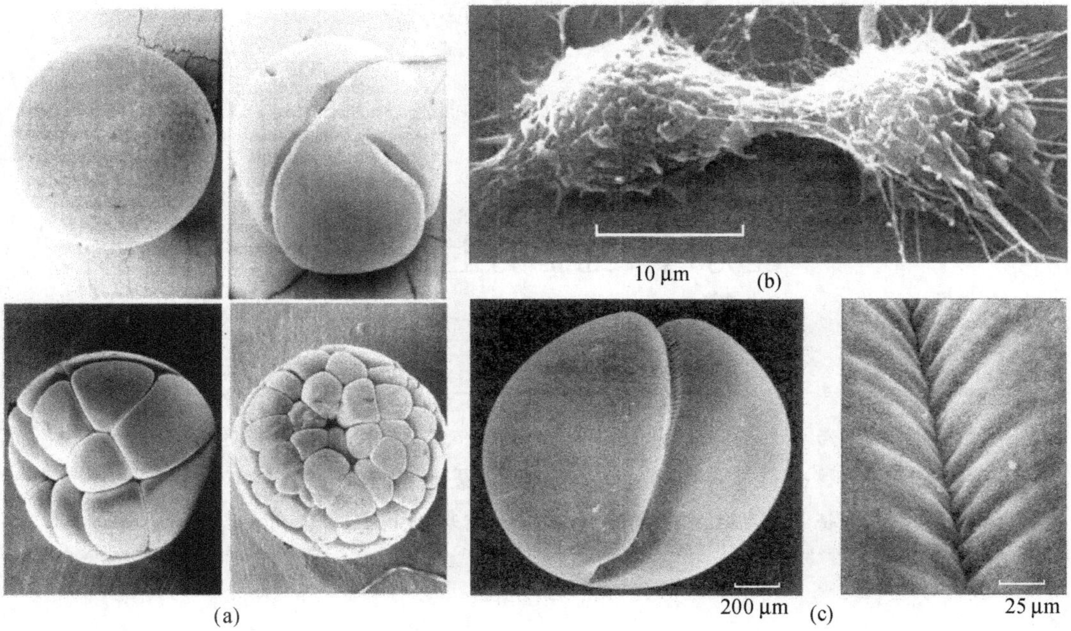

图 3-2 有丝分裂的收缩环与分裂沟

a. 爪蟾受精卵卵裂；b. 胞质分裂的收缩环；c. 分离沟

表 3-1 真核细胞的细胞周期

细胞类型	细胞周期
蛙早期胚胎细胞	30min
酵母细胞	1.5～3h
肠上皮细胞	～12h
哺乳动物成纤维细胞	～20h
人肝细胞	～1y

2. 酵母细胞的细胞周期

酵母细胞具有标准细胞周期各时相，但细胞周期持续时间较短，为 1.5～3h。

属于封闭式细胞分裂，细胞分裂时核膜不解聚，纺锤体位于细胞核内。

3. 植物细胞的细胞周期

植物细胞具有标准细胞周期各时相，不含中心体，但在细胞分裂时可以正常组装纺锤体，以形成中板的形式进行胞质分裂。

4. 细菌的细胞周期

慢生长细菌的细胞周期过程具有真核细胞周期的4个时期，其DNA复制之前的准备时间与G1期类似，分裂之前的准备时间与G2期类似。有S期和M期。

快生长细菌的快速分裂和DNA复制速度之间矛盾的协调一致。

习题与思考

1. 解释以下术语：细胞周期、G1期细胞、G0期细胞、静息期细胞、终末分化细胞。
2. 典型细胞周期的时相组成包括哪些？

任务八　细胞的生长与分裂

学习目标

了解细胞生长与细胞分裂的细胞生命活动特点。熟悉细胞分裂的3种基本形式，尤其是有丝分裂中的核分裂时相组成。了解减数分裂的基本特征。了解核分裂中纺锤体的结构基础和结构特征，以及胞质分裂所依赖的收缩环结构基础。

任务内容

一、细胞生长

细胞生长和细胞分裂是所有生物增殖的基本形式，正如前述，细胞生长和分裂的周期即构成了细胞周期。在单细胞生物中，例如细菌和酵母菌，每次细胞分裂都产生一个全新的个体。在多细胞生物中，细胞分裂主要是产生新细胞来代替体内那些由于损耗、破裂或程序性死亡而失去的细胞。如人体每秒钟要制造好几百万的新细胞，若所有的细胞分裂都停止了，机体会在短短几天里死亡。

细胞生长是指在细胞周期的G1期、S期、G2期中细胞形态结构及其功能的变化过程。考虑到G0期细胞和静息期细胞，并且区分于细胞的分裂过程，一般认为细胞生长是细胞形态结构的变化，如细胞由小变大、细胞器由少到多、功能由简单到复杂、功能分子如蛋白质生物合成丰富等。受精卵细胞是超级大的细胞，卵裂过程中，细胞会逐渐变小。

细胞生长方面很少有单独研究，需要将新分裂后分化形成的子细胞与相同组织的衰老细胞进行比较研究。

培养状态下的细胞生长指标主要是：贴壁细胞从悬浮到贴附的变化过程，细胞分裂相增多，细胞克隆生长形成集落等。

二、细胞的分裂

真核细胞的分裂方式可分为无丝分裂、有丝分裂和减数分裂 3 种。有丝分裂是细胞的基本分裂形式，无丝分裂出现于某些真核细胞，而减数分裂是生殖细胞形成过程中的特殊分裂形式。原核细胞的分裂方式只有无丝分裂 1 种。

(一)无丝分裂

无丝分裂又称直接分裂，是指间期细胞核直接分裂成大小大致相等的两部分，不形成染色体和纺锤体的细胞分裂形式。真核细胞的无丝分裂过程首先是细胞核拉长，从中间断裂，细胞随之分裂成两个子细胞。在这一过程中，核膜不消失，不形成染色体，也没有纺锤体，因此遗传物质不一定平均分配给两个子细胞，至今对于进行无丝分裂的细胞如何维持其遗传稳定性仍不清楚。

无丝分裂是原核细胞增殖的主要方式，但也普遍存在于真核细胞中，如动物的肌肉组织、肝等细胞，另外正常组织细胞在受到创伤或发生癌变、衰老时也能进行无丝分裂。

另外，植物根尖近皮层细胞的分裂、草履虫大核(营养核)的分裂都属于无丝分裂。

无丝分裂能量消耗少、分裂迅速、分裂中的细胞仍可继续执行其功能等特点，有利于细胞适应外界环境变化。

(二)有丝分裂

有丝分裂又称间接分裂，是真核细胞增殖的主要方式。在有丝分裂过程中，细胞通过形成纺锤体和染色体，将遗传物质平均分配到两个子细胞中。这个过程根据其形态学特征人为地划分为前期、前中期、中期、后期、末期以及胞质分裂 6 个阶段。前面 5 个阶段组成核分裂，随后还有胞质分裂，1 个母细胞要通过核分裂及胞质分裂才能产生 2 个子细胞。

1. 前期

前期的主要特征包括染色质凝集、分裂极确定、核仁消失。染色质在间期是松散的，进入分裂期后开始螺旋、折叠，这个变化标志着前期开始。随着前期的发展，染色质纤维逐渐浓缩成又粗又短，具有一定数目和形态结构的染色体。由于经过间期的 DNA 复制和组蛋白合成，每条染色体含有两条相同的姐妹染色单体。每条染色单体具有一个着丝粒，着丝粒位于染色体上凹陷的主缢痕部位，是染色体的组成部分，具有保守的 DNA 重复序列。两条姐妹染色单体在着丝粒处相连。伴随着染色质凝集，构成核仁关键部分的核仁组织区回到所属的染色体上，核仁逐渐分解至消失。

中心体是动物细胞中主要的微管组织中心，由一对中心粒和其周围的无定型物质构成。这些无定型物质含有许多种蛋白质，有微管结合蛋白、马达蛋白、γ 微管蛋白环状复合物及细胞周期控制系统中的蛋白等。中心体的周围围绕着发散状的微管，如同星光四射，因而中心体与其周围四射的微管合称为星体(图 3-3)。间期已复制好的两个中心体起初都位于细胞内的同一侧，前期开始后，中心体的马达蛋白利用 ATP 水解产生的能量沿微管移动，牵引两个子中心体分开，各自移动到细胞两极，确定了细胞分裂极。

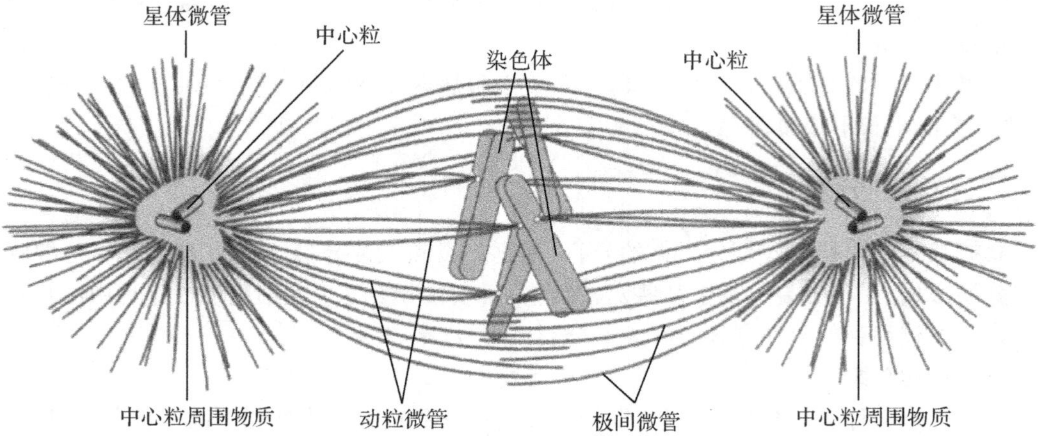

图 3-3　纺锤体结构

前期末一些蛋白质结合到染色体着丝粒外侧，形成一种特殊结构，称为动粒。这样每条染色体含有两个朝着相反方向的动粒。动粒是一个圆盘状的蛋白质复合物，分为内、中、外三层结构，内层与着丝粒 DNA 相互交织；外层为细纤维网络样结构，有微管与之相连；中层有细纤维横跨内外层之间。着丝粒和动粒在细胞分裂过程中都与染色体移动有关。由于着丝粒和动粒在空间位置、结构和功能上密切相关，因而被合称为着丝粒一动粒复合体。

2. 前中期

前中期的主要特征是核膜破裂，纺锤体形成，染色体与纺锤体相连。前中期以核膜破裂为开端，核纤层蛋白多肽链的多个位点在前期发生磷酸化，从而导致核纤层解聚，核膜因此破裂。破裂的核膜形成许多断片和小泡，散布在细胞之中。当子细胞的核膜重新形成时，这些断片和小泡就参与到新的核膜中。

中心体发出由微管蛋白及微管结合蛋白构成的丝状纤维，这些纤维交错排列组成中间宽、两端小的结构，两极是两个中心体，形如纺锤，因此称为纺锤体。纺锤体是细胞分裂过程中出现的一种与染色体分离相关的临时性细胞器。不管是动植物细胞还是单细胞酵母，所有真核细胞的有丝分裂都是由纺锤体来介导的。纺锤体有 3 种类型的微管：①星体微管从中心体向四面八方发散，与两个中心体向细胞两极的移动有关；②动粒微管的末端与动粒连接，从而使染色体与纺锤体相连；③极间微管在纺锤体中部相互交叉，负责保证纺锤体形状的对称。3 种微管的正端都从中心体发出，向着中心体的都为负端，每种微管行为之所以不同是因为它们的正端和负端结合不同的蛋白质。

前中期染色体凝缩程度比前期更高。核膜破裂后核质与细胞质之间的界膜消失，两个中心体发出的动粒微管分别与成对姐妹染色体两侧的两个动粒相连，这种连接是随机的。随着两极动粒微管正端的装配或解聚，染色体在震荡摇摆中向着细胞赤道面汇集。此时的纺锤体两极距离较短，赤道面直径较大，与同一条染色体相连的两极动粒微管并不等长。

3. 中期

中期的主要特征是染色体达到最大程度的凝集，并排列在细胞中央的赤道面上。此时纺锤体两极距离变长，赤道面直径缩小。经过前中期动粒微管的不断摆动，染色体被拉向细胞赤道面。到中期时纺锤体处于一种动力平衡状态，位于染色体两侧的动粒微管长度相等，染色体长轴垂直于纺锤体轴，着丝粒都位于赤道面上。如果用激光破坏一个姐妹染色单体的动粒，染色体就立即被拉向和那个完整动粒相连的纺锤体极。

4. 后期

后期的主要特征是姐妹染色单体分离，并向细胞两极移动。两条姐妹染色单体分离后各成为一条独立的染色体，形成子代染色体。染色单体的分离打破了力的平衡，两套子染色体以等速向两极移动。染色体分离要经过两个步骤，由此可将后期划分为后期 A 和后期 B。后期 A 中动粒微管由于解聚而缩短，使染色单体分离并向着两极移动。后期 B 中，子代染色体已分开了一段距离，纺锤体拉长。有两个力在这里起作用，一是重叠微管伸长并相互滑动将纺锤体两极推开；另一方面，星体微管向外的作用力也使纺锤体两极向着相反方向分开。后期 A 依靠动粒上的马达蛋白以及动粒微管的解聚牵拉子染色体向两极移动。后期 B 则依靠纺锤体两极处的马达蛋白将两极间距离拉长。由于介导这两个过程的马达蛋白对药物的敏感性不同，因此这两个过程对药物的敏感性也不同。

5. 末期

末期的主要特征是子染色体解凝集，核仁再次出现，核膜重新装配，最后形成两个子细胞核。后期末染色体已经平均分配到细胞两极，组蛋白 H1 分子去磷酸化，使凝集的染色体解螺旋成染色质纤维，恢复成间期状态，从而基因转录又重新开始，核仁再次出现。进入末期后，动粒微管消失，重叠微管进一步伸长，细胞比后期更长(图 3-4)。

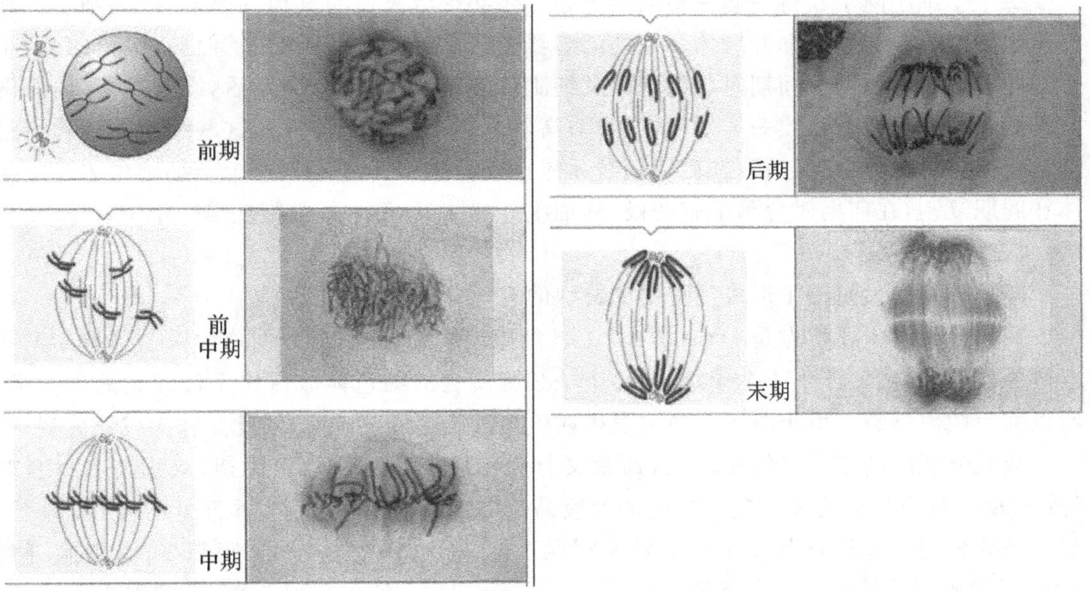

图 3-4 有丝分裂各时相

前中期核膜破裂形成的小膜泡和膜碎片在有丝分裂过程中一直分散在纺锤体周围，一些核孔复合体则仍附着在染色体上。末期时核膜碎片与各个染色体的表面结合，随后碎片融合重建核膜。在此过程中首先是一些小膜泡和碎片融合成较大的双层膜片段，部分包围染色体，随后再结合在一起组成完整的核膜。与此同时核孔复合体与核膜结合，去磷酸化的核纤层蛋白重新连接组成核纤层。核纤层蛋白在整个有丝分裂过程中一直与核膜碎片结合，这也有助于核的组装。一旦核膜重建，两个子细胞核形成，核分裂完成。

6. 胞质分裂

胞质分裂的主要特征是：细胞质成分分到两个子细胞区域，细胞拉长，动物细胞质膜发生皱褶和凹陷，形成收缩环；植物细胞中央出现中板，最后产生两个子细胞。

在大多数细胞中胞质分裂与核分裂不是截然分开的，该阶段通常起始于后期，直到两个子细胞核形成后才完成。在动物细胞和许多单细胞真核生物中，胞质分裂开始时，肌动蛋白纤维、肌球蛋白纤维及许多调节蛋白在细胞赤道部位的质膜下方大量聚集，并附着在质膜胞质面的膜蛋白上，形成一个致密的由微丝组成的环形结构，称为收缩环。收缩环是细胞内为执行胞质分裂而形成的临时性结构，一旦细胞分裂完成，收缩环就解体了。肌动蛋白纤维、肌球蛋白Ⅱ纤维相互间滑动使收缩环不断向内收缩，使细胞赤道面周围出现环形凹陷，称为分裂沟。随着细胞分裂从后期向末期转化，分裂沟迅速变深直到完全将细胞一分为二。细胞形状也逐渐变为椭圆形、哑铃形，直到两个子细胞完全分离。收缩环及细胞分裂平面的位置是由纺锤体的位置决定的。大多数动物细胞中纺锤体位于细胞中央，细胞分裂面与纺锤体的赤道面一致，则细胞对称地分裂，产生的两个子细胞大小相同，包含的成分相似。有些胚胎发育期的细胞纺锤体不在细胞中央，导致产生两个大小不同，包含成分也不同的细胞。

伴随胞质分裂，细胞不断拉长，需要有更多的细胞膜补充进来。细胞内的小膜泡插入到紧邻收缩环的细胞膜中，融合形成新的细胞膜。

每个子细胞除了获得一套完整的染色体外还必须继承所有其他细胞成分，如细胞器和细胞中的酶等。线粒体和叶绿体一类的细胞器通常在细胞分裂前数量翻倍，然后分到两个子细胞中去。内质网在间期时与细胞膜及细胞骨架结合，进入分裂期后，微管重组，内质网与细胞骨架分离并像核膜一样崩解成碎片；高尔基体也崩解成碎片。这些细胞器碎片通过马达蛋白与纺锤体微管连接，在后期随纺锤体拉长而搭便车进入到两个子细胞中去。中心体在间期复制，在前期时分到细胞两极，到细胞分裂结束，每个子细胞获得一个中心体。

（三）减数分裂

减数分裂是生殖细胞形成过程中的特殊的有丝分裂（图 3-5）。

减数分裂的主要特点是 DNA 复制一次，细胞连续分裂两次，分别称为减数分裂期Ⅰ和减数分裂期Ⅱ，最后产生 4 个子细胞，每个子细胞所含的染色体数目比亲代细胞减少一半，所以称为减数分裂。由于减数分裂只发生在生殖细胞的成熟阶段，因此又称为成熟分裂。

减数分裂的前期Ⅰ时间比较长，通常又分为细线期、偶线期、粗线期、双线期和终变期 5 个时期。染色体的交叉和染色单体的片段易位等突变现象一般都发生于此阶段。

减数分裂与有丝分裂过程的主要区别在于：①有丝分裂是 DNA 复制 1 次，细胞分裂 1 次，子细胞仍为两倍体。②减数分裂是 DNA 复制 1 次，细胞分裂 2 次，子细胞为单倍体。有丝分裂产生的子细胞遗传物质不变。③减数分裂中染色体发生配对、联会、交叉和片段交换等变化，使子细胞遗传物质产生多样性。

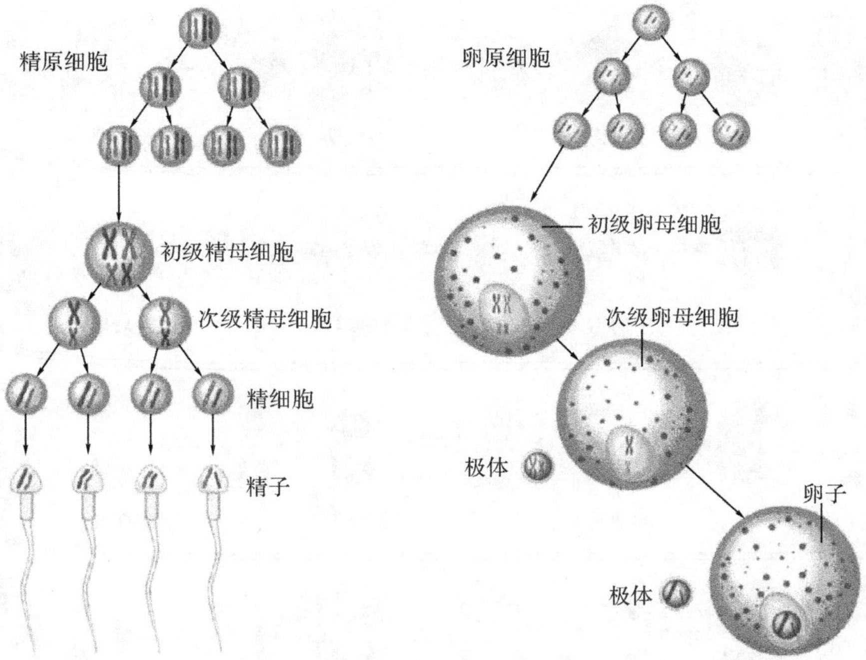

图 3-5　依赖减数分裂的精子与卵子发生过程

ZHI SHI TUO ZHAN

知识拓展

植物细胞的减数分裂

植物细胞的减数分裂过程类似于动物细胞，区别在于不出现中心粒，但有微管出现从而形成纺锤体，胞质分裂的形式也有区别（图 3-6）。

所以，植物细胞虽然不含中心体，但在细胞分裂时依然可以正常组装纺锤体，以形成中板的形式进行胞质分裂。

习题与思考

1. 解释如下术语：无丝分裂、直接分裂、间接分裂、有丝分裂、减数分裂、成熟分裂、纺锤体、收缩环。

2. 简单比较有丝分裂与减数分裂的异同。

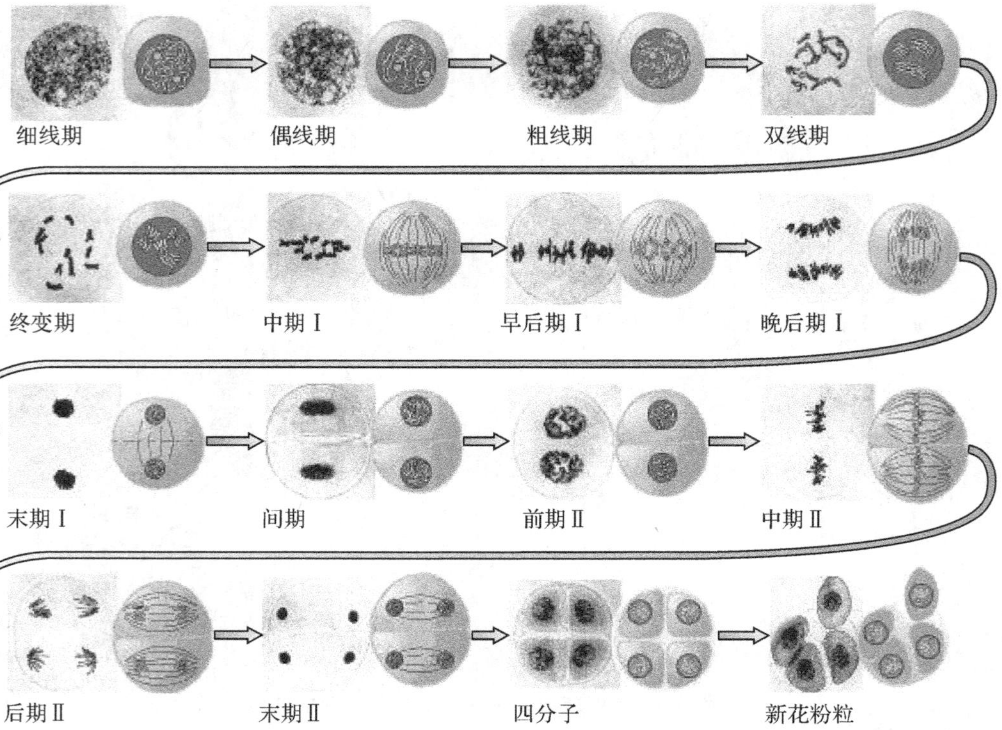

图 3-6　植物细胞的减数分裂过程

任务九　细胞的分化与去分化

学习目标

掌握细胞分化、细胞决定、去分化、再分化等基本概念，熟悉全能干细胞、多能干细胞、单能干细胞和终末分化细胞概念，了解肿瘤发生与细胞分化的关系。

任务内容

一、概述

细胞分化是指细胞分裂后形成的子细胞与分裂前细胞相比，存在形态、结构和功能等方面的差异。正是这些差异，决定了各种组织细胞的分化方向。

细胞决定是指细胞内存在影响着细胞分化的细胞因子和 mRNA。有细胞决定的细胞与分化细胞在形态、结构和功能等方面无明显差异。

细胞分化的机理是差别基因表达导致了子细胞与分裂前存在形态、结构和功能等方面的差异，因此，细胞分化是差别基因表达的结果。

在细胞内表达的基因包括组织特异性基因和管家基因这两类。

把同一生物体中那些不同的细胞放在一起比较可以发现，它们的很多生命活动过程和表达的大多数的蛋白都是一样的，这些一样的蛋白包括染色体的结构蛋白、核糖体蛋白、细胞周期蛋白和多种酶蛋白等，它们是维持细胞最低限度的功能所不可缺少的。为此将编码该类蛋白的基因称为管家基因。管家基因不参与细胞分化的定向，对细胞分化只有协助作用。

不同的细胞之间，除了那些相同的蛋白外，还有一些不相同的蛋白，它们各自只存在于某种类型的细胞中，如肌细胞中的肌动蛋白和肌球蛋白、表皮细胞的角质蛋白、红细胞中的血红蛋白等。这些蛋白和分化细胞的特殊性状密切相关，但不是细胞基本生命活动必不可少的。为此，将编码此类蛋白的基因称为组织特异性基因，也称奢侈基因，这些基因是与各种分化细胞的特殊性状有直接关系的基因群。实验证明，细胞分化是组织特异性基因按一定时空顺序表达的结果。

哺乳动物肌细胞是一种高度特化的大细胞，由许多肌前体细胞，即成肌细胞，融合而成，因此有多个细胞核。成熟的肌细胞含有大量其他细胞不具备的特征性分子，如各种特殊的肌动蛋白、肌球蛋白、原肌球蛋白和肌钙蛋白、肌氨酸磷酸激酶以及乙酰胆碱受体。在增殖的成肌细胞中，这些肌肉特异的蛋白或 mRNA 没有或很少，可是当成肌细胞开始互相融合时，相应的基因随之被一起打开，基因表达的模式发生了转化。

细胞分化是基因按一定规律表达的结果，这种在个体发育进程中不同的基因按照一定的时空顺序被激活的现象，称为基因的差异表达。

二、细胞分化与个体发育

多细胞动物都是从单个细胞即受精卵开始其个体发育的。几乎所有动物都经历一个类似的发育过程。

在胚胎发育的早期，受精卵经过数次快速的卵裂，形成 8～16 个细胞的卵裂球，称为桑椹胚。随着分裂不断地进行，卵裂球的细胞数量越来越多，形成一个由单层细胞围成、中间充满液体的薄壁泡状结构，称为胚泡。这些单层细胞的大部分一直保留着，构成了外胚层，也是表皮和神经系统的前体。而单层细胞的另一部分向内褶，形成内胚层，这也是消化道、肺、肝等的前体。此外，还有一群细胞移到介于内胚层和外胚层之间的空腔，形成中胚层，将来发育成肌肉、结缔组织以及多种其他组分。胚层的建立是形态发生的结果，而形态发生的基础是细胞分化。三胚层形成后，早期胚胎各器官预定区已经确定，而后，随着三胚层细胞的进一步分化，形成各器官的原基，并在此基础上，最终形成具有不同形态和功能特征的各种组织和器官。至胚胎临出生前，细胞分化的任务已基本完成。

在胚胎发育的过程中，随着细胞分化进程的进行，细胞分化的潜能或可塑性逐渐减少。大量资料表明，哺乳动物在 8 细胞卵裂球阶段，细胞的发育还存在全能性，所谓全能性就是一个体细胞或性细胞在一定条件下，有能力重新形成完整的个体，或者分化形成该个体任何种类的细胞。将小鼠或兔子 8 细胞期胚胎分离后，它们中的任何一个细胞均能培养发育成一个正常的胚泡，若将此胚泡植入假母体子宫内，并给予激素处理，最后就能发育成正常个体。但是，从原肠胚重新排列发育为三胚层后，随着细胞空间关系的改变和微环境的差异，这些细胞在发生潜能上已开始出现一定的局限性，只具有演变为多种细胞类型的能力了，这些细胞被称为多能干细胞。最后，经过器官发生，各种组织、细胞的命运被最终确定，那些仅具有分化形成某一种类型能力的细胞被称为单能干细胞。由单能细胞最终形成特化细胞类型的过程称为终末分化，形成的细胞也称终末分化细胞。在细胞发育过程中，这种逐渐由"全能"变为"多能"，最后趋向于"单能"稳定型的分化趋势是细胞分化过程中的一个普遍规律。

三、细胞分化潜能

(一)细胞的分化潜能

依据细胞的分化潜能，把细胞分为全能干细胞、多能干细胞、单能干细胞和终末分化细胞等类型。全能干细胞和多能干细胞的分化程度最低，终末分化细胞的分化程度最高。

按照分化潜能的大小，可将未分化的成体干细胞分为两大类：一类是只能形成一种分化细胞类型的干细胞，也就是所谓的单能细胞，如精原细胞、表皮的基底细胞等均属于此类细胞。另一类是能够产生两种以上不同分化细胞类型的干细胞，被称为多能干细胞，其中包括神经干细胞和造血干细胞等。成体干细胞的职能不是执行已分化细胞的功能，而是分化产生具有功能的子细胞。

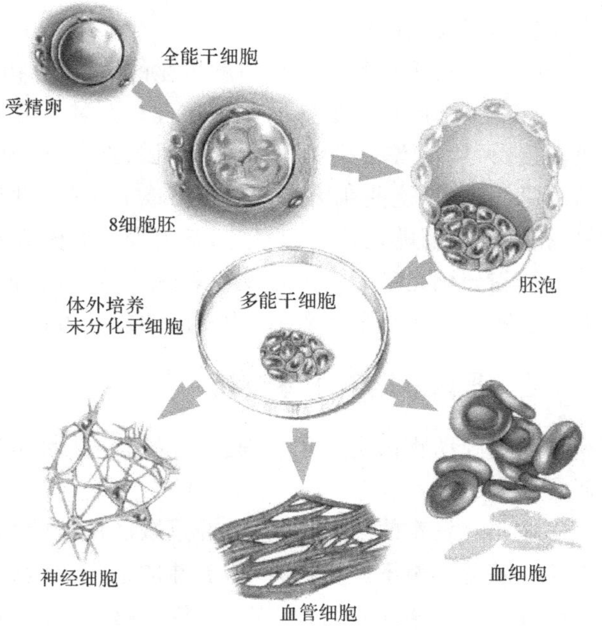

图 3-7　多能干细胞培养

在体外胚胎干细胞培养中，一般是通过体外受精形式获得哺乳动物克隆胚，然后获取胚胎干细胞的，胚胎干细胞包括全能干细胞和多能干细胞两大类(图 3-7)。

据报道，8～64 细胞胚阶段，全部细胞具有全能性，能够独立分化发育形成基因型相同的克隆个体。

(二)转分化与去分化

已分化细胞可失去已获得的特有的结构和功能，重新获得未分化细胞的特征，这一过程便称为去分化。此外，一种类型的分化细胞可以转变成另一种类型的分化细胞，这一现象被称为横向分化或转分化。例如，切除蝾螈的肢体，已分化的软骨细胞会溶去基质，分化为间质细胞和神经鞘细胞，最后形成完整的新肢。转分化往往经历去分化过程，然后再朝新的分化方向重新开始分化。

体外培养环境下，有时也可以将高分化程度的终末分化细胞进行去分化处理，诱导产生低分化程度的细胞，甚至可以再分化为其他类型的终末分化细胞。

（三）细胞全能性与细胞核全能性

虽然细胞分化的潜能随分化进程越变越小，但对于细胞核而言，却似乎可始终保持着分化的全能性。

将蛙囊胚期细胞的核或蝌蚪已经分化的肠上皮细胞的核移植到一个去核的卵细胞中，可发育成蝌蚪甚至成蛙。以后，类似的实验在小鼠中也获得了成功。从而显示，绝大多数细胞在分化过程中，均保持其完整的基因组或染色体组不变。1997 年，将 6 岁母羊乳腺细胞的细胞核植入另一母羊去核的卵细胞中，成功地克隆了多莉羊，进一步证明了即使是终末分化细胞，其细胞核依然具有全能性。

（四）细胞决定

用简单的显微观察或在示踪染料和其他细胞标记技术的帮助下，人们能够发现某个细胞在胚胎正常发育过程中的命运，这个细胞或者死亡，或者成为一个神经元，或者形成诸如足等某个器官的一部分，或者产生子细胞，遍布整个身体。在发育的每一个阶段，胚胎中出现的细胞根据其已有的状态，都具有有限的选择权，细胞就好像沿着一条有着多个岔道的发育途径在旅行，在每一个岔道，细胞都得面临一次选择，而选择结果的获得被称为细胞决定，至此，细胞具备了按特定方向分化，并最终形成一定类型细胞的能力。一个注定要成为神经元的细胞可能已经在胞内以某种方式发生了特化，从而保证其在各种环境下均将成为神经元，这时，该细胞的命运已经决定了。

实验胚胎学实验得出的一个关键结论是细胞决定与细胞的记忆密切相关。身体中的肌肉细胞、神经细胞、皮肤细胞、肠道细胞等等之所以保持它们特殊的特征，不是因为它们不断地从其周围接受相同的指令，而是因为它们保留了其祖先在早先胚胎发育过程中所接受的信息记录。

一个细胞的决定状态可以通过不同环境的移植加以测定（图 3-8）。在完全决定和完全没决定的两个极端之间，存在着各种各样的可能。一个已经有所特化的细胞，有着向一个特定的方向发育的强烈倾向，但如果把它放置在一个足够强制的环境下，还是能够被改变并经历另一种命运，一些发育生物学家将这样一种细胞描述为特化的或定向的细胞，但还没有被决定。另一种情况是，一个细胞已决定的命运是成为大脑细胞，但还没决定究竟是成为大脑的神经细胞还是神经胶质细胞。有些同类型的相邻细胞常常借助于彼此间存在的相互作用，依靠互相的支持，维持特化的特征，当它们聚集在一起时，表现得如同被决定的一样，而当单独分离出来后，表现得就完全不同。

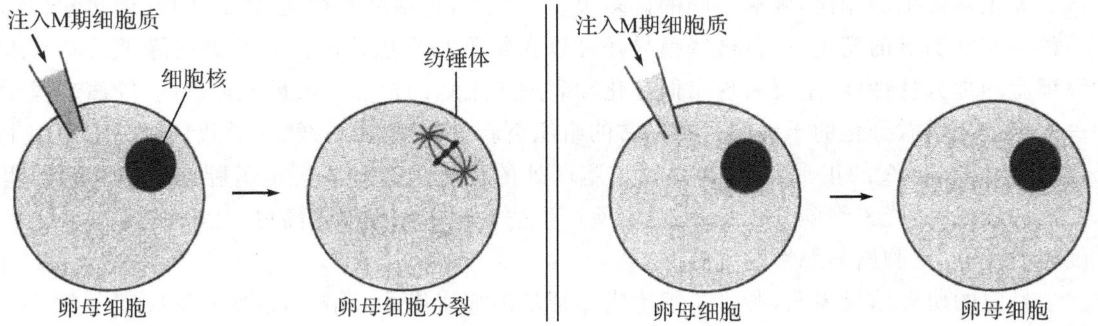

图 3-8　卵母细胞的细胞决定

四、肿瘤细胞

(一)概述

癌也称恶性肿瘤,是指其细胞除了分裂失控外,还会局部侵入周边正常组织,称浸润,甚至经由体内循环系统或淋巴系统转移到身体其他部分,称转移。良性肿瘤则只是表现为细胞分裂失控,未发生浸润和转移。

临床上提及的癌症有许多类型,而病症的严重程度取决于癌细胞所在部位以及恶性生长的程度,以及是否发生远程转移。

为了描述方便,本书使用肿瘤细胞术语介绍恶性肿瘤、良性肿瘤的有关生物学理论和实验。类似的,将使用肿瘤基因而不单独使用癌基因术语。

依据生成肿瘤的来源组织细胞分类,可分成四类:上皮细胞、间叶细胞、血液干细胞、神经上皮细胞。

虽然几乎各类型的细胞都有可能转变成为肿瘤细胞,但是人类的癌症绝大部分都是源自于上皮细胞所产生的恶性肿瘤,这个类别包含大多数和许多常见的癌症,包括乳癌、前列腺癌和肺癌。恶性上皮细胞肿瘤又可进一步分成:①一般的上皮细胞所转变的恶性鳞状上皮细胞肿瘤;②来自于构成腺体的上皮细胞的恶性腺瘤。

其他并非源自于上皮细胞的恶性肿瘤有:①肉瘤,由结缔组织或来自中胚层的细胞所转变而成的肿瘤。②淋巴瘤和白血病,源自血液或骨髓细胞的肿瘤。③间皮瘤,从位于腹膜或肋膜上的间皮细胞转变的肿瘤。④神经胶质瘤,由神经胶质细胞变化成肿瘤,神经胶质细胞也是最主要的一种脑细胞类型。⑤生殖细胞瘤,肿瘤来自生殖细胞,通常位于睾丸及卵巢。⑥胎盘瘤,从胎盘细胞分化的肿瘤。

(二)肿瘤发生与细胞分化异常

从发育生物学观点分析,复杂的多细胞动物是由胚胎细胞分化为各种具有特殊功能的细胞,并进一步组成各种组织和器官。分化是一个定向的、受到严密调控的程序过程,其关键在于特定的基因按一定的时空次序有选择地被激活或被抑制。

多数情况下,终末分化的细胞不再具有增殖能力,但是肿瘤细胞在不同程度上缺乏成熟的形态和完整的功能,丧失某些终末分化细胞的性状,并对正常的分化调节机制缺乏反应,因此有人认为肿瘤本身是一种分化障碍,是细胞分化和胚胎发育过程中的一种异常表现,这一见解对于理解肿瘤细胞起源和本质特征有着重要意义。

和正常体细胞相比,肿瘤细胞的许多生物学行为,包括增殖过程、代谢规律、形态学特定等都有非常明显的变化,而且这些差异是可以在细胞水平遗传的。肿瘤细胞除了具有其来源细胞的部分特性外,主要表现出低分化和高增殖细胞的特征。大量证据表明,肿瘤起源于一些未分化或微分化的干细胞。在正常的组织更新过程中,放射线、化学致癌物等可作用于任何能合成DNA的正常细胞,而受累细胞所处的分化状态可能决定了肿瘤细胞的恶性程度。一般认为,受累细胞分化程度越低,所产生的肿瘤恶性程度越高;反之,受累细胞分化程度越高,所产生肿瘤的恶性程度越低。

目前的研究结果表明,肿瘤是细胞内多种基因突变累积的结果,这些基因突变主要发生在三类细胞基因,即原癌基因、抑癌基因和DNA修复基因。

原癌基因是生物体内遗传组成中固有的DNA序列,在正常细胞中,它的表达受到严格的调控，对细胞的增殖、分化过程起着重要的调控作用。当它因某些因素的刺激，发生突变而被激活成为癌基因时，会导致其正常的结构和功能发生改变，进而在肿瘤的发生、发展过程中起促进作用。抑癌基因的生物学功能与原癌基因相反，它们在控制细胞生长、增殖及分化过程中起着十分重要的负调节作用，并能潜在地抑制肿瘤生长，如果因突变、缺失造成这类基因的功能失活，可导致细胞恶性转化而发生肿瘤。

在细胞分化异常方面，白血病无疑是最典型的例子。它们的发生是多能造血干细胞在某一阶段的分化发育受阻的结果。其中，某些特异性的细胞遗传学异常，如染色体易位、缺失、倒位等导致了一些同分化相关的基因的异常，对白细胞的发生发展起到了极其重要的作用。

（三）肿瘤细胞的诱导分化与肿瘤治疗

既然分化障碍是肿瘤细胞的成因之一，那么，能否通过诱导的方法，使肿瘤细胞朝正常的方向分化，从而达到治疗、甚至治愈肿瘤的目的呢？在肿瘤组织中，尽管那些未分化或微分化的原始细胞占优胜，但也存在着一定比例的部分分化、乃至完全分化的子代细胞，这提示了肿瘤并非一成不变，在一定条件下也能分化成正常细胞或接近正常细胞。

实验研究表明，肿瘤细胞在一定条件和诱导分化剂的作用下，可以向正常细胞逆转。为此，人们正试图挖掘更多更新的诱导分化剂，将诱导分化的治疗成果进一步扩展。

习题与思考

1. 解释下述术语：全能干细胞、多能干细胞、单能干细胞、终末分化细胞、分化、转分化、去分化、组织特异性基因、管家基因、细胞核全能性。

2. 如何用分化的概念解释肿瘤的发生？

任务十　细胞的衰老与凋亡

学习目标

细胞衰老、细胞凋亡，与细胞生长、细胞分裂、细胞分化一样，都属于细胞的基本生命活动，对细胞衰老、细胞凋亡的概念把握是非常必要的。另外，需要了解衰老细胞和凋亡细胞的形态、功能特征，以便更好地掌握细胞培养技术中的营养需求、培养环境要求，进行细胞毒性试验结果观察。

任务内容

目前已经认识到，机体衰老的基础是细胞衰老，机体的死亡则往往是由于重要细胞如脑细胞、心肌细胞的死亡引起的。

细胞的衰老、死亡的意义不仅仅在于它们是机体衰老与死亡的基础，实际上，与细胞的增殖、分化一样，细胞的衰老、死亡也是细胞最基本的一种生物学行为。多细胞机体内存在着担负不同生物学功能的细胞群，通过细胞通讯和信号转导，这些细胞群之间可以相互实施调控以协调维持整个机体的生命活动。不难想象，这些细胞群在机体中的发生、发展、数目及维持时间是受到严格调控的，这种调控的基础就是细胞的增殖、分化、衰老和死亡。

一、细胞衰老

在一个细胞的生命期内，在细胞分化成熟以后，一方面细胞失去了分裂增殖的能力，一方面细胞的形态、结构和功能开始经历一系列的退行性变化，称为细胞衰老。

对机体内那些更新较快、寿命较短的细胞如血细胞、表皮细胞来说，分化成熟的细胞很快由衰老走向死亡。对于机体内基本不更新的细胞如骨细胞、神经细胞来说，它们在分化成熟后可以保持几乎与机体相同的寿命，在这一漫长的时期内，它们同样也经历着不断衰老的过程。比较特殊的是机体细胞间质内的一些后备细胞（又称待分化细胞、前体细胞、单能干细胞）如成纤维细胞、成肌细胞等，这些细胞在特定刺激下可以分裂分化为其他细胞，在体外培养情况下，它们在增殖的同时可以保持未分化的状态，但是，随着分裂次数的增多，他们实际上也在不断走向衰老，这不仅体现为各种退行性变化，更重要的是，体现为分裂一定次数后分裂能力的彻底丧失，分裂能力的丧失往往又称为复制性衰老，发生复制性衰老的细胞可以维持一段时间的活性，最终也走向退化、死亡。实际上，待分化细胞这种复制性衰老的特性为机体寿命的研究提供了良好模型。

（一）Hayflick 界限

细胞，至少是培养的二倍体细胞，不是不死的，而是有一定的寿命；它们的增殖能力不是无限的，而是有一定的界限，这就是 Hayflick 界限。

癌细胞或培养的细胞系是不正常细胞，其染色体数目或形态已经不同于原先的细胞，往往不是二倍体细胞，或者是转化后的细胞。

一般而言，体外培养细胞的增殖能力与供体年龄有关。物种寿命与培养细胞寿命之间存在着一定的关系。体外培养细胞可传代数与细胞供体年龄呈负相关，如在体外条件下，取自人胚胎供体的成纤维细胞可传代 40～60 次，取自新生儿到青少年供体的成纤维细胞可传代 20～40 次，取自成年供体的成纤维细胞可传代 10～30 次，取自老年供体的成纤维细胞则传代数次后即退化死亡；患有早老病（又称 Werner 综合征；为常染色体隐性遗传病，患者过早表现衰老外观及其他特征，如白发秃头、肌肉萎缩、肿瘤发生率高等，通常在 20 岁以前死亡）的儿童的成纤维细胞在体外传代只有 2～10 次。

二倍体细胞的衰老是由细胞本身决定的。决定细胞衰老的因素在细胞内部，而不是外部的环境，是细胞核而不是细胞质决定了细胞衰老。

总之，引起衰老的机制是非常复杂的。一般认为，细胞衰老至少与两个方面有关，其一是细胞损伤的累积，其二是衰老相关的基因。目前研究则显示衰老实际上是这两个方面综合作用的结果，由此形成了衰老的两大主流理论：损伤一应答理论和端粒理论。

（二）衰老的生物学意义

在机体内，细胞的衰老和死亡是常见的现象，甚至在个体发育的早期也会正常出现。

正常情况下终生保持分裂的细胞，其分裂能力是否随着有机体年龄的增高而下降？它们会不会衰老？结论是明显的，如衰老动物体内，细胞分裂速度显著减慢，其原因主要是G1期明显延长，衰老个体的体内环境因素影响了细胞的增殖和衰老。骨髓干细胞移植实验说明随着年龄的增加，干细胞增殖速度也趋缓慢。

（三）衰老细胞的结构变化

衰老细胞经常发生水分减少现象，结果使细胞收缩，体积缩小，失去正常的形状。衰老细胞内的蛋白质合成速度下降，原因可能与核糖体的功能下降及蛋白质合成有关成分如肽链延伸因子数量减少有关。细胞内功能性酶的含量逐渐减少或功能降低。衰老细胞内有一些代谢废物如脂褐素的堆积，随年龄增加而逐渐沉积在细胞内，在分裂不旺盛或不分裂的细胞如肝细胞、肌细胞、神经细胞中沉积最为明显。越是年老的细胞，脂褐素沉积量就越多。脂褐素的沉积严重影响细胞的代谢活动。

1. 细胞膜的变化

衰老细胞膜的磷脂含量下降，使细胞膜中胆固醇与磷脂的比值随增龄而上升。但磷脂中不饱和脂肪酸含量及卵磷脂与鞘磷脂的比值却随增龄而下降。这些使得细胞膜的黏滞性增加，流动性降低。同时细胞膜脂质的过氧化也进一步降低了膜的流动性。

2. 细胞核的变化

体外培养的二倍体细胞，细胞核随着细胞分裂次数的增加不断增大。细胞核的核膜内折、染色质固缩化，并随年龄增加而加剧。衰老细胞分裂时，发生染色体畸变的频率增加，如出现非整倍体、多倍体等。细胞核中DNA的含量也随衰老而下降，这可能是DNA断裂增加，断片丢失所致。

3. 其他细胞器的变化

衰老的动物细胞内质网成分弥散性地分散于核周胞质中，粗面内质网的总量似乎是减少了，且排列散乱，膜腔膨胀扩大甚至崩解，其上的核糖体脱落，光面内质网呈空泡状。

细胞中线粒体的数量随龄减少，而其体积则随龄增大。线粒体体积肿胀，嵴退化，有的出现许多大、小空泡，线粒体DNA及蛋白质的合成量减少。由于衰老细胞不如年轻细胞那样有较强的调节机制，可淘汰损伤的线粒体，因而在有些衰老细胞的线粒体中含有网状内含物、致密小体等结构。

衰老细胞高尔基复合体的数目增多，扁平膜囊肿胀，常伴有断裂崩解。溶酶体的数目与体积增加。衰老细胞细胞骨架成分一微丝的结构和成分也发生了变化，微丝装配受到影响，使得老年人中性粒细胞变形、运动的能力降低。

细胞内的生物膜系统也发生退行性变化，衰老的细胞，其膜流动性降低、韧性减小。衰老细胞间间隙连接和细胞膜内颗粒的分布也发生变化，形态异常。

二、细胞凋亡

（一）概述

细胞死亡有细胞坏死和细胞凋亡两种形式。细胞坏死是指在外来致病因子作用下，细胞生命活动被强行终止所致的被动性的死亡过程。细胞凋亡则指在特定信号诱导下，细胞内的凋亡程序被触发所致的主动性的死亡过程。人们习惯于将细胞坏死比喻为“他杀”，而将细胞凋亡比喻为“自杀”。细胞坏死只发生于病理情况下，如创伤、缺血、缺氧等，细胞凋亡多发生于正常生理情况下，也可发生于某些特定病理情况下。因此，细胞凋亡是细胞在一定的生理或病理条件下，遵循自身的程序，自己结束其生命的过程，最后细胞裂解为若干凋亡小体，被其他细胞吞噬。在很多情况下，细胞凋亡亦称为程序性细胞死亡。

一般分化成熟及衰老的细胞，最终会根据一定的凋亡程序自发走向死亡，其过程就是细胞凋亡。实际上，在一个多细胞机体内，增殖、分化和凋亡的比例是受到严格调控的，不同的个体发育阶段，会在不同的刺激因子作用下，通过对增殖、分化、凋亡的调节，特定组织的细胞群可以实现数目的增加或减少，甚至细胞群的消失。

细胞凋亡信号可来源于细胞内或细胞外。细胞内部的信号可能来自于细胞的谱系特征、不同状态的生理学行为乃至DNA是否受损，来自细胞外的信号可以是其他细胞分泌释放的信号分子，也可以通过细胞与细胞表面的大分子物质的相互作用而传递凋亡信号。

（二）凋亡细胞的生物学意义

1. 多细胞机体内部细胞的凋亡

（1）与多细胞机体的个体发育有关　在动物的胚胎发生、发育和成熟过程中，构成组织的细胞生死交替、细胞凋亡是保证个体发育所必需的（图3-9）。

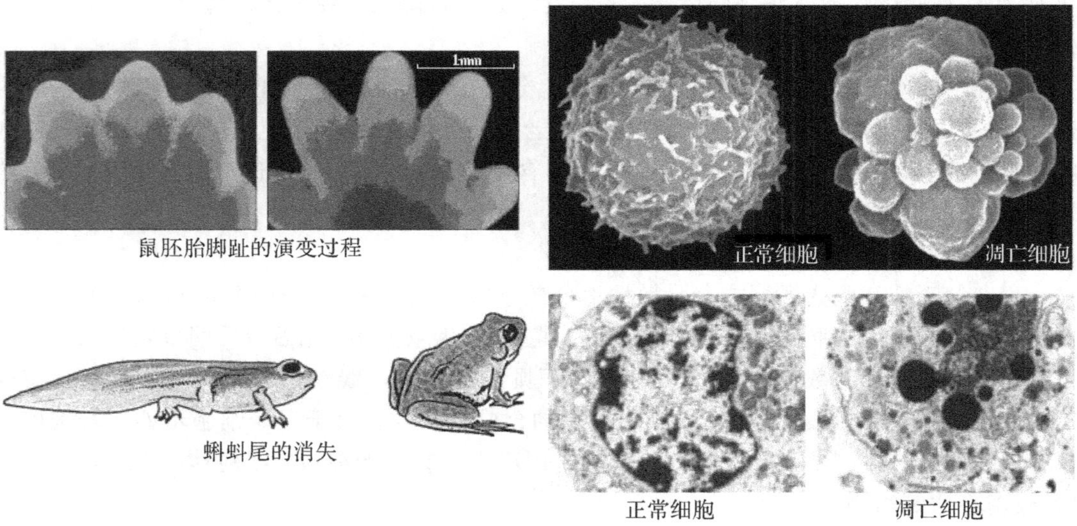

图3-9　组织细胞凋亡现象及凋亡细胞形态

从生物学意义来讲，在胚胎发育过程中，还可通过细胞凋亡清除多余的、发育不正常的细胞，如大脑中没有形成正确连接的神经元。在成年机体中，通过细胞凋亡清除衰老的细胞并代之新生的细胞，从而维持器官中细胞数量的稳定，如皮肤细胞、血细胞的更新。皮肤的角质层和指（趾）甲的形成，也是建立在细胞凋亡基础上的。在鼠胚胎鼠爪发育过程中，各个趾之间不是分离的，而是连接在一起，整个鼠爪呈连续的“铲”形，然后趾之间的连接部分的细胞通过细胞凋亡而消失，于是就形成了趾间隙，各个趾得以分离。又如蝌蚪变为蛙时，尾巴自然消失，这种消失机制是细胞有序凋亡的过程。

蝌蚪尾的消失、骨髓和肠的细胞凋亡、脊椎动物的神经系统的发育、发育过程中手和足的成形等都依赖于细胞凋亡。

不难想象，如果发育过程中细胞凋亡过程发生异常，个体就不能正常发育，或发生畸形，或不能存活。

(2)与多细胞机体的衰老有关　机体及时清除衰老细胞具有重要意义。我们已经知道，衰老细胞基因组非常不稳定，发生转化和癌变的几率很大。通过细胞凋亡，可以及时清除衰老细胞，降低机体癌变的危险。

另外，某些老年性神经退化性疾病，如帕金森病、早老性痴呆(Alzheimer 病)等，可能是由不适当的神经细胞的凋亡引起的。

(3)与多细胞机体的组织损伤修复有关　细胞代谢过程实际上也是损伤不断积累的一个过程，另外机体也常常处于各种环境刺激中，有时还会有感染、创伤的发生。细胞损伤的核心在于 DNA 的损伤，DNA 的损伤后可通过 DNA 修复机制加以修复。当 DNA 的损伤不可逆转时，便可通过细胞凋亡以清除损伤细胞。一旦这种机制受损，细胞未被清除，癌变的几率就大大增加，同时也可能引发衰老或其他疾病的发生。

在组织受损伤后，修复过程有炎症参与，有肉芽组织和瘢痕组织形成。肉芽组织来自于围绕损伤部位的结缔组织成分并含有小血管、炎性细胞、成纤维细胞、成肌纤维细胞。当伤口愈合和瘢痕形成时，细胞成分显著减少，包括成肌纤维细胞的消失。最近的研究显示，细胞凋亡在组织损伤后由肉芽组织转为瘢痕组织时起到了非常重要的作用。

(4)与多细胞机体的肿瘤发生有关　肿瘤的发生受众多科学家的关注，人们逐渐认识到，肿瘤的发生可能由细胞增殖与死亡的速度平衡失调造成。失调的程度可决定肿瘤是否发生，也可决定肿瘤发展的速率。正常的机体可通过凋亡机制清除体内由于老化、受损而基因组极不稳定、易于癌变的细胞，也可清除那些有癌前病变、基因发生改变的细胞。当上述细胞不能通过细胞凋亡机制予以清除时，便可导致癌肿的形成。

另外，目前发现，肿瘤治疗中许多传统的化疗及放射疗法的作用机制均涉及细胞凋亡，多数研究者倾向于认为射线或药物与靶细胞相互作用启动了一系列信号级联反应，最终导致细胞凋亡。许多肿瘤具有耐药性可能与凋亡诱导通路受阻有关。

(5)肿瘤化疗药诱导凋亡　实际上目前发现许多传统的化疗及放射疗法的作用机制均涉及细胞凋亡，多数研究者倾向于认为药物与靶细胞相互作用启动了一系列信号级联反应，最终导致细胞凋亡。

2. 培养细胞的凋亡

培养细胞的凋亡与凋亡诱导通路开启有关，是外界信号分子诱导下细胞内发生的一系列信号级联反应，导致细胞凋亡基因激活，促使细胞凋亡。

需要含血清培养液的体外培养细胞，当血清撤除时细胞就会走向凋亡，其原因就是血清中含有细胞生存所必需的生长因子。撤除生长因子可以视为一种凋亡信号，其途径是通过线粒体诱导凋亡的，线粒体释放的细胞色素 C 便是凋亡信号分子。

应用细胞毒性试验进行抗肿瘤药物筛选中，有些抗肿瘤药物的药理机制便是直接或间接促进靶细胞凋亡。

细胞培养中经常提及要避免细胞毒性物质残留或污染，其中，某些细胞毒性物质也可能是培养细胞凋亡的直接原因。

值得注意的是，细胞凋亡和坏死也具有一定的联系。例如，在体外用药物诱导肿瘤细胞凋亡时，往往较低浓度的药物可以诱发细胞凋亡，而当药物浓度超过一定阈值时，就会直接引起细胞的坏死；而这种情况下发生凋亡的细胞，在凋亡晚期往往会发生继发性坏死。

(三)凋亡细胞的特征

凋亡细胞与坏死细胞在显微形态上有典型的区别(图 3-10,表 3-2)。

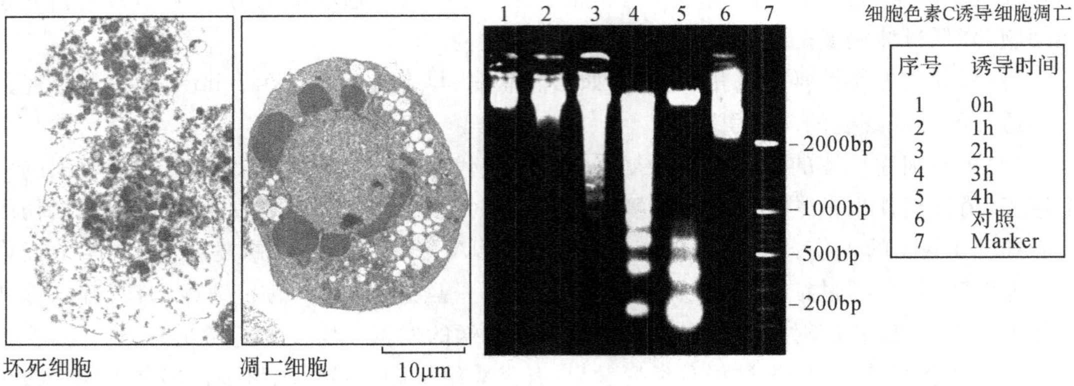

图 3-10 凋亡细胞特征

表 3-2 细胞凋亡与细胞坏死的区别

特 征	细 胞 凋 亡	细 胞 坏 死
诱导因子	特定诱导凋亡信号	毒素、严重缺氧、缺乏 ATP 等
组织分布	个别细胞	成片细胞
组织反应	吞噬细胞或邻近细胞吞噬凋亡小体或细胞,无炎症反应	细胞内容物溶解释放,出现炎症反应
形态学	细胞皱缩,与邻近细胞的连接丧失;细胞膜完整,形成鼓泡、凋亡小体;细胞器完整,细胞核皱缩、片段化,溶酶体完整,线粒体肿胀、通透性增加、细胞色素 C 释放	细胞肿胀 细胞膜溶解或通透性增加 细胞器受损,细胞核分解,溶酶体破裂,线粒体肿胀、破裂
生化	DNA 断裂形成大小为 180～200bp 特征性的 DNA ladder	DNA 断裂为随机大小碎片
	细胞内的组织转谷氨酰胺酶积累并达到较高水平	组织转谷氨酰胺酶无明显变化

在凋亡的最初阶段,细胞表面的特化结构如微绒毛消失,细胞间接触的消失,但细胞膜依然完整。线粒体大体完整,但核糖体逐渐从内质网上脱离,内质网囊腔膨胀,并逐渐与质膜融合染色质固缩,形成新月形帽状结构等形态,沿着核膜分布。凋亡小体的形成阶段,核染色质断裂为大小不等的片段,与某些细胞器如线粒体一起聚集,为反折的细胞质膜所包围。细胞表面产生了许多泡状或芽状突起,形成单个的凋亡小体。凋亡的最终阶段是,凋亡小体逐渐为邻近的细胞吞噬并消化。

习题与思考

1. 解释以下术语:Hayflick 界限、细胞坏死、细胞凋亡。
2. 培养状态下,凋亡细胞具有哪些特征?

项目四　动物细胞培养的基本设施

任务十一　实验室或车间布局

学习目标

1. 知识目标

了解动物细胞培养实验室或车间的一般布局和设计依据。

2. 技能目标

熟悉洁净间、辅助间、办公室这些工作区域的设计差异和功能差异。

AN LI DAO RU

案例导入

如何认识细胞培养实验室功能分区？

任务内容

一、细胞培养实验室平面设计

用于动物细胞培养的实验室或车间，通常包括洁净间、辅助间、办公室等区域，区域之间符合操作习惯并满足各个区域对粉尘控制的要求。

设计时主要考虑以下功能：细胞培养、倒置显微镜观察与记录、无菌操作、无菌器材存放、培养用液与试剂的存放、器皿的清洗、消毒灭菌与干燥、细胞材料冻存、培养用液的配制、实验动物饲养、实验用水制备、其他实验仪器的摆放等。

(一)洁净间

也称无菌操作间，或洁净室。应该能控制粉尘，能调节所需温度、湿度、照明，有足够的活动空间或操作空间，设计有摆放必需仪器和设备的场所。

进出洁净间的门最好使用不对称双扉门，或使用移动门，或选择使用风淋门。

洁净间的墙面和天花板经过防粉尘脱落、粉尘吸附的技术处理，或依据GB50457—2008“医药工业洁净厂房设计规范”设计或改造。确认室外空气在经过除尘处理后才引入室内，即其中的窗户只是供采光、观察使用，不能随意开启。

满足无菌操作、细胞培养、倒置显微镜观察与记录、无菌操作、无菌试剂和其他无菌耗材的储藏等要求。摆放普通冰箱、CO_2 培养箱、生物反应器(细胞罐)、数码倒置显微镜、冷冻低速离心机、超净工作台等仪器。

(二)辅助间

也称准备间,或缓冲间。指在实验室区域内,紧邻洁净间的外部实验区域,通过实验室门直接与楼宇通道相通。

粉尘控制要求比无菌操作间或洁净间要低,辅助间是操作者进入洁净间前的过渡区域,也是日常进行器皿清洗消毒灭菌的工作场所。

辅助间的基本功能包括:

(1)操作者在此进行更衣、鞋底除尘或穿戴鞋套、摆放其他个人物品的外空间。

(2)该实验区域也是进行器皿洗消(清洗与消毒灭菌)的主要场所,摆放有制水设备或仪器、清洗器、干燥箱、灭菌器等。

(3)有充足的空间,满足试剂与耗材的普通存放要求,如超低温冰箱、液氮储存罐。

(4)也需要有进行其他特定研究方向实验所需要的仪器和设备,如洗板机、酶标仪、中药煎煮机、实验动物独立送风隔离笼具等。

(三)办公室

指实验室内,与辅助间相邻的建筑单位,通过实验室门直接与辅助间或楼宇通道相联通的区域。其粉尘控制要求等同辅助间或要求稍低。

一般用于操作者资料存放、资料整理、试验准备等目的。

根据同时使用实验室的操作者人数多寡,2～3 人使用的为小型动物细胞培养实验室,一般不严格区分洁净间和辅助间(图 4-1)。含辅助间、洁净间一体设计的实验室,或学校教

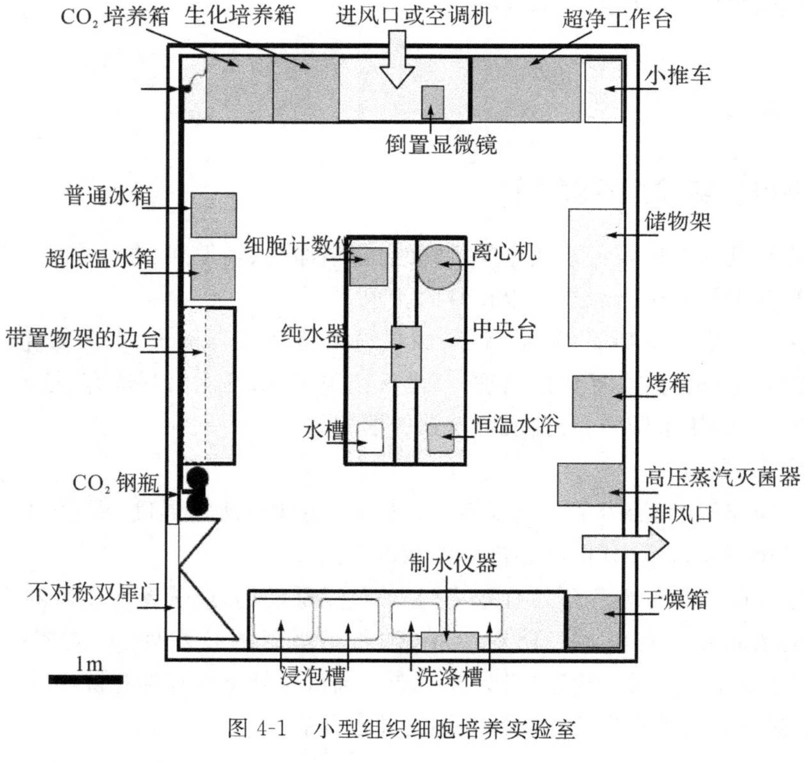

图 4-1　小型组织细胞培养实验室

学使用的实验室，一般能同时满足 10～16 人进行操作，其中的辅助间和洁净间相邻，通过风淋门或风淋通道连接，功能分区明确，(图 4-2，图 4-3)。

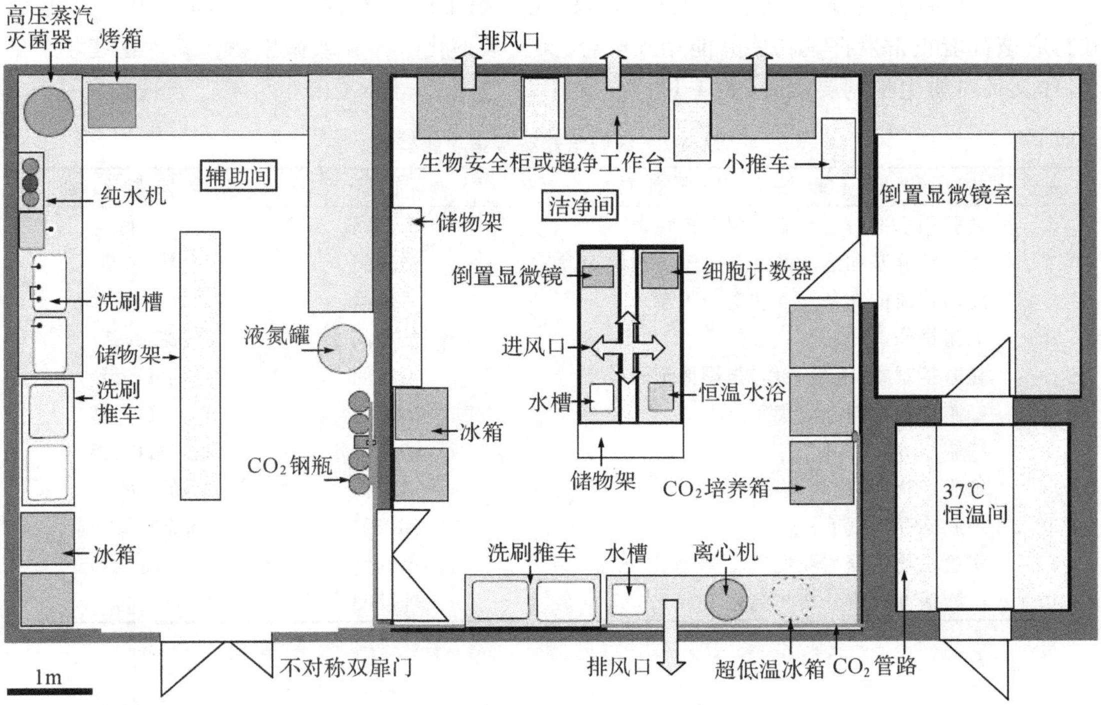

图 4-2　有辅助间和洁净间分区的细胞培养实验室

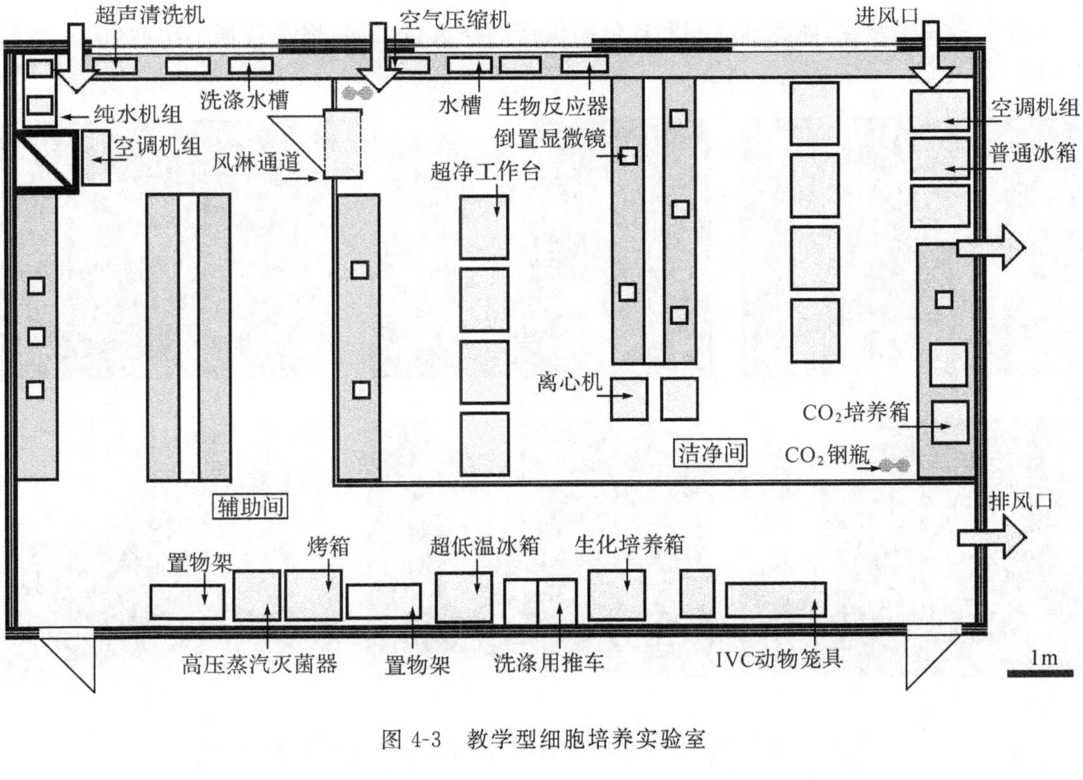

图 4-3　教学型细胞培养实验室

二、细胞培养实验室功能模块

一个完善的细胞培养实验室或车间是围绕组织细胞培养技能所必需的各个环节设计的，应该都能正常发挥其功能并能相互配合，无交叉的化学污染或微生物污染。这些环节的名称及其对粉尘控制要求等(表 4-1)。

表 4-1　细胞培养实验室功能模块

编号	实验技能环节名称	分布区域	粉尘控制级别
1	实验用水准备——制水仪器或设备	辅助间	高—低
2	无菌培养基和溶液的准备——滤过除菌	洁净间	极高，A 级
3	无菌器皿的准备——洗消与灭菌	辅助间	高—低
4	无菌操作	洁净间	极高，A 级
5	显微镜观察(镜检操作)与影像记录	洁净间	高，≥D 万级
6	细胞计数与细胞收集	洁净间	高，≥D 万级
7	细胞培养	洁净间	高，≥D 万级
8	细胞产物分析	均可	高—低
9	细胞冻存与复苏	都依赖	极高—高
10	实验动物饲养与免疫	辅助间	高
11	药物活性物质分离与纯化	辅助间	高—低

ZHI SHI TUO ZHAN

知识拓展

参观所在实验室，熟悉洁净间和辅助间仪器的摆放、仪器名称及其基本功能(图 4-4，图 4-5)。

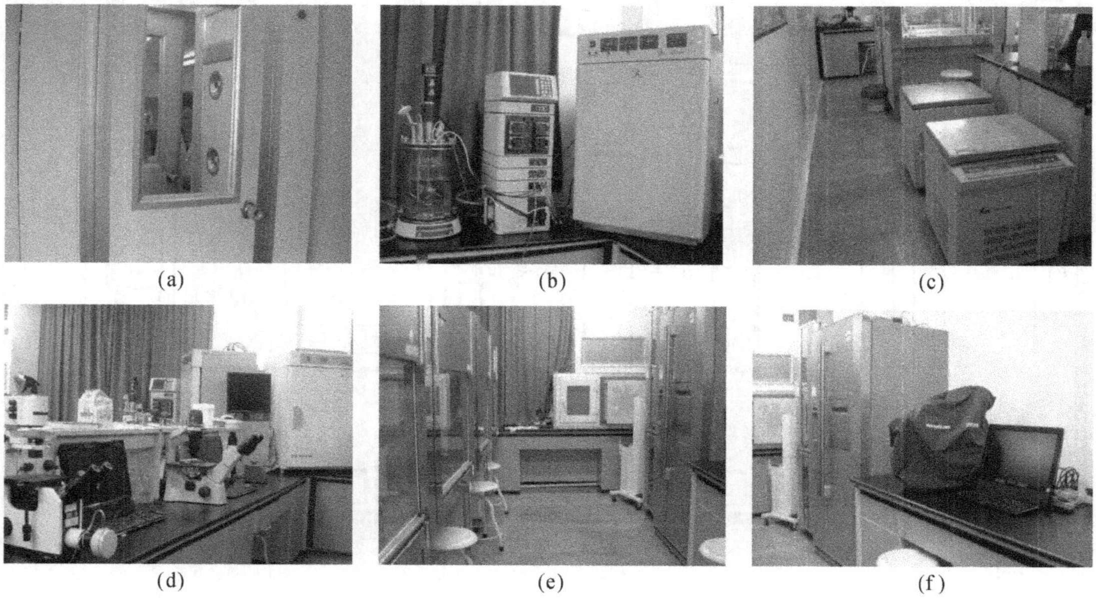

图 4-4　细胞培养实验室洁净间仪器摆放格局(图 4-3 实物照片)

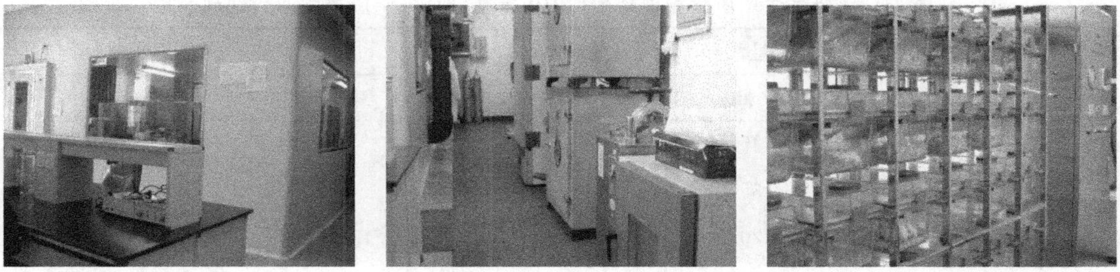

(a)　　　　(b)　　　　(c)

图 4-5　细胞培养实验室辅助间仪器摆放格局(图 4-3 实物照片)

习题与思考

1. 在中、大型细胞培养实验室内,为何要区分洁净间和辅助间?请说明你所认识到的理由。

2. 细胞培养实验室中,是如何控制洁净间内的粉尘污染和微生物污染的?

任务十二　洁净度要求与粉尘控制

学习目标

1. 知识目标

熟悉洁净度和洁净度级别概念,了解影响洁净度的各种因素如水、废气、废弃物、操作者穿戴、洁净间和辅助间使用方法等。

2. 技能目标

了解何种洁净度级别适合对动物细胞培养,熟悉如何保持良好的洁净度,掌握常见的粉尘控制措施。

任务内容

一、洁净度概念

洁净度是反映单位体积中空气中粒径在 0.5μm 以上的悬浮粒子多少的一个概念,悬浮粒子包括粒径 0.5μm 以上的固体颗粒和液体粒子(表 4-2)。

表 4-2 《药品生产质量管理规范(2010 年修订)》关于洁净度的级别规定

洁净度级别	静态悬浮粒子最大允许数/m³		动态悬浮粒子最大允许数/m³	
	≥0.5μm	≥5.0μm	≥0.5μm	≥5.0μm
A 级	3520	20	3520	20
B 级	3520	29	352000	2900
C 级	352000	2900	3520000	29000
D 级	3520000	29000	不作规定	不作规定

二、动物细胞培养的洁净度要求

进行动物细胞培养的有关操作,如开展镜检、无菌操作、培养箱培养的工作区域一般在洁净间内,因此,对洁净间的粉尘控制相对比较高。

根据实际状况,至少达到相当于 D 级水平以上的洁净度。当空气洁净度级别低于 D 级时,即便仍正常采取日常的除尘措施和消毒剂擦抹措施,在镜检、培养等环节仍会增加培养物感染微生物的风险,也会缩减用于无菌操作的超净工作台的初效滤器和高效滤器的使用寿命。

辅助间与洁净间通过风淋门或风淋通道相连,或者只是移动门分隔。正因为这种状况,对辅助间的日常粉尘控制也非常重要,以免悬浮粒子扩散进入洁净间内降低洁净间的洁净度等级。

实验室或车间与楼宇通道相连通的是门,要正确避免楼宇通道的粉尘扩散进入辅助间,就应该清楚实验室门或车间门是否经常处于闭合状态,门的气密性能是否足够高。如可以预先采用自动闭合的结构,或要求人员进出时把握好随手关门的习惯或遵守相关制度。

三、粉尘控制措施

(一)废气处置

无论是辅助间或者洁净间,随着室内操作者人数和操作时间的增多,人体体内呼出的废气累积就越多。在使用酒精灯时,也会产生燃烧废气和水汽。并且,在无菌操作过程中,往往使用消毒酒精,会向室内挥发出乙醇气体。所有这些气体均会促进悬浮颗粒的形成。

换气装置能很好地解决室内空气的新鲜程度,一般在工作时正常使用。定期检查进气口、排气口、风淋通道和洁净间内空气净化器的初效过滤器和高效过滤器,当影响有效换气时进行更换。

另外,适当控制同时使用洁净间或辅助间的操作者人数也是必要的措施。

(二)水、废弃物处置

无菌操作过程中,产生的废液通常首先收集到废液杯或废液瓶中,尚有废弃物、用过的试剂瓶、离心管、培养器皿等开口容器也需等待,然后运送到辅助间以便进一步包装倾倒到楼宇废物桶或准备清洗消毒灭菌。

如若废液和废弃物在室内摆放不当,在室内等待时间过长,将形成雾气样挥发物质,会增加室内微生物污染的可能性,也会增加室内悬浮颗粒,甚至增加生物污染的机会。

尽量缩短等待时间,尤其不能停留在洁净间或辅助间过夜后再处理,这是细胞培养操作者良好职业素养的基本要求。

及时擦除溅落、洒落地面或台面的水或液体。

(三)操作者引入的粉尘控制

操作者从楼宇通道进入辅助间,甚至从辅助间再进入洁净间,也会把本人毛发、衣着表面、皮肤表面、口腔和鼻腔内的微生物和粉尘引入室内。

一般采用的措施有:①鞋底除尘或粉尘措施,如在辅助间铺设除尘地垫、在辅助间更换室内鞋子或加穿鞋套。②操作者穿戴干净、灭菌的防静电工作服可以减少体表粉尘撒落,进入洁净间前通过风淋门可以洗落体表粉尘,穿戴干净、灭菌的口罩可以预防口腔和鼻腔内微生物、粉尘和水汽释放到室内,而穿戴干净、灭菌的帽子遮盖头发则防止毛发黏附的可脱落物释放,但要求普通衣物及头发不应裸露在洁净服或洁净帽外面。③室内走动时采用缓步,采用轻缓、准确的动作从事各种操作。④操作前用洗手液清洗双手肘关节以下至指尖所有部位。清洗后的双手或穿戴手套的外表面有水时,应先擦干或吹干再从事有关操作。⑤操作者应定期修剪指甲,不得化浓妆,不可佩戴影响无菌操作的首饰。

(四)环境粉尘的控制

除了以上情形外,下述事项需要注意:①室内卫生制度的制订和日常保持尤其重要,及时采用多层纱布、拖把或吸尘器,对仪器表面和操作台面、建筑立面、地表面分别进行除尘。②从辅助间转移到洁净间的所有物品,注意要除去包装物表面可能存在的粉尘和污染。③日常使用时,注意确保风淋通道及传递窗的两扇门或窗户不能同时处于开启状态。

ZHI SHI TUO ZHAN

知识拓展

参加实验、尤其在进行实验操作以前,需首先了解或熟悉下列事项:

1. 了解本实验室的布局和粉尘控制特点,熟悉操作者在进出各区域时应该知道的基本要求并遵守。

2. 熟悉功能模块适用的操作区域。

3. 通过课外了解、学习,熟悉“污染”和“染菌”、“无菌”、“消毒”、“灭菌”等重要概念。

习题与思考

1. 解释如下术语:污染、染菌、无菌、消毒、灭菌。

2. 简述影响洁净度的主要因素有哪些?

任务十三　温度与湿度控制

学习目标

1. 知识目标

了解动物细胞培养实验室或车间内的温度、湿度和光照因素对细胞培养能否正常的重要性及其在动物细胞培养过程中的影响。

2. 技能目标

了解控制室内温度、湿度、光照等环境因素的常见措施。

AN LI DAO RU

案例导入

首先，为什么要在洁净区进行无菌操作和细胞培养？对于此问题，可以从超净工作台的使用、无菌操作的条件、微生物污染源的控制程度等方面分析。

其次，动物细胞培养的实验室或车间与其他实验室或车间的区别体现在环境因素控制上有哪些主要差异？这些环境因素主要包括洁净度、温度、湿度、光照。

在动物细胞培养中，常见的微生物污染有细菌、霉菌和酵母。有些细菌污染属于快生长细菌，有些属于慢生长细菌。

对于操作过程中发现的培养物微生物污染，如何快速查找污染源和污染原因分析是很有必要的，因此，操作者是否具有良好的微生物学基础知识培训和技能训练就显得尤其重要。

污染源和污染原因分析是避免再次发生培养物微生物污染新措施的制订，是去除可能污染源的操作依据。

任务内容

一、环境温度

洁净间是进行无菌操作及培养仪器摆放的场所，理想的温度控制范围是15～25℃。冬季不低于15℃，夏季不高于25℃。由于清洗消毒灭菌工作及经常的室外空气对流要求，辅助间的理想温度是10～30℃。

根据空间的大小，可以选择安装合适的空调机组、暖气装置等设施。

在控温区域，挂有温湿度表，以便日常观察记录环境温度和环境相对湿度(图4-6)。

图 4-6　温湿度表

二、环境湿度

进行细胞培养所需的洁净间和辅助间，理想的相对湿度范围是 30%～50%，环境的相对湿度高于 60%时容易滋生霉菌等微生物，增加无菌操作的难度，并明显缩减灭菌器材的存放有效期。

（一）降低环境湿度的措施

日常间隔时段打开辅助间窗户，会增加辅助间室内、外的空气对流，也可以明显降低环境空气湿度。

使用空调机组、换气装置等均可降低环境空气湿度。

合理摆放发热类仪器可以降低局部环境湿度，如把电热干燥箱安放在容易空气对流经过的位置。

洁净间内不安装自来水水槽，或者虽然有安装但尽量少用。

（二）增加环境湿度的情形

日常除尘清洁中会增加空气湿度，如使用自来水浸湿或消毒剂浸泡的湿布拖抹地面、实验台面、仪器表面等情况。为此，建议采用吸尘器除尘，擦抹时尽量减少水分后再进行，擦抹后及时使用除湿措施，如使用空调的除湿功能、开启换气装置、辅助间打开窗户让内外空气对流。

室内自来水水槽的设计、仪器的摆放与使用有时会明显增加局部环境湿度，如辅助间进行清洗消毒灭菌时，尤其在高压蒸汽灭菌后会增加辅助间甚至洁净间的相对湿度。因此，相应操作后务必选择采用上述合理的方法，降低室内的空气湿度。一般水槽设计时处于建筑物窗户的内侧，高压蒸汽灭菌器摆放于当采取降湿措施时空气对流容易经过的位置。自来水水槽、纯水机组出水口等位置容易溢出或溅落多余的水，每次使用后需及时检查并去除。

季节变换时，如春季、夏季，往往容易产生较高的环境湿度。除了使用空调机组、除湿机等除湿外，可以加装定时换气装置。

高湿的楼宇环境和地理环境相对湿度较高，如处于地下室和楼层低的实验室，处于南方的实验室。这些实验室必须考虑安装有换气效能高等定时换气装置，并正确使用。

三、光照与照明

细胞培养实验室的洁净间或辅助间应有足够的采光窗户，但需注意，有阳光直射的窗户周边应避免摆放仪器设备，或者使用遮阳窗帘拦截太阳光。直射的阳光会缩减仪器的使用寿命和降低仪器的质量，并且，当需要紫外消毒灭菌时，阳光或其他可见光会降低紫外消毒灭菌效果。

室内日光灯的安装要保证足够的照明，其照度要求类似一般实验场所。室内安装有紫外灯时，设计上满足紫外与照明不可同时开启的要求。

当进行超净工作台紫外杀菌时，尽量保持其所处的室内环境如洁净间关闭照明，使用窗帘遮挡，使室内可见光缩减到最低程度，以便确保紫外杀菌的最大效果。

能力训练

1. 在一个特定周期内，学习如何定期观察记录实验室或车间内温度、相对湿度的数值，如每天上午、中午、下午定时记录。

2. 观察分析实验室或车间的室内温度、湿度变化规律。

项目五　操作者本人的行为规则

任务十四　个人卫生与衣着要求

学习目标

1. 知识目标

了解进行细胞培养过程中，操作者如何才能更好地减少由于自身个人卫生和衣着方面所引入的微生物污染。熟悉洁净服的一般类型。

2. 技能目标

熟悉个人卫生涉及的具体要求和洁净服穿戴的原则要求。

AN LI DAO RU

案例导入

图 5-1 中显示，操作者正在使用垂直风淋的单人单面超净工作台，进行动物细胞培养的严格无菌操作。因为无生物安全风险，而未穿着洁净服或工作服，并且未使用酒精灯，虽然如此，但仍能做到严格无菌操作。此种情形常见于专业研究团队的日常工作中。图中的穿着与一般情形是矛盾的，一般进行细胞培养的无菌操作前，需要预先穿戴洁净服(图 5-2)。

图 5-1　未穿戴防护服进行无菌操作

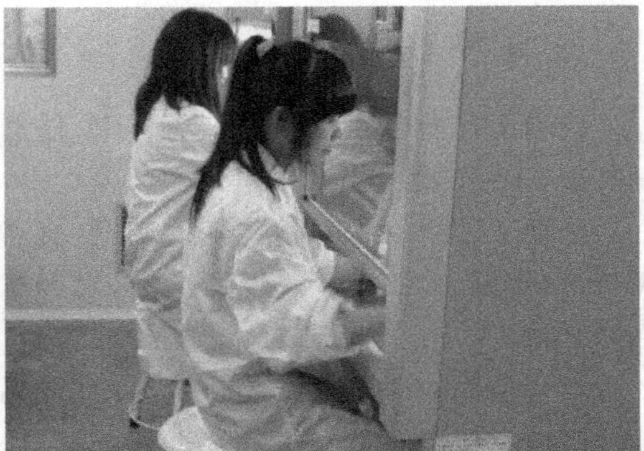

图 5-2　穿戴洁净服进行无菌操作

请解释以下问题：①既然洁净服的穿戴对细胞培养无菌操作不是必需的，那么洁净服应该具有哪些防护作用？②在超净工作台内，在无菌操作过程中使用酒精灯是必需的吗？③什么是严格的无菌操作？

任务内容

在动物细胞培养过程中，操作者的行为规范密切影响着细胞培养。细胞培养是否顺利正常，关键是操作者的无菌意识和保障无菌操作的各种行为。这些行为主要有操作者的个人卫生状况、生活衣着情况和洁净服穿戴规范等。

一、个人卫生

原则上要求不佩戴首饰，不化妆，尤其禁止浓妆后进入实验区域进行无菌操作。长发者需要盘发或网发，耳环坠饰长度不超过 150mm（不可触碰肩部）。裸露双手进行无菌操作时，不佩戴戒指和手镯等饰物。

经常修剪指甲，指甲预留长度在 2～3mm 内为宜。指甲太长容易使皮肤油脂残留在指甲缝中，携带大量人体表面微生物。

操作前需清洗双手。着短袖时，要求清洗从肘关节以下至指尖的所有部分。穿戴洁净服时要求清洗腕关节以下至指尖的所有部分。清洗时，宜先用洗手液或洗衣皂擦洗，再清水冲洗，然后甩干或用干手器吹干。

二、生活衣着

穿戴抗静电的衣帽如纯棉织物是首选，其次，所穿戴的衣帽应该不容易脱落纤维到环境中，另外，生活衣着穿戴后，能保护操作者体表的表皮等脱落物撒落到环境中。能同时符合上述条件，并且衣着外表面干净无粉尘，则可以直接从事无生物安全威胁的无菌操作。这种情形仅对无菌操作训练有素的研究领域技术人员适合。

如果穿戴的衣帽不是抗静电的，或者容易脱落纤维、粉尘到环境中的，或者从事的操作存在生物安全风险、化学污染风险等情形，则必须穿戴洁净服洁净帽保护，然后才能从事相关的无菌操作。

三、洁净工作服穿戴

洁净工作服也称洁净服、洁净工装、防静电工装、无尘服、净化服、隔离服、无菌服、无菌工作服、无菌工装等。

洁净工作服广泛应用于电子、制药、食品、生物工程、光学、航天、航空、彩管、半导体、精密机械、塑胶、喷漆、医院、环保等行业洁净车间，有多种颜色和规格适用于不同的防静电或洁净环境。

本书所称洁净工作服是指在洁净间或无菌室内工作的人员所穿着的防护服。

洁净工作服面料质地应光滑、不起静电、不脱落纤维和颗粒性物质。尺寸大小应宽松合身，边缘应封缝，接缝应内封。洁净区工作不应有口袋、横褶、带子、常用颜色为白色或蓝色。同时能够经过 121℃高温灭菌 30 分钟，清洗次数能够达 100 次，防尘，防菌，防静电性能稳定。

洁净工作服除了衣服本身不会散发粉尘外，还兼有防止人体散发尘埃的效果，同时，在材料和设计上应具备安全保护性、舒适性、作业方便性、审美性等基本性能，否则由于工服的式样、布料及无菌内衣的不同，直接影响到洁净间内的尘埃和菌落数。

使用面料种类包括含导电丝面料、华达呢、纱卡、TYVEK(防酸防碱)等。

常规可选面料包括5mm条型、5mm网格和2.5mm网格等3种类型的导电绸面料，按顺序其防尘防静电效果是越来越强。这也是根据洁净间等级来选定的，如洁净度为B级以下的洁净间采用5mm条型导电绸，洁净度为A级的洁净间采用2.5mm网格面料导电绸。

(一)洁净工作服的分类

1. 连帽连衣连裤的洁净工作服(俗称三连体洁净服)

用整块布料裁剪，腰间用扁橡皮或者松紧带束紧，领口、袖口、裤脚等接缝使用不沾染尘埃的材料制作。帽子能将头部全部覆盖，只露出双眼和鼻子，耳部留有通风小孔。

另有些制药企业采用四连体的无菌服(帽衣裤鞋套连为一体)，但穿着不方便，如操作者在弯腰时，后背就有被拉扯的感觉。实际上操作者穿三连体洁净工作服时加穿软底鞋套更合理。

2. 帽上衣裤分开的洁净工作服(俗称分体式洁净服、夹克式洁净服)

大多为夹克衫上衣加宽松长裤或西式上装加宽松长裤两种类型。上衣衣领为立领，而且是小开领，领口用扁橡皮束紧或缝做罗口。一般均使用拉链式而不用钮扣。

3. 大衣式或大褂式洁净工作服

用洁净工作服布料做的实验服型大褂，袖口用橡皮束紧。下摆应过膝。一般使用钮扣，但需设计有挡片避免钮扣直接暴露。

(二)洁净工作服的使用

(1) 一般生产区、控制区和洁净区的工作服在式样、颜色方面应有明显区分，不得混穿。

(2) 洁净间工作服的洗涤消毒。一般生产区工作服每周洗涤1～2次，控制区、洁净区工作服必须每班洗涤消毒。

(3) 工作结束时，控制区和洁净区工作人员应及时换下工作服，放入待洗涤消毒窗口内由专人洗涤。不得带出控制区或洗净区。

(4) 工作服的洗涤和干燥应在清洁的室内进行，避免灰尘和虫类污染。不同洁净要求的工作服应分别洗涤。洁净区和控制区的无菌服洗涤干燥后受逐件配套装入灭菌袋中，集中灭菌。灭菌后做好状态标记并注明灭菌日期，灭菌后的工作服2日内使用。

(5) 工作服柜应分待换工作服柜和换下工作服柜，并有明显标志，不得混放，以防交叉污染。

(6) 操作人员所穿的内衣面料最好是聚酯类的，虽然外面穿有洁净工作服，但仍然能散发出尘埃。不同的内衣所散发的尘埃数不等，聚酯类最少，其次是棉类，最多的是毛衣。

(三)洁净工作服的穿戴

实验室动物细胞培养一般选用大褂式洁净工作服。

(1) 为了能阻留人体脱落物和生活衣着脱落物，穿戴时，尽量使生活衣着不暴露于洁净工作服外面。

(2) 进行一般的动物细胞培养，不得使头发垂落超过肩部高度或散发。如要求包盖全部头发时可佩戴洁净帽，使头发束缚在帽内。

(3) 另外，最好佩戴一次性口罩，以免口腔和鼻腔微生物播撒室内。

ZHI SHI TUO ZHAN

知识拓展

根据《药品 GMP 认证检查评定标准》中的有关描述，对无菌工作服的要求有：

1. 无菌服的选材、式样及穿戴方式应与生产操作和空气洁净度等级要求相一致，并不得混用。洁净工作服的质地应光滑、不产生静电、不脱落纤维和颗粒物。

2. 无菌工作服应能包盖全部头发、胡须及脚部，并能阻留人体脱落物。

3. 不同空气洁净度级别使用的无菌服应分别清洗、整理，必要时消毒或灭菌，无菌服洗涤、灭菌时不应带入附加的颗粒物质，应制定工作服清洗周期。

4. 洁净度在 C 级以上的区域使用的洁净工作服应在洁净间内洗涤、干燥、整理。

习题与思考

1. 操作者一定要穿着洁净服才能进行严格的无菌操作吗？为什么？

2. 洁净服穿戴有什么要求？

任务十五　无菌操作规程

学习目标

1. 知识目标

熟悉无菌操作、消毒、灭菌等基本概念。

2. 技能目标

熟悉超净工作台内进行无菌操作的技术要领。掌握利用超净工作台进行无菌操作的基本原则。

任务内容

一、无菌操作理念

(一)无菌操作概念

用于防止微生物进入人体组织或其他无菌范围的操作技术称为无菌操作。在各种生物实验中,为了防止微生物的生长和繁殖影响实验的进行,也要在相对无菌的条件下进行。

无菌操作一般需要超净工作台辅助。正常使用时,超净工作台内的空气洁净度级别为A级,因此,只能提供相对无菌的操作环境,要达到无菌的效果,还需要辅助以良好的无菌操作习惯和操作方法。

(二)消毒和灭菌有关术语

下面是无菌操作中较常用的术语:

抗菌剂:能够杀死微生物或抑制它们生长和繁殖的制剂。

防腐剂:能够抑制微生物生长和繁殖但不足将其杀灭的物质。防腐剂经常应用于体表。

生物杀灭剂:所有能够杀死生物体的制剂的统称。

化学杀菌剂:用于杀死微生物的化学品或化学混合物。

清除污染:去除和/或杀死微生物的任何过程。该词也用于去除或中和有危害的化学品和放射性物质。

消毒剂:用于杀死常见病原微生物的化学品或化学混合物,但不一定杀死芽孢。

消毒:杀死常见病原微生物的物理或化学手段,但不一定杀死芽孢。

灭菌剂:能够杀死微生物的化学品或化学混合物。该词常常可以代替"生物杀灭剂"、"化学杀菌剂"或"抗菌剂"。

杀孢子剂:用于杀死微生物和孢子的化学品或化学混合物。

灭菌:杀死和/或去除所有微生物及其孢子的过程。

(三)常用消毒剂

1. 70%酒精

杀菌效果最好的酒精浓度为70%,考虑到实际使用状况,一般购买75%的商品,即消毒酒精(图5-3),或用纯水稀释无水乙醇到75%使用。一般分装于喷壶内,使用时以喷雾的形式对物品消毒,再使用干净纱布擦拭。

图5-3　常用消毒剂

2. 酒精棉球

通常用医用脱脂棉自制棉球,或购买成品医用脱脂棉棉球。将该棉球保存于75%酒精中备用,液体量以足够棉球吸附即可。

3. 0.1%～0.5%新洁尔灭溶液

手表面消毒，消毒抹布浸泡，地面消毒时拖把浸泡使用。

4. 外科手消毒夜

用于手部皮肤消毒。

二、无菌操作

（一）无菌操作方法

在执行无菌操作前，必须明确物品存放的无菌区和非无菌区。穿戴好洁净服和帽子、洗手，通过风淋通道进入洁净间。

在执行无菌操作前，还需将双手用消毒酒精等消毒剂进行消毒，手上的液体在超净工作台内通过风淋使其干燥。

无菌操作中夹取无菌物品时，必须使用无菌持物钳（辅料镊、坩埚钳等）。

进行无菌操作过程中，凡未经消毒的双手，均不可直接触碰无菌物品或超越无菌区取物。穿戴防护手套时也需消毒手套表面。

无菌物品（培养液、缓冲溶液、试剂、培养板等）必须保存在无菌容器或无菌包内，不可暴露在超净工作台内空气中过久。无菌容器应在无菌包一经打开即不能视为绝对无菌，应尽早使用。无菌物品与非无菌物品应分别放置。凡已取出的无菌物品虽未使用也不可再放回无菌容器内。

进行细胞影像等数据采集时，先取出细胞培养板，擦去板外粉尘，在倒置显微镜下镜检时，不能打开培养板的盖子，防止染菌。

（二）无菌操作的条件准备与维护

在洁净间内使用的洁净工作服，需定期进行清洗、消毒灭菌，使用周期内的工作服需注意防潮、防尘、防污，不使用时应按序摆放整齐。

每次使用洁净间后，应用湿拖把拖地一次或用吸尘器吸尘，防止粉尘堆积，对环境造成污染。洁净间使用前后，分别用移动紫外消毒车或室内紫外灯对室内空气和仪器表面、试验台台面和地面进行一次消毒。

进行无菌操作时，必须正确使用超净工作台。超净工作台在使用前、后均需分别进行消毒剂擦抹除尘和紫外消毒。紫外灯消毒时间 30～40min，期间务必开启风淋，关闭照明，最好将超净工作台所在的整个洁净间的照明关闭，窗帘拉上，以达到最大的紫外消毒效果。

超净工作台台面等维护合理。每次使用后用消毒液浸泡的湿抹布擦抹台面粉尘，长时间不使用超净工作台也应定期用消毒液浸泡的湿抹布擦抹台面粉尘。定期擦抹照明灯管和紫外灯管上可能存在的微尘，以便保证充足的照明效果和充分的消毒灭菌效果。

每次镜检操作前需对倒置显微镜载物台、实验台面用消毒剂擦抹除尘消毒。

定期用消毒酒精擦抹 CO_2 培养箱内、外表面，或使用其他方式对 CO_2 培养箱内表面进行消毒。

（三）动物细胞培养的无菌操作规程

(1) 操作者正确穿戴洁净服、口罩和帽子。每次通过风淋通道风淋 5～15s 后进入洁净间。

(2) 检查超净工作台内的物品摆放，用消毒酒精擦拭粉尘。取出培养用液放于实验台平衡温度至室温。

(3) 打开洁净间和超净工作台的紫外灯，消毒 30～40min。注意关闭日光灯和洁净间的窗帘，以免消毒效果低下。开启洁净间换气装置。注意，超净工作台的紫外消毒有两种方式：①部分洁净空气内循环的超净工作台，可以在开启紫外的同时开启风淋。②无洁净空气内循环的超净工作台，在开启紫外的时可不开启风淋，但需注意防止外部粉尘在紫外照射期间扩散到超净工作台内部。

(4) 进入洁净间前先关闭洁净间紫外灯。到达消毒时间后，关闭超净工作台紫外灯，开启照明灯，打开无洁净空气内循环的超净工作台风淋开关，风淋 30min 以上再行使用，以排尽臭氧。无论何种超净工作台，在无菌操作的全过程，务必开启风淋。超净工作台一般设计有高、低档风速提供操作者选择。风淋的速度选择是由实际风量大小决定的。风量足够大时选择低速档，否则选择高速档。如果风淋的风量不能保证无菌操作时，需考虑更换初效过滤器或高效过滤器。

(5) 使用 0.1%～0.5%新洁尔灭溶液或 0.1%过氧乙酸水浸泡双手，擦干。也可用消毒酒精喷淋双手，还可以使用酒精棉球擦拭双手皮肤。

(6) 根据需要，点燃超净工作台内的酒精灯，用于某些情形的辅助消毒或灭菌。酒精灯的用途有：①打开各类瓶盖前先过火，以固定灰尘。②打开的瓶口、试管口过火焰使可能出现的少量液滴干燥。③镊子使用前经火焰烧灼灭菌。

熟练的操作者，无菌操作时可以不使用酒精灯。

在生物安全柜内进行无菌操作时，禁止使用酒精灯，否则容易引起火灾。

(7) 准备使用的吸管、滴管、试管、试剂瓶、培养瓶等无菌物品均确认灭菌包装完好无损，用消毒剂擦拭去除无菌物品外包装的粉尘后，再放入超净工作台内，但应避免一次放入过多的物品，以免影响操作。

(8) 外旋盖试剂瓶、离心管开启后，盖子应按内表面朝下的方式放置于台面。也可用手指夹持瓶盖，但需保护盖子内表面不受污染。在无菌操作时，双手和非灭菌器材不得在开口的无菌器皿上方穿越。

(9) 同一根移液管或滴管不应连续用于两个不同的细胞株系操作，也不可用于存在交叉污染的取液操作，注意及时更替。吸取培养液的移液管或滴管应避免接触培养瓶、培养孔或离心管的口内壁，以防止细胞株系的互相混杂污染。

(10) 从灭菌筒中选取灭菌移液管或滴管后，拿取的方式应该是手背朝向吸液端，以手心方向套装胶头或电动大量移液器。

(11) 洒落在培养瓶上或台上的液体，立即用酒精棉球擦净。

(12) 操作完毕后，及时恢复超净工作台的工作台面各物品的摆放常态。

ZHI SHI TUO ZHAN

知识拓展

超净工作台内的无菌操作基本原则

在无菌操作过程中，通常需要使用超净工作台辅助。为了确保操作过程不引入可能的微生物污染，操作者需要理解运用以下原则(图 5-4)。

(a) 非操作时段的物品摆放　　(b) 无菌操作时的物品摆放

图 5-4　超净工作台内物品摆放

1. 争取最大化无菌操作空间的原则

超净工作台内的无菌操作空间一般是指靠近操作者的正前方的一个区域。在此区域内进行特定的无菌操作。

常规物品如离心管架、消毒筒内灭菌包装的长丝滴管、消毒筒内灭菌包装的移液管、灭菌的盒装吸嘴等，应摆放在双面操作的超净工作台内的两侧，但要距离超净工作台窗口边沿足够远。

废液瓶或废液缸是存放废弃溶液的容器，习惯放于操作区域的正前方或左、右前方位置。

需要酒精灯辅助时，酒精灯的灯芯应调节在 2～3mm 高度，酒精灯摆放于操作区域的正前方或左、右前方位置，与废液瓶或废液缸保持 30～50mm 的安全距离。

小的固体废弃物如使用后的酒精棉球，应放置于操作区域内双手不容易触碰到的正后方。大的固体废弃物可直接丢弃于超净工作台外的垃圾桶或地面。待全部操作结束后，再统一收集于垃圾桶内。

放置外螺旋盖试剂瓶或离心管的外盖时，应按内表面朝下的方式放置主操作区域的前方。

2. 力求不干扰无菌操作的原则

此原则指所摆放的物品应不影响操作者的双手活动，或双手移动时不影响无菌物品的洁净状态。这些操作包括：①瓶装试剂如培养液、缓冲液，在使用后及时复原，置于超净工作台内的侧边或前方。②取用消毒筒内的长丝滴管后，及时将消毒筒复原，保护筒内其他未使用长丝滴管的无菌状态,使摆放于超净工作台内的侧边。③取用消毒筒内的移液管后,及时将消毒筒复原,保护筒内其他未使用移液管的无菌状态,使摆放于超净工作台内的侧边。④取用盒装吸嘴的吸嘴后,应及时将吸嘴盒复原,置于超净工作台侧边。⑤同时放入超净工作台内的瓶装培养用液的数量尽量少,使用后及时移出超净工作台。⑥长丝滴管或移液管在使用后,及时平放于操作区域的前方,或及时移出超净工作台。

习题与思考

1. 什么是无菌操作?
2. 超净工作台内的环境是严格无菌的吗?为什么?
3. 无菌操作中是如何确保培养物不污染微生物的?包括哪些措施?

项目六　动物细胞培养主要仪器及水电要求

任务十六　动物细胞培养主要仪器

学习目标

1. 知识目标

熟悉动物细胞培养必需仪器的基本功能，这些仪器包括：CO_2 培养箱、倒置显微镜、离心机、普通冰箱、超净工作台、高纯水机、高压蒸汽灭菌器、电热恒温干燥箱、超声波清洗器。

2. 技能目标

为了能顺利进行动物细胞培养，务必熟悉上述必需仪器的摆放原则，了解它们在实验室中的分布。

任务内容

一、洁净间摆放的仪器

（一）提供细胞培养环境的仪器

1. CO_2 培养箱

指能精密控制并提供恒温、恒湿、洁净、恒定 CO_2 浓度的仪器，利用该仪器可使用培养皿、多孔板（6～96 孔板）、培养方瓶等进行细胞培养（图 6-1）。

根据容积大小，有 60～190L 台式，也有上下堆叠落地式。

根据通气状况，一般通 CO_2 和空气，也有 3 气（CO_2、N_2 和空气）或 4 气（CO_2、N_2、O_2 和空气）培养箱。

根据控温类型，区分为水套式和气套式两种。

2. 细胞工厂

在 CO_2 培养箱中，应用特定的培养容器进行细胞大量培养。

3. 滚瓶培养

（1）滚瓶培养箱　放置于 CO_2 培养箱中使用，有驱动滚瓶滚动的机械装置，可以应用滚瓶进行细胞大量培养。

（2）滚瓶培养架　在 CO_2 浓度、温度、湿度可控的洁净间内使用，有驱动滚瓶滚动的机械装置，可以应用滚瓶进行细胞大量培养。

CO_2培养箱　　NBS BioFlo 110 生物反应器　　CO_2减压器

图 6-1　CO_2 培养箱和生物反应器

4. 生物反应器

生物反应器，也称动物细胞罐，应具有良好的无菌控制，通过专门的控制器组件进行细胞大量培养，一般需要 4 气（CO_2、N_2、O_2 和空气）培养，可分批次培养和连续培养形式。

需要配置专门的补料瓶。培养工艺复杂，仪器设备的造价往往很高，通常用于研究、中试和生产。

根据罐体容量和培养容量（培养容量往往比罐体容量小）区别大小。一般在研究实验室使用的生物反应器的罐体体积常在 30L 以下，用于生物制品制备的生物反应器体积达到 500L 以上。罐体可以是钢化玻璃、陶瓷，也可以是不锈钢或钛合金或钛。

（二）用于换液操作的仪器

1. 微量移液器

微量移液器是常用的无菌操作移液用仪器，有单通道、8 通道和 12 通道等规格。常见的种类如下（图 6-2）：

（1）50～200μl 单道微量移液器，配套 200μl 无菌塑料吸嘴使用。

（2）50～300μl 8 道微量移液器，配套 300μl 无菌塑料吸嘴使用。

（3）500～5000μl 微量移液器，配套 5000μl 无菌塑料吸嘴使用。

（4）电动大量移液器，配合无菌长丝滴管、无菌刻度移液管使用，移液速度可调。

微量移液器　　塑料吸嘴　　电动大量移液器

图 6-2　移液器械

（三）镜检与显微影像记录仪器

1. 倒置显微镜和倒置荧光显微镜

与正置显微镜（普通显微镜）的主要区别在于，倒置显微镜是载物台在光源下方，或者说物镜在载物台下方的显微镜，使得物镜镜头与培养物液层下方的距离最短。

倒置荧光显微镜是带有紫外光源(荧光激发光源)的倒置显微镜。

倒置显微镜和倒置荧光显微镜都分别比同品质的正置显微镜(普通显微镜)和正置荧光显微镜(普通荧光显微镜)造价高出10倍以上。倒置显微镜和倒置荧光显微镜往往属于三目显微镜(指除了装配有2个普通目镜外,尚有接驳显微摄影的目镜)(图6-3)。

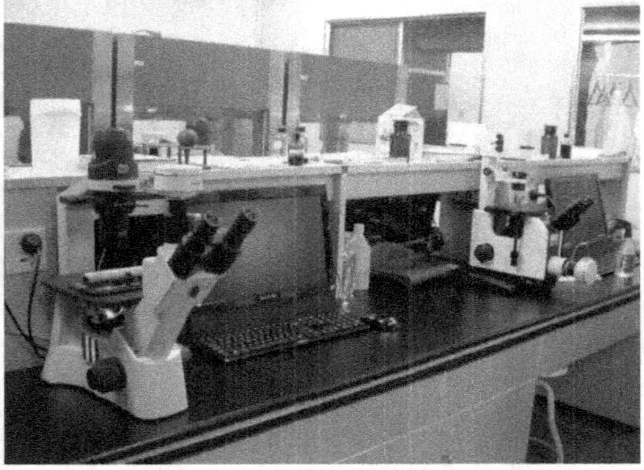

图6-3 倒置显微镜

2. 显微摄影系统

指通过接圈与显微镜三目接头相连,借助配套的专业PC软件获得显微影像并能进行处理的装置。

3. 细胞计数器材

细胞计数常用的是血细胞计数板或细胞计数仪。

细胞计数仪价格昂贵,如invitrogen的Countess自动细胞计数仪(图6-4)。

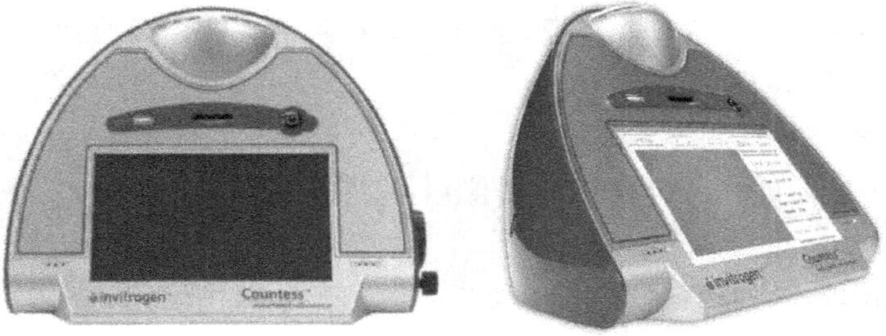

图6-4 自动细胞计数仪

一般地,血细胞计数板并不属于仪器,单价数十至数百元。但是,血细胞计数板有计量许可,计数窗有玻璃刻画线,与配套的盖玻片一起使用。有2个计数窗,每个计数窗使用有4～5个计数大格。细胞密度/ml=计数窗内大格的平均细胞数$\times 10^4$/ml。

(四)无菌操作依赖的仪器

无菌操作的区域主要是在洁净间内的超净工作台内完成的(图6-5)。

超净工作台

风淋通道

图6-5 超净工作台和风淋通道

1. 空气净化器

使洁净间内空气按要求进行除尘、紫外消毒灭菌、循环。

2. 洁净间换气装置

使洁净间外新鲜空气经过初效和高效滤器滤过除尘后进入室内，并且把室内含粉尘的不新鲜的空气按要求排放到室外的装置，一般设置有定时开关，使每小时换气达到一定的次数，保证洁净间内空气洁净度维持在某个级别以上。

3. 超净工作台

超净工作台，也称超净工作台或无菌工作台。根据通过高效滤器送出风的方向区分为垂直风淋和水平风淋两种，风速可调，内置照明灯管和紫外灯管。垂直风淋超净工作台常见的有单人双面、双人双面、单人单面、双人单面等规格。

(1)超净工作台使用步骤

①用前准备：先用消毒抹布擦拭台面干净，整理台面器材到台面两侧，关闭两侧玻璃门，开启电源开关，打开风淋，单独打开紫外灯照射 30～40min 再关闭；

②使用时：操作者双手(或戴手套)消毒，打开照明灯，抬升玻璃门至合理高度，可点燃酒精灯以便辅助灭菌或消毒使用。由外部拿入的无菌操作物品需注意除尘处理(先在超净工作台外部拆解无菌物品的外包装、用消毒酒精棉球擦拭存尘外表面等)；

③使用后：及时清理废弃物和溅落物，移走用过的器材，摆放好台面物品，并用消毒抹布或消毒酒精棉球擦拭台面使干净，关闭照明灯和侧玻璃门，打开紫外灯照射 30～40min 再关闭，然后关闭风淋和总电源开关。

(2)超净工作台使用注意事项

如果超净工作台电源、照明灯、紫外灯、风淋等出现异常，需经过调节使正常后方可使用。

操作者双手在洁净台内部分的穿着(穿戴洁净服、乳胶手套，或无穿戴)必须符合无菌操作要求。

每次使用后用消毒液浸泡的湿抹布擦抹台面粉尘，长时间不使用超净工作台也应定期用消毒液浸泡的湿抹布擦抹台面粉尘。

定期擦抹照明灯管和紫外灯管上可能存在的微尘，以便保证充足的照明效果和充分的消毒灭菌效果。

二、试剂、培养用液及细胞材料处置用仪器

所涉及的一般试剂通常存放于辅助间柜子或洁净间柜子。需要冷藏或冻存的生化试剂、血清、培养基、细胞材料等，需要区别对待，存放到对应的仪器内，以保证其活性和功能。

(一)用于生化试剂、培养用液存放的仪器

1. 普通冰箱

存放培养用液的普通冰箱，通常放于洁净间(图 6-6)。

普通冰箱一般分为冷藏区和冷冻区，冷藏区的温度一般调节到 4℃左右，冷冻区的温度一般最低能调节到－26℃。不能冻存的试剂和材料必须放冷藏区，可以冻存的试剂和材料最好放在冷冻区。

图 6-6　普通冰箱存放培养用液及恒温水浴

2. 冰柜

冰柜分冷藏冰柜和冷冻冰柜。可大量存放生物试剂和材料。

3. 低温冰箱

只有冷冻区，一般指低温能控制到－50℃，高温不超过 0℃的冷冻用冰箱。用于长期存放蛋白类材料或试剂。

(二)细胞材料冻存用仪器

1. 超低温冰箱

一般指低温能达到－50℃以下，如－70℃，或者－86℃的冷冻用冰箱。主要用于细胞株、细胞系或其他细胞材料如组织、胚胎等的短期保存。

2. 液氮罐

液氮层内的温度为－196℃，有足够液氮的液氮罐内气体部分的温度可到－100℃以下。通常用于保存细胞株、细胞系或其他细胞材料如组织、胚胎等。

液氮会自动升华，因此，根据实际消耗状况，需及时地定期、定量地补充液氮。一般认为液氮内的细胞株、细胞系或其他细胞材料如组织、胚胎等可以实现永久保存。

(三)培养用液升温用仪器

一般需要准备一台恒温水浴，用于培养用液从零上低温到 37℃的升温。恒温水浴使用时需加注纯水以免产生水垢影响无菌操作。

三、实验用水制备设备或仪器

细胞培养实验室与其他实验室一样，也需要自来水、蒸馏水(或反渗透水、去离子水)。但是，由于动物细胞和人的肿瘤细胞、正常细胞等的培养对水的要求非常高，就是说，水中如果含有稍微多的金属离子，尤其重金属离子，细胞容易坏死或凋亡，因此，细胞培养用培养基的配制、培养用器皿的清洗等，都必须使用到高纯水以上的水。

(一)普通纯化水制备仪器或设备

1. 蒸馏水器

制备蒸馏水的仪器。指以自来水为进水，通过电热管直接加热，经过冷凝收集得到的水。

2. 反渗透水装置

指以自来水为进水，经过高纯水器中活性炭、反渗透膜环节制备出来的水。

3. 去离子水装置

阴阳离子交换树脂柱装置。指以自来水为进水，经过阴阳离子交换树脂柱装置制备、收集得到的水。

(二)高纯水和制备仪器或设备

1. 双蒸馏水器

自来水进水时制备的水为双蒸水，也称重蒸水。以普通纯化水如去离子水、蒸馏水、反渗透水为进水时可制备三蒸水。

2. 高纯水器

指以自来水为进水，经过高纯水器中活性炭、反渗透膜等各个环节制备出来的水。国产的品牌比较丰富(图 6-7)。

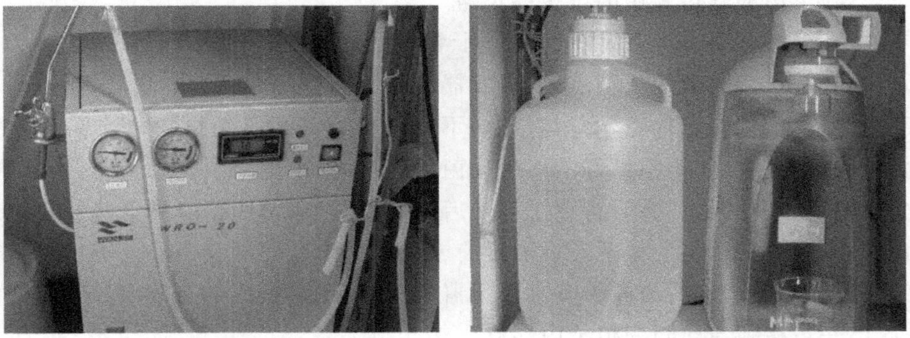

高纯水机　　超纯水机

图 6-7　高纯水机和超纯水机

3. 亚沸水蒸馏器

以蒸馏水、反渗透水或去离子水为进水，通过电热管非直接加热，水分子在 80～90℃即发生蒸发，再经冷凝收集得到的蒸腾水。亚沸水一般无有机物残留。

4. 超纯水器

或称超纯水机。有的是以自来水为进水，有的是以蒸馏水、反渗透水或去离子水为进水。有的带出水超滤、紫外消毒或热原去除等特性选配件。

四、洗消用仪器设备

(一)清洗用设施或设备、仪器

1. 实验室水龙头

自来水出水口水嘴用 20～40cm 橡胶管连接，或用 2 层的纱布包裹成 20～40cm 长的导流嘴，方便用水的同时避免产生水流的溅射(图 6-8)。

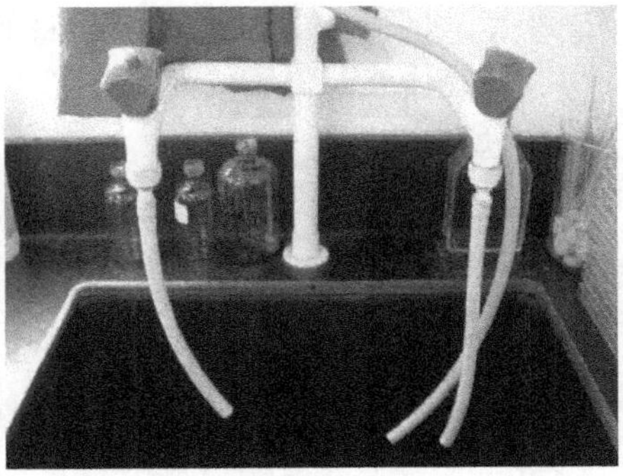

图 6-8　自来水龙头加接胶管

2. 超声波清洗器

清洗时，可横卧 10ml 移液管、立放试剂瓶。一般选购 20L 以上容量的超声波清洗器(图 6-9)。

3. 移液管、长丝滴管自动冲洗器

清洗移液管和长丝滴管使用。

干燥箱　高压蒸汽灭菌器

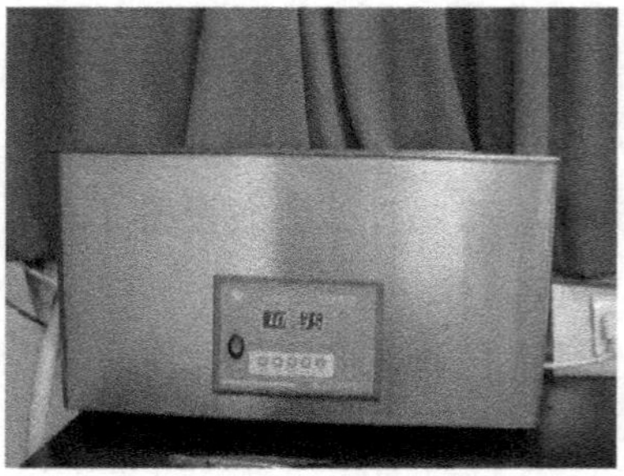

超声波清洗器

图 6-9　洗消仪器

(二)干燥、灭菌和滤过除菌的设备或仪器

1. 器皿的清洗、干燥、灭菌流程和培养用液滤过除菌

(1)适用高压蒸汽灭菌的玻璃器皿、金属器皿的洗消程序　经过清洗后，需要先干燥，包装(移液管和长丝滴管加塞棉花，专用包装如不锈钢消毒筒或不锈钢餐盒或铝合金餐盒等，外包装如牛皮纸、皱纹纸、锡箔纸等)，然后灭菌，再转移到干燥箱中充分干燥，最后取出并转移到洁净间的柜子内存放。有时将经过清洗后的玻璃器皿、金属器皿等直接包装(移液管和长丝滴管加塞棉花，专用包装如不锈钢消毒筒或不锈钢餐盒或铝合金餐盒等，外包装如牛皮纸、皱纹纸、锡箔纸等)，然后放高压蒸汽灭菌器内完成灭菌操作，再转移到干燥箱中充分干燥，最后取出并转移到洁净间的柜子内存放。

(2)能直接用干热灭菌的玻璃器皿、金属器皿的洗消程序　在清洗后直接包装(移液管和长丝滴管加塞棉花，专用包装如不锈钢消毒筒或不锈钢餐盒或铝合金餐盒等，外包装如牛皮纸、皱纹纸、锡箔纸等)，然后放电热恒温干燥箱内设定 160℃并维持 2h 以上，或 180℃维持 1h 以上完成灭菌操作，自然降温到 40～50℃后取出，再转移到洁净间的柜子内存放。

(3)用多重消毒方法进行灭菌的细胞培养板、细胞培养瓶的洗消程序　经过清洗后，塑料细胞培养板(下板和上盖配套，分立放置)和细胞培养瓶(瓶体和瓶盖配套，分立放置)的干燥一般是在超净工作台内依靠风淋过夜完成干燥，在超净工作台内使用 75%乙醇浸泡 5～10s，然后转移到无水乙醇中浸泡 5～10s 脱水，接着通过风淋使充分干燥，干燥后保持风淋开启状态直接用紫外线杀菌 2h 以上，最后用无菌操作方法配套旋紧培养瓶盖子或加盖培养板上盖。经过灭菌并套装好的塑料细胞培养板或细胞培养瓶需要用保鲜膜包装(每包 5～10套)以便存放过程达到防尘目的，方便日后使用。

(4)气体灭菌仪器或设备　气体灭菌设备是采用气体灭菌法原理设计的仪器或设备，如环氧乙烷灭菌器。

原理上属于化学灭菌法的一种，是指采用气态杀菌剂(如臭氧、环氧乙烷、甲醛、丙二醇、甘油和过氧乙酸蒸汽等)进行灭菌的方法。该法尤其适合环境消毒以及不耐加热高温灭菌的细胞培养器皿、医用器具、设备和设施的消毒。

(5)细胞培养用液的滤过除菌　根据配方称量溶解的细胞培养用液，需要在超净工作台内按无菌操作要求，使用灭菌干燥的超滤器滤过除菌和分装。

2. 高压蒸汽灭菌器

有蒸汽发生装置，容量需要 70L 以上，能产生 100kPa 以上的压力，可调节时间、温度。

发生蒸汽的水通常用去离子水、反渗透水、蒸馏水等，尽量避免直接用自来水，以免损坏仪器或在灭菌包装上留下水垢。

3. 电热恒温干燥箱

适用于耐高温的器皿灭菌，如玻璃器皿、某些金属器皿的灭菌，灭菌温度在160～180℃，需要装配有风机以使箱内温度均匀，待温度到达设定温度后再关闭风机。

可用于清洗后器皿的干燥，或用于经过高压蒸汽灭菌的器皿的干燥，干燥温度一般选择50～70℃，同样需要装配有风扇以使室内温度均匀。

4. 超滤器(除菌滤器)

用于液体如培养液、缓冲液等的滤过除菌时，首先需要将超滤器本身预先用高纯水进行有效清洗，装载0.22μm超滤膜，经过高压蒸汽灭菌并干燥，降温到室温后才能用于滤过。降温方式可选自然冷却方式，或选择水冷方式。水冷方式是，在超净工作台内组装好超滤器后，先滤过一定量(如100ml)的高纯水或超纯水，然后再滤过目标溶液。

可使用正压空气滤过或负压滤过。滤过分装时无菌液体的收集均在超净工作台内按无菌操作要求完成。

习题与思考

1. 细胞培养主要仪器有哪些？
2. 简述 CO_2 培养箱的主要类型及其主要技术指标。
3. 简述超净工作台的主要类型及其主要技术指标。
4. 根据你的网络检索资料，概述细胞培养用水的仪器购买建议。
5. 结合所在城市的实际情况，如何选择冻存细胞的仪器？优选超低温冰箱还是液氮罐？为什么？

任务十七　仪器的使用、维护与验证

学习目标

1. 知识目标

熟悉细胞培养必需仪器的一般使用原则，认识仪器说明书的重要性。了解仪器维护和验证的基本要求。

2. 技能目标

为了能顺利进行动物细胞培养，务必熟悉细胞培养必需仪器的基本操作，了解它们的日常维护要点。学会使用型号描述所用仪器的完整名称。

任务内容

一、仪器的使用

（一）仪器的结构原理

可以通过专业人员的讲解，以及进行相关资料的检索学习，了解某类仪器的主要工作原理。对仪器工作原理的了解，才能正确使用仪器，是确保使用仪器获得正确实验数据的基础，也是延长仪器使用寿命的前提。

如能比较深入地把握所用仪器的结构和工作原理，将对日常维护的制度建立如 SOP 文件编写等方面，提供宝贵的技术支撑。

作为一名具有良好专业修养的技术人员，应该在这方面学习、积累一定的知识和实践经验。

（二）仪器的操作

结合专业人员介绍，熟悉具体仪器的主要操作步骤。

1. 大型仪器

通常由专人负责维护和操作，以便提升仪器的使用寿命，保证实验数据能快速、准确地获取。如扫描电子显微镜和透射电子显微镜。

此类仪器除了专人负责以外，尚需制订操作、维护和验证等方面的 SOP 文件。毕竟使用者往往不是 1 人，或者人员换岗或人员流动后，方便后续操作者正常使用。

2. 小型仪器

此类仪器往往多人轮流使用，一般只是指定由专人负责管理。通常需要制订操作、维护和验证等方面的 SOP 文件，方便后续操作者正常使用。

使用仪器的所有操作者均需预先阅读说明书，经过适当的操作培训，最好能熟悉该仪器操作、维护和验证等方面的 SOP 文件或制度。

属于小型仪器的种类非常多，如 CO_2 培养箱、普通冰箱、超低温冰箱、倒置显微镜、显微摄影系统、超纯水机、高纯水机、高压蒸汽灭菌器、电热恒温干燥箱等等。

某些常见仪器的使用 SOP 整理汇编于本书附录，可供查阅参考。

二、仪器的维护与验证

（一）仪器的日常维护

关于仪器的日常维护，也可在技术人员的参与下，制订出有关的 SOP 或制度，以便在日常维护时作为操作依据。为了便于理解和实施，此处区分为使用后维护和周期性维护两种情形进行描述。

1. 使用后维护

顾名思义，使用时或使用后及时进行的维护操作就称为使用后维护。有时，简单称之为仪器的复位动作。

如倒置显微镜使用后，需及时检查仪器表面，可用酒精棉球擦拭载物台上存留的液体和粉尘颗粒，用洗耳球吹落接物镜和接目镜镜片上的粉尘颗粒等，以便获得足够清晰的显微视场影像。约定在超净工作台内进行无菌操作使用的微量移液器，及时将用过的吸嘴退出，并应保留在超净工作台内摆放，以便保持相对的无菌状态。

2. 周期性维护

周期性维护指定期进行的仪器维护。

超净工作台的使用后维护只涉及内台面的物品摆放、内台面的除残液、除尘和消毒等内容，未涉及初效滤器和高效滤器的清洁保养。

初效滤器和高效滤器的清洁保养就属于周期性维护范畴。根据风机出风量的衰减变化规律进行判断是否需要更换。往往需要每隔3～6个月对初效滤器进行一次拆除性清洗初效滤器，待干燥后重新安装，或更换新的无纺布后重新安装。而高效滤器的使用一般都有寿命的，连续使用时，6～12个月便需更换新的配件；使用频度低，环境粉尘控制得当时，可以18个月后更换。

(二)仪器的验证操作

关于仪器的验证，建议在技术人员的参与下，制订出有关的SOP或制度，以便作为验证操作依据。

仪器的验证通常有时间间隔规律，需要参考使用的频度确定具体的验证时机。

仪器验证是仪器使用之前的关键工作，可以说，只有验证过的仪器才能出具合格的和可信的数据；以前我们国内普遍对仪器进行校验，目前这仍然是必需的，但是校验不能替代验证工作，因为验证工作的范围和涵盖的内容远远大于仪器的校验要求。

一般而言，对于新购进的关键仪器，需要进行4个阶段的认证工作：分别是EQ（Equipment Qualification，设备认证）或DQ（Design Qualification，设计认证）、IQ（Installation Qualification，安装认证）、OQ（Operation Qualification，运行认证）、PQ（Performance Qualification，性能认证）。

小型仪器进行EQ，大型仪器或设备进行DQ。小型仪器的EQ通常随说明书一起附带提供。如高压蒸汽灭菌器的EQ。

对于已经使用一段时间的老旧仪器，可以只进行IQ、OQ、PQ，就是经常被提及的3Q认证。但是，对于高压蒸汽灭菌器而言，一般需要定期做EQ。

有人认为，对于老旧仪器，可以只做OQ和PQ，不做IQ。如果想全面考核该仪器性能和目前状态，还是建议对旧的仪器进行包括IQ的3Q认证工作。

ZHI SHI TUO ZHAN

知识拓展

压力蒸汽灭菌化学指示卡

压力蒸汽灭菌化学指示卡是将热敏化学物质、显色剂及其辅料制成油墨，并将油墨印制在印有标准色块的特殊卡纸上，并显示指示色块(淡黄色)。

应用饱和蒸汽使压力蒸汽灭菌器内达到要求的温度后，作用至规定时间，指示色块由淡黄色变为黑色，即指示灭菌处理达到合格要求。

压力蒸汽灭菌化学指示卡的设计考虑到必须符合压力蒸汽灭菌器灭菌程序的多项关键参数，依据对嗜热脂肪杆菌(ATCC 7953)芽孢的耐热抗力，经科学配方和标准化程序制作。能科学地反映压力蒸汽灭菌处理的温度、温度持续时间和蒸汽的饱和度等多项参数。

压力蒸汽灭菌化学指示卡由特殊卡纸、标准色块和指示色块组成。在压力蒸汽灭菌处理温度、温度持续时间和蒸汽的饱和度均达到要求的标准条件下，指示色块由淡黄色变为黑色。

压力蒸汽灭菌化学指示卡在121℃饱和蒸汽条件下，作用20min，指示色块由淡黄色变为黑色。

压力蒸汽灭菌化学指示卡适用于121℃下排气式压力蒸汽灭菌器灭菌效果监测。使用时将指示卡放入欲灭菌物品包内中央部位。经过一个灭菌周期后，指示色块颜色的深度达到或超过指示卡标准色块的颜色，表示所达到的温度和温度持续时间已满足灭菌所需条件；若浅于标准色块，表示灭菌处理的温度和温度持续时间未达到灭菌要求。

注意事项：

(1) 压力蒸汽灭菌化学指示卡不能用于132℃真空压力蒸汽灭菌器灭菌效果监测。

(2) 指示卡受潮可影响变色标准性，灭菌时应尽量避免与金属、玻璃等易有凝集水的表面或其他潮湿物品接触。

(3) 物品包或器械包应装放合理，包裹不可过大，过紧。使用管道送气时，蒸汽输送管线裸露的距离过长时，产生的冷凝水可影响化学指示卡的监测效果。

(4) 不要将化学指示卡放于搪瓷缸、玻璃缸等容器内，以免影响对化学指示卡监测结果的判定。

(5) 置室内阴凉、避光、干燥环境中储存，注意防潮。

习题与思考

1. 科学仪器的完整名称一般包括品牌、型号和普通名称，可以写成“品牌—型号—普通名称”，或者“普通名称(品牌—型号)”。请列表描述你所在实验室用于细胞培养的主要仪器，填写下表。缺项时填“/”，型号不同时用“，”分隔。

序号	仪器的普通名称	仪器的完整名称
1	CO_2 培养箱	
2	超净工作台	
3	普通冰箱	
4	倒置显微镜	
5	离心机	
6	高压蒸汽灭菌器	
7	电热恒温干燥箱	

续表

序号	仪器的普通名称	仪器的完整名称
8	（制水仪器）	
9	超低温冰箱	
10	液氮罐	
11	恒温水浴	
12	生物反应器	
13	酶标仪	
14	吸尘器	

2. 如何理解仪器验证的必要性？
3. 一般而言，正常使用仪器都应该有哪些基本原则？

任务十八 细胞培养实验的水电配置

学习目标

1. 知识目标

熟悉动物细胞培养对实验室或车间的水电配置基本要求。了解实验用水的基本类型。

2. 技能目标

熟悉洗细胞培养有关器皿的消毒水和培养用液用水的对应级别，能正确使用实验室制水仪器或设备。掌握细胞培养用水的监测方法。

任务内容

一、细胞培养的电源配置

细胞培养工作的正常运行，除了设计上符合粉尘控制，有专门的仪器设备以外，特别地依赖于持续、稳定的市电(220V 和 380V)供应。

电压过高会烧坏仪器设备的电路系统，过低则影响正常使用。

突然断电和恢复供电，容易产生超负荷电流，也会烧坏仪器设备。对于连续运行的仪器或设备，如 CO_2 培养箱、超低温冰箱、普通冰箱等，特别需要注意避免，否则影响实验或生产的连续进行。

有时需要为特殊的易损设备或仪器配备稳压电源或 UPS(不间断电源)。UPS 是针对各种精密仪器、工业生产设备以及电脑等相关电器提供在突然断电的情况下，能够持续一定时间的稳定供电,从而能在相关电器真正断电以前保存重要数据以及正常关闭而防止非正常关闭(突然断电)所造成的各类器械的硬件损伤。稳压电源是由单相稳压器(输出220V)或三相稳压器(输出380V)提供的。带稳压作用的UPS,一般可允许输入端电压在160~260V范围波动,能保证持续供电的情况下保持稳定的电压输出。

二、细胞培养的用水配置

持续、稳定的城市自来水供应对于细胞培养工作的正常运行也是非常必要的,并且,细胞培养用水的制备也是非常重要的。

由于动物组织细胞培养和人的组织细胞培养都属于体外培养,是利用合成培养基和血清成分在满足稳定的设定温度、相对饱和的湿度、稳定的设定 CO_2 浓度、相对无菌等严格条件的培养箱中进行的培养,细胞或组织直接暴露在培养液环境中,还受到培养液中可能存在的重金属离子等不利因素的威胁(可导致培养细胞坏死或凋亡)。

配制培养液用水、细胞操作器皿的清洗用水、培养细胞药物试验中供试药物配制用水,都需要高纯水以上(电阻率5MΩ·cm以上),如三蒸水、亚沸水、高纯水和超纯水等。其他情形的用水要求可能是自来水、蒸馏水(或反渗透水、去离子水等纯水)。

一般地面的除尘,使用自来水湿透拖把拖地,地面消毒需要蒸馏水(或反渗透水、去离子水等纯水)配制的消毒剂浸湿拖把拖抹地面。

清洗器皿时用自来水配制去污剂等清洗液,使用自来水冲洗,然后用蒸馏水(或反渗透水、去离子水等纯水)冲洗,最后用高纯水冲洗。

水套式 CO_2 培养箱的夹套用水和高压蒸汽灭菌器用水通常需要蒸馏水(或反渗透水、去离子水等纯水)。

以下将有关实验用水的区分和制备要求等分别作些介绍。

三、实验用水的类型

实验用水即纯水的区分是依据水的电导率或电阻率区分(表6-1)。水的纯度越高,电阻率越大,电导率越小。水的电阻率是指某一温度下,边长为1cm正方体的水的相对两侧间的电阻,单位为Ω·cm(欧姆厘米)、MΩ·cm(兆欧姆厘米)。电导率为电阻率的倒数,单位为 $S \cdot cm^{-1}$(西门子每厘米)、$\mu S \cdot cm^{-1}$(微西门子每厘米)。

表6-1 实验用水规格及其制备来源

实验用水	电阻率(MΩ·cm)	用 途	制备用仪器或设备	仪器源水
蒸馏水	≥0.2	清洗,试剂配制	蒸馏水器	自来水
反渗透水	≥0.2	清洗,试剂配制	纯水机	自来水
去离子水	≥0.2	清洗,试剂配制	阴-阳离子交换树脂柱	自来水
高纯水	1.0~10.0	清洗,培养基配制	高纯水机 亚沸水机	自来水 蒸馏水
超纯水	≥18.2	培养基配制	超纯水机	反渗透水 去离子水

水的电阻率(或电导率)反映了水中离子含量的多少,是水纯度的一个重要指标,水的纯

度越高，离子含量越低，水的电阻率越大（电导率越小）。

纯水的电阻率用 MΩ·cm 单位表示，纯水的电导率用 $\mu S \cdot cm^{-1}$ 单位表示。一般用电导率仪间接测定电阻率，换算关系为 $1\mu S \cdot cm^{-1} = 10^{-6} S \cdot cm^{-1} = 10^{6} \Omega \cdot cm = 1M\Omega \cdot cm$。

在线测量电阻率或电导率时，将电导电极或测量装置与被测水系统管道相连接。通水将管道测量装置与电导池（又称测量电极）中的气泡驱尽，调节水流速（一般不低于 $0.3m \cdot s^{-1}$），通常电阻率仪或电导率仪都会带有温度测量的功能，可以直接显示补偿到25℃的电阻率、电导率值。

电阻率在 1MΩ·cm 以下的纯水，也可以用离线式电导率仪检测，与在线检测误差基本一致。当检测电阻率大于 1MΩ·cm 的高纯水或超纯水时，则通常采用在线检测的方法，因为离线检测时受环境干扰比较大，会产生相当大的误差。

细胞实验室常用小型制水设备仪器主要有蒸馏水器、亚沸水机、高纯水机、超纯水机（图6-10）。

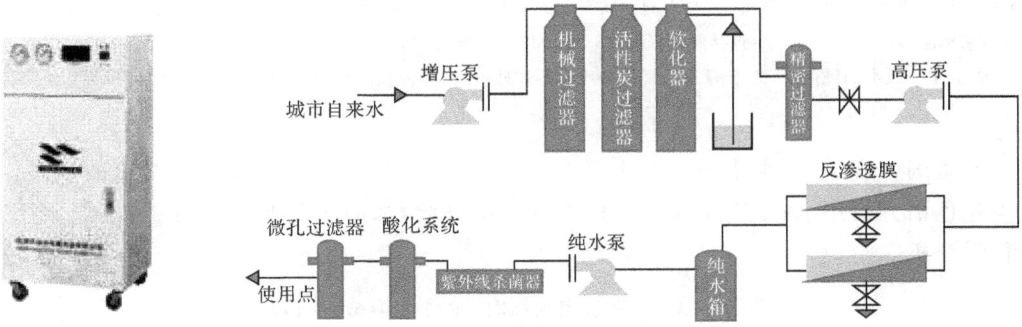

(a) 杭州万洁WRO-20高纯水机及其原理

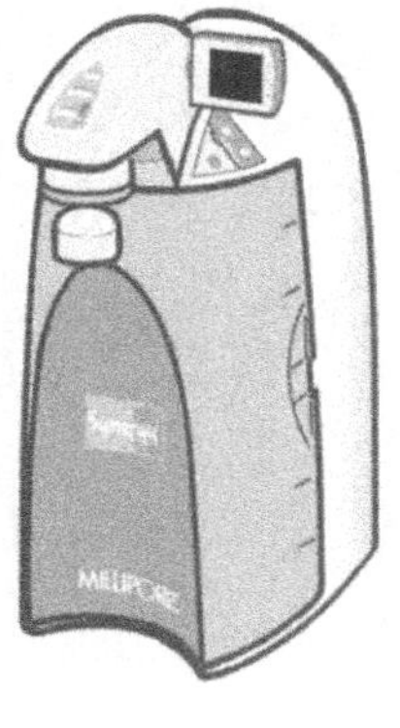

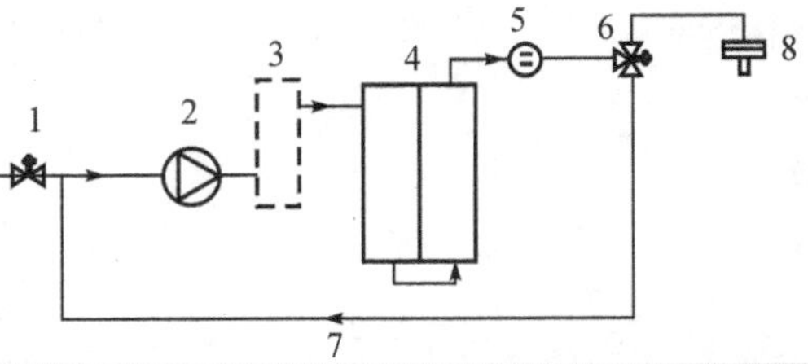

1	进水电磁阀	5	产水电阻率检测池
2	增压泵	6	使用点(POU)电磁阀
3	紫外灯185 nm (UV系统)	7	再循环回路
4	SynergyPak 1、2或3	8	终滤器

(b) Millipore Synergy 超纯水机及其原理

图 6-10　高纯水机和超纯水机

四、实验用水标准及细胞培养用水规范

（一）纯水标准

在实验用水和工业用水中，存在不同的标准，细胞培养使用何种纯度的水在本书将作适当的描述。

用水标准有许多，如中国实验室用水国家标准 GB/T6682、电子级用水标准 GB/T

11446.1、CAP(美国临床病理学会)用水标准、ASTM(美国材料试验学会)用水标准、NCCLS(国家临床检验学会)用水标准等(表6-2、表6-3、表6-4)。

表6-2 中国实验室用水国家标准GB/T 6682－2008

名　称	一级	二级	三级
pH值范围(25℃)	—*	—	5.0～7.5
电导率(25℃),mS/m	≤0.01	≤0.10	≤0.50
电阻率(25℃)**,MΩ·cm	≥10	≥1	≥0.2
可氧化物质含量(以O计),mg/L	—***	≤0.08	≤0.40
吸光度(254nm,1cm光程)	≤0.001	≤0.01	—
蒸发残渣(105±2℃)含量,mg/L	—**	≤1.0	≤2.0
可溶性硅(以SiO_2计)含量,mg/L	≤0.01	≤0.02	—

*由于在一级水、二级水的纯度下,难于测定其真实的pH值,因此,对一级水、二级水的pH值范围不做规定;

**国家标准GB6682－2000中包括此项,GB6682－2008中已无此项;

***由于在一级水的纯度下,难于测定可氧化物质和蒸发残渣,对其限量不做规定,可用其他条件和制备方法来保证一级水的质量。

我国国标规定:一级水用于严格要求的分析实验,包括对悬浮颗粒有要求的试验,如高压液相色谱分析用水;二级水用于无机痕量分析试验,如原子吸收光谱分析;三级水用于一般化学分析实验。

表6-3 电子级用水标准GB/T 11446.1—1997

等　级	EW-Ⅰ	EW-Ⅱ	EW-Ⅲ	EW-Ⅳ
电阻率(25℃),MΩ·cm	18(最小17)*	15(最小13)	12.0	0.5
全硅,最大值,μg/L	2	10	50	1000
大于1μm微粒数	0.1	5	10	500
细菌个数,最大值,个/ml	0.01	0.1	10	100
铜,最大值,μg/L	0.2	1	2	500
锌,最大值,μg/L	0.2	1	5	500
镍,最大值,μg/L	0.1	1	2	500
钠,最大值,μg/L	0.5	2	5	1000
钾,最大值,μg/L	0.5	2	5	500
氯,最大值,μg/L	1	1	10	1000
硝酸根,最大值,μg/L	1	1	5	500
磷酸根,最大值,μg/L	1	1	5	500
硫酸根,最大值,μg/L	1	1	5	500
总有机碳,最大值,μg/L	20	100	200	1000

*Ⅰ、Ⅱ级中电阻率的最少值是在95%时间里的值。

表 6-4　美国试药级用水的标准规格

标准类型	CAP			ASTM			NCCLS
等　级	Ⅰ型	Ⅱ型	Ⅲ型	Ⅰ型	Ⅱ型	Ⅲ型	Ⅰ型
电阻率,(25℃),最小值,MΩ·cm	10	0.5	0.2	16.66	1.0	0.1	10
氧化硅,最大值,mg/L	0.01	0.01	0.01	—	—	—	0.05
重金属,最大值,mg/L	0.01	0.01	0.01	—	—	—	—
高锰酸钾试验,最小值,min	60	60	60	60	60	60	—
钠,最大值,mg/L	0.1	0.01	0.1	—	—	—	—
氨,最大值,mg/L	0.1	0.01	0.1	—	—	—	—
微生物	微少	微少	微少	—	—	—	10
pH 值	6.0～7.0	6.0～7.0	6.0～7.0	—	—	6.2～7.5	—

(二)细胞培养实验室用水

在一般生物学实验工作中,水是必不可少的,且不同的分析方法、分析对象、分析质量对纯水的要求也不相同。三级水适用于微生物检验中培养基的制备,实验室器皿的最后清洗,缓冲液、化学试剂的配制,高压消毒锅用水,CO_2 培养箱夹套保温用水等。另外,随着现代生物化学和物理学的发展,相应地提高了实验室用水的要求,如 PCR 仪,动植物细胞的培养,仪器分析试剂的配制及稀释,生理、病理、毒理学实验用水等都需要高纯水或超纯水。

1. 培养器皿洗涤过程中的用水顺序

(1)自来水　初次清洗器皿残留物,或洗涤剂刷洗后用自来水清洗去除清洗剂。以去除清洗剂为目的时,通常需要清洗 10～20 次。根据需要,应在荡洗、冲洗、淋洗或灌洗等清洗方式中合理选择,以便达到节省用水而有效地清洗目的。

(2)蒸馏水,或反渗透水,或去离子水　清洗自来水中的金属离子和有机杂质。需要清洗 3～5 次。相似的道理,应在荡洗、冲洗、淋洗或灌洗等清洗方式中合理选择。

(3)高纯水　清洗蒸馏水、反渗透水或去离子水中可能存在的金属离子杂质。需要1～3次。相似的道理,应在荡洗、冲洗、淋洗或灌洗等清洗方式中合理选择。

2. 高压蒸汽灭菌锅灌装用水、CO_2 培养箱夹套用水

可以是蒸馏水、反渗透水或去离子水等普通纯化水,不得使用自来水,否则容易对仪器产生锈蚀,影响仪器使用寿命。

3. 动物细胞培养用液的配制用水

必须选用新鲜制备的亚沸水、新鲜制备的三蒸水、高纯水或超纯水。其中,理想用水是超纯水。

习题与思考

1. 简述你所在实验室的制水仪器的基本功能,描述其一般操作步骤和主要注意事项。
2. 电导率和电阻率有什么关系?分别使用什么单位描述?
3. 细胞培养实验室内,配电总闸如何管理?指出哪些仪器可以待机?哪些仪器必须每

天 24h、一年 365d 开机运行？

4. 根据理解，你认为在细胞培养实验室的消防安全方面，至少需要有哪些措施？

能力训练

实验实训 6－1　细胞培养用液配制用水电导率检测

［实验器材］

1. 仪器

超纯水机，高纯水机，双蒸馏水器，亚沸水蒸馏器，电导率仪。

2. 材料与配液用水

50ml 试剂瓶，超纯水，高纯水（或三蒸水、亚沸水、双蒸水），RO 水（或蒸馏水、去离子水），记号笔。

［操作步骤］

1. 电导率仪校准和电极选择、电极常数设置

(1)查阅电导率仪使用说明书。

(2)接通电源，预热 30min 后进行校准。

(3)准确选择、设置电导电极常数，对获得较高的测量精度是非常重要的。可配用的常数为 0.01、0.1、1.0、10 等 4 种不同类型的电导电极。应根据测量范围选择相应常数的电导电极，如 0.01～30μS/cm 选配 0.01 电极，0.1～300μS/cm 选配 0.1 电极，1.0～3000μS/cm 选配 1.0 电极，10～μS/cm 选配 10.0 电极。

2. 测定前对电极的预处理

为确保测量精度，电极使用前应用小于 0.5μS/cm 的蒸馏水或去离子水冲洗 2 次，铂黑电极干放一段时间后在使用前须在蒸馏水中浸泡一会儿。

3. 实验用水的电导率测定

准备干净的 50ml 试剂瓶 1 个，用待测试的水样润洗 2～3 次。然后取 30～40ml 待测定的水样，用该被测试样冲洗电极 3 次，读取电导率数据。

4. 实验用水的电阻率换算

依据电阻率为电导率的倒数原理，求出所测水样的电阻率，单位 Ω · cm，常用 MΩ · cm。

［注意事项］

1. 电导率仪使用前必须进行校准。

2. 对常数为 1.0、10 的电导电极有“光亮”和“铂黑”两种形式。镀铂电极也称铂黑电极，光亮电极的测量范围为 0～300μS/cm。

3. 在测量纯水或超纯水时，为了避免测量值的漂移现象建议采用密封槽进行密封状态下的流动测量，假如采用烧杯取样测量会产生较大的误差。

4. 电极应定期进行常数标定。

5. 测量电极是精密部件，不可分解，不可改变电极外形和尺寸，且不可用强酸、强碱清洗，以免改变电极常数而影响仪表测量的准确性。

项目七　无菌器材准备

任务十九　无菌器材的选择原则与灭菌包装

学习目标

1. 知识目标

熟悉用于细胞培养的常规无菌器材的种类名称。

2. 技能目标

熟悉常用无菌器材的一般选购原则，了解这些器材的主要供应商，尤其需要熟悉具有良好信誉和性价比的那些国际供应商。

任务内容

一、常用耗材的无菌商品及其规格

以下主要介绍常用耗材的无菌商品的种类及其规格。

目前，尚有操作者习惯传统的DIY操作规程准备灭菌包装的器材。如玻璃刻度移液管在严格清洗后，使用不锈钢消毒筒包装，每筒包装20支左右，然后经高压蒸汽灭菌、干燥等环节，收纳于洁净间内备用，或经干热灭菌，降温后存放于洁净间内备用。

（一）一次性移液器械

1. 独立灭菌包装刻度移液管

一次性刻度移液管一般是采用独立灭菌包装。常用的刻度移液管是1ml、2ml、5ml、10ml、50ml等规格，由无细胞毒性的工程塑料为原料制备。无菌包装中，加装滤芯以便在使用时产生滤过除菌空气。生产包装后，经过气体灭菌或辐照灭菌处理。使用前，确认无菌包装完整无破损。发现包装破损的，需弃用。移液管的无菌包装包括预装棉芯、纸塑密封包（图7-1）。

2. 独立灭菌包装长丝滴管

长丝滴管，又称长丝吸管，分刻度滴管或无刻度滴管，也是由无细胞毒性的工程塑料为原料制备。无菌包装中，有的加装滤芯以便产生滤过除菌空气；或者形状为非吸液端密封的吸管。生产包装后，均预先经过气体灭菌或辐照灭菌处理。

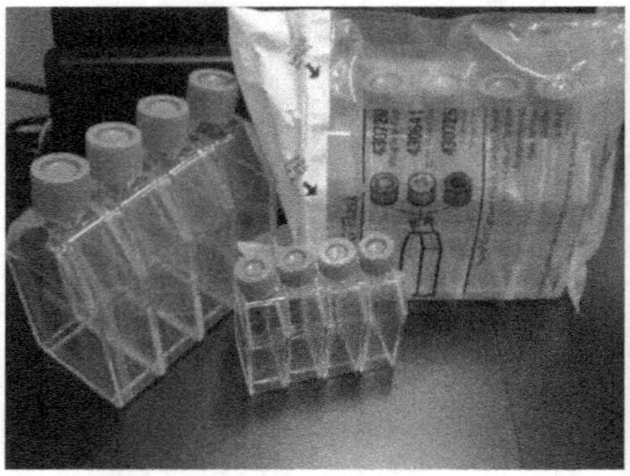

培养方瓶

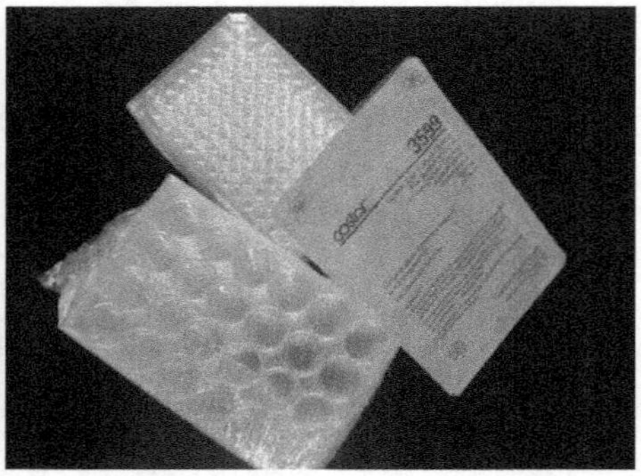

多孔培养板

离心管

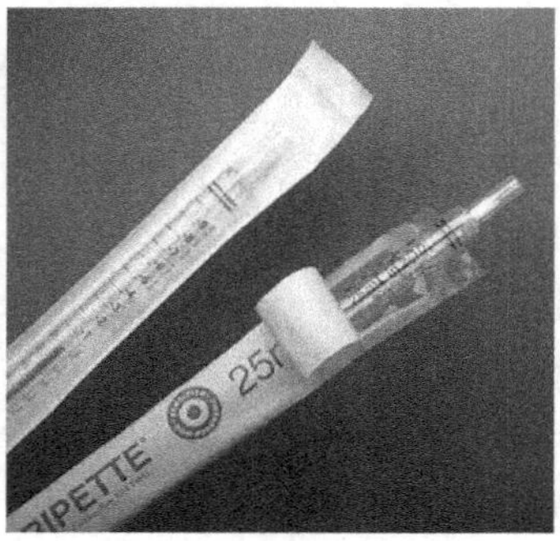

移液管

图 7-1　无菌器材品种

无菌操作中一次性使用。使用前，需确认无菌包装是否完整无破损。

3. 盒装灭菌微量移液器吸嘴

吸嘴包装于吸嘴盒内，再密封包装成每个 1 盒或若干盒，经过气体灭菌或辐照灭菌处理。吸嘴材料属于无细胞毒性的工程塑料。有些产品已经加装空气滤芯，因此，在无菌操作过程中，可以大大降低微生物污染的可能性。通常 1 盒有 50～200μl 或 50～300μl 吸嘴 96 支，或 1 盒有 5000μl 吸嘴 24 支。

少量使用时，选择每个吸嘴盒为独立灭菌包装的商品，使用比较方便。用量比较多时，可以选择 1 个灭菌包装有若干个吸嘴盒的商品，价格成本会低一些。

一旦开封使用，吸嘴盒连同余下的无菌吸嘴需要摆放在洁净度高的环境，如摆放在超净工作台内。摆放时间太长，不能确保吸嘴的无菌状态时，则放弃，不再使用。

(二)一次性细胞培养用器皿

组织培养(TC)表面处理的聚苯乙烯是负电荷、亲水性的表面，其细胞吸附与蛋白结合的能力非常稳定，这提供了非常好的表面供细胞生长，尤其适合贴壁细胞培养。未处理的聚苯乙烯是没有电荷的、疏水性的表面，其细胞吸附与蛋白结合的能力非常差，结果是细胞吸附与生长非常弱与不稳定，适合悬浮细胞培养。

非离子疏水性表面(NBS)则表面分子相互作用最低，对蛋白和核酸的吸附极低，适用于低浓度的蛋白和核酸分析，可以提高信噪比。

产品预先经气体灭菌或 γ 射线辐照灭菌，这些培养用器皿包括多孔细胞培养板、培养方瓶、培养皿。

1. 独立灭菌包装多孔细胞培养板

依据使用目的不同，多孔细胞培养板可以是 6 孔、12 孔、24 孔、48 孔、96 孔、384 孔和 1536 孔。96 孔细胞培养板分平底、U 形底和 V 形底等类型。

细胞培养板一般用原生的聚苯乙烯材料制造，要求无细胞毒性，对培养细胞的活性无明显影响，不宜使用聚苯乙烯的再生料生产的多孔板进行细胞培养。另外，要求通光性能良好，不影响镜检操作。

96 孔细胞培养板一般用于进行克隆化细胞培养或细胞药理毒理试验，24 孔板用于细胞传代培养，6 孔板则用于细胞扩大培养或原代培养。

2. 灭菌包装细胞培养方瓶

按提供细胞生长的面积分类，如 $25cm^2$、$75cm^2$、$150cm^2$、$175cm^2$、$225cm^2$ 等为常用规格。

小规模培养中，常用的是 $25cm^2$ 和 $75cm^2$ 生长面积两种规格。

3. 灭菌包装培养皿

规格有 ϕ35mm、ϕ60mm、ϕ100mm、ϕ150mm 和 ϕ245mm 等，应采用无细胞毒性的工程塑料制备。

(三)其他无菌容器

1. 无菌离心管

灭菌包装的外螺旋盖刻度离心管，锥形底，常用的是 15ml 和 50ml 规格。每个灭菌包装有 25 支或 50 支。

建议一次性使用这些塑料离心管，以免影响试验数据。

2. 无菌 Eppendorf 管

Eppendorf 管有联体按盖，根据容量差异，0.5ml、1.0ml 和 2.0ml 为常见产品。

在动物细胞培养中使用的 Eppendorf 管，通常用于无菌分装已滤过除菌的细胞培养用液，方便冷冻保存和使用。

要求预先灭菌，可以直接购买灭菌 Eppendorf 管(图 7-2)。

3. 无菌冻存管

常用 1.8ml 规格，是由无细胞毒性的工程塑料制备。

二、其他耗材的无菌产品及其规格

其他耗材的无菌商品的种类及其规格还有许多，下述品种也常常使用到。

(一)无菌针头滤器

配合一次性无菌注射器使用，用于少量制备滤过除菌的药液或其他培养用液。

(二)一次性无菌注射器

属于医疗产品，一次性无菌注射器的规格有 1ml、2ml、5ml、10ml、20ml 和 50ml 等，一般独立灭菌包装。灭菌形式可以是其他灭菌，也可以是辐照灭菌。

(三)灭菌包装细胞刮刀或细胞铲

用于收集贴壁生长的细胞，独立无菌包装。直接与细胞接触，要求无细胞毒性。

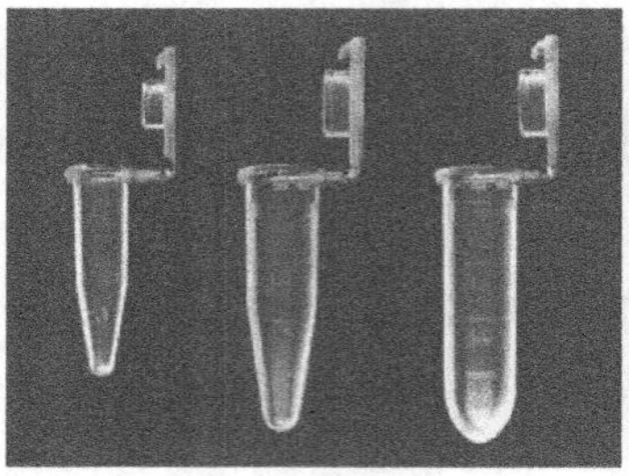

Eppendorf管

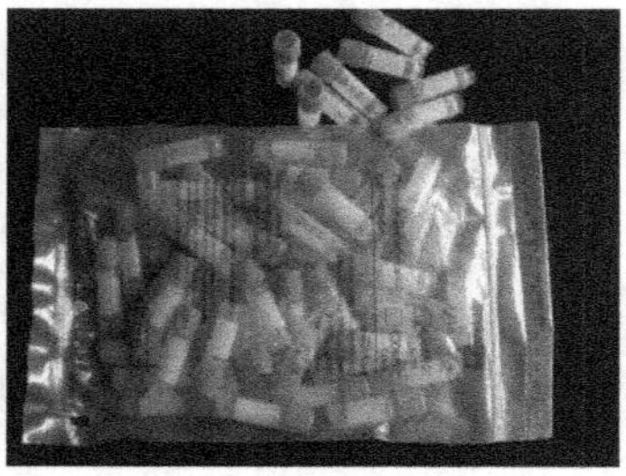

冻存管

针头滤器

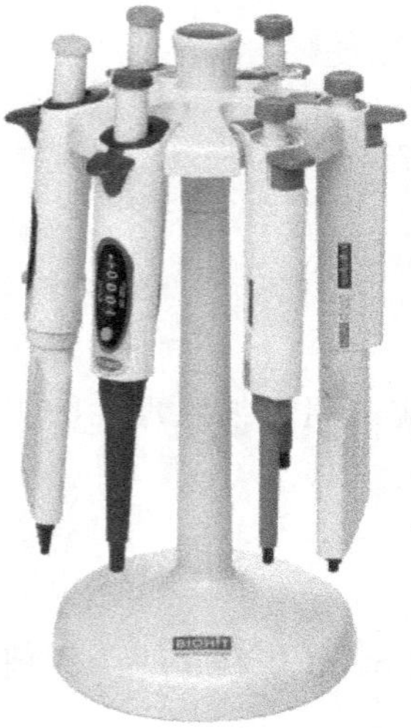

微时移液器

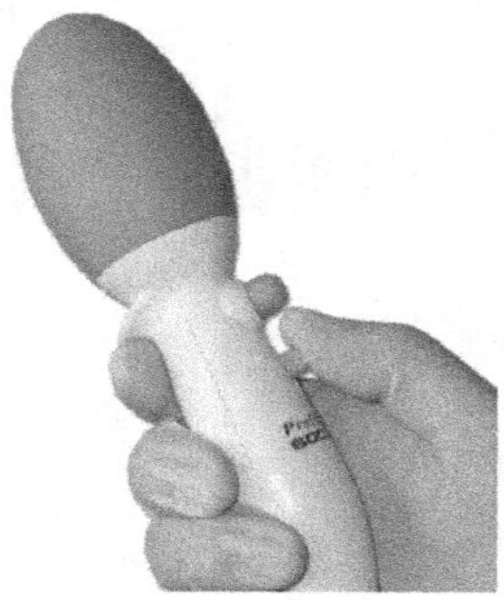

移液管控制器

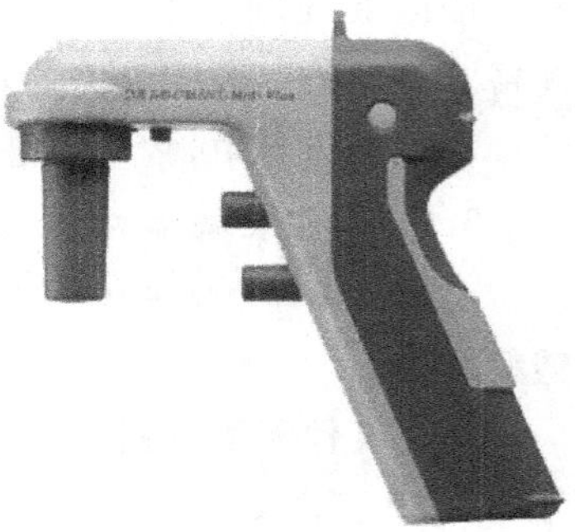

电动大量移液器

图 7-2　其他无菌器材及移液器械

三、无菌耗材的选择原则

建议选择大品牌公司的相关产品，这些产品有广泛的用户群，面市时间长，制作工艺水平高，材料无细胞毒性小。

对于未明用料是否存在细胞毒性，是否存在影响使用的工艺缺陷等因素时，购买时尤其注意慎重选择。由于价格方面的优势考虑时，最好经过试用评价，否则会对实验、生产带来不可挽回的重大损失。

理想的选择原则应该体现出合理的性价比。

ZHI SHI TUO ZHAN

知识拓展

超净工作台物品的摆放

超净工作台物品的摆放原则是不影响无菌操作，有足够的操作空间。

无菌操作所需要的非无菌器材，是辅助无菌操作使用的器械。使用前，根据需要预先除尘消毒，然后有序摆放于超净工作台内。

在使用前，所摆放的物品应陈列于操作区域的左右两侧或前方，离开操作者端足够距离。操作使用的器械和试剂瓶临时摆放在操作区域，方便使用，用后及时复位。

1. 常规摆放的物品

(1)酒精棉球　酒精棉球存于250ml广口试剂瓶内，需要时用辅料镊抓取。

(2)离心管架　可立放15ml和50ml外旋盖离心管。

(3)试剂瓶架。

(4)酒精灯。

(5)加样器　用于移液的加样器指微量移液器、电动大量移液器、胶头。

(6)不锈钢消毒筒　存放灭菌长丝滴管或刻度移液管。

(7)废液缸　可用250ml烧杯替代，以便清洗。

2. 临时摆放的物品

(1)酒精喷壶。

(2)超滤器　超滤器用于干粉培养基配制的无菌滤过分装，或其他细胞培养用液的无菌滤过分装。使用前，需要及时清洗、包装、灭菌和干燥。使用时，确认干燥后的灭菌超滤器温度已经平衡到室温。

(3)细胞培养物　细胞培养物指培养细胞的多孔细胞培养板、培养方瓶或培养皿。细胞收集、换液、传代、接种等操作时，临时摆放于超净工作台内，操作后及时撤离台面。

(4)其他临时摆放的物品　包括各种培养用液、无菌离心管、无菌冻存管等，需要经外表面除尘消毒后再摆放到超净工作台内。

习题与思考

1. 根据自己的理解，判断哪些无菌器材与移液有关？细胞培养用液配制时又会使用哪些无菌材料？

2. 简述酒精喷壶的基本用途及其使用方法。

3. 废液缸在无菌操作过程中用于什么废弃物的暂时存放？

4. 从使用和材料性质两方面，简单介绍一次性无菌材料和反复使用的无菌材料存在什么区别？

任务二十　培养用器皿的清洗、包装和灭菌操作流程

学习目标

1. 知识目标

熟悉动物细胞培养常用器皿在清洗、包装和灭菌方面的一般形式，了解洗消用水的级别和洗涤次数，了解常用的灭菌方法。

2. 技能目标

掌握高压蒸汽灭菌方法，熟悉玻璃试剂瓶、玻璃移液管、玻璃长丝滴管、塑料外旋盖离心管、塑料吸嘴等的一般洗消程序。

任务内容

一、洗消概述

洗消工作也许是某些实验室或生产企业的重要工作。洗消流程是指玻璃器皿、塑料器皿、橡胶用品和金属器械在用于移液、细胞培养用液的存放、细胞培养等各种无菌操作以前，所进行的清洗、包装、灭菌等连续的操作程序。

执行这些程序进行洗消之前，有必要对清洗、包装、灭菌、存放等术语进行适当的讨论，给出它们的概念。主要洗消术语的操作目的和操作形式见表 7-1。

表 7-1　主要洗消术语的操作目的和操作形式

洗消术语	操作目的	操作形式
清洗	去除物品内外表面的残留物	冲洗、淋洗、灌洗、荡洗 酸液浸泡、碱液浸泡、清水浸泡 手动刷洗、洗瓶机刷洗、超声波清洗
包装	保护物品的清洁程度和无菌程度	内包装：加载滤芯、装盒、装筒 灭菌包装：锡箔纸包扎、8 层纱布包扎
灭菌	杀灭物品内外表面的微生物	湿热灭菌、干热灭菌、气体灭菌、辐照灭菌

（一）清洗

清洗的目的在于采用合适的方法，最大限度地去除物品内外表面的残留物。残留物可以是无机盐、有机分子、生物大分子、微生物、细胞碎片等。

1. *浸泡*

浸泡的形式有酸液浸泡、碱液浸泡、清水浸泡，主要是降低残留物与待清洗物品表面的黏附力。塑料表面一般或多或少携带带电基团，容易与残留物形成较强的非特异吸附，而玻璃表面则很少形成带电基团，正因为如此，重复使用的试剂瓶通常选用玻璃试剂瓶。化学惰

性的物品，如玻璃器皿，还可使用强酸洗液浸泡。

2. 刷洗或超声波清洗

刷洗或超声波清洗的目的是利用机械力，最大限度地分离物品内外表面附着的残留物。

(1)刷洗　根据用途和外观形状的差异，刷子可明显地区分为瓶刷和管刷。瓶刷和管刷又根据适用对象的大小不同，区分为大大小小不同的种类。

(2)超声波清洗　超声波是频率高于 20kHz 的声波，它方向性好，穿透能力强，易于获得较集中的声能，在水中传播距离远，可用于测距、测速、清洗、焊接、碎石、杀菌消毒等。

超声波清洗的原理主要是空化现象。空化现象是指当超声波在液体中传播时，由于液体微粒的剧烈振动，在液体内部产生小气泡的现象。

超声波在清洗液中疏密相间地向前辐射，使液体流动而产生数以万计的微小气泡，存在于液体中的微小气泡(空化核)在声场的作用下振动，当声压达到一定值时，气泡迅速增长，然后突然闭合，在气泡闭合时产生冲击波，在其周围产生几千到上万个大气压力，破坏不溶性污物而使它们分散于清洗液中，当团体粒子被油污裹着而黏附在清洗件表面时，油被乳化，固体粒子即脱离，从而达到清洗件表面净化的目的。

3. 关于冲洗、淋洗、灌洗、荡洗的区分

冲洗：指两端开口的器皿或开口很宽的器皿，将洗涤用水从某个方向进行的内表面冲刷。

淋洗：指容器类或两端开口的器皿的外表面用洗涤用水做的冲刷。

灌洗：指容器类器皿，如试剂瓶、离心管等，灌注洗涤用水后再倾倒出洗涤用水的操作形式。

荡洗：指注入适量洗涤用水到容器类器皿内，并使洗涤用水充分接触内表面后再旋转容器，倾倒出洗涤用水的操作形式。

4. 关于每种洗涤用水清洗的目的和洗涤次数差异的理由

(1)自来水　自来水洗涤的目的是最大限度地去除洗涤剂残余。合理的洗涤手法选用尤其重要，如果选用不当的洗涤手法，也许可以达到同样的清洁程度，但耗用的时间和洗涤用水的量都可能大大增加，从而增加操作成本。

洗涤次数与经验和选用的浸泡液、洗涤剂类型等有密切关系。如选用玻璃清洗剂溶液或洗衣皂溶液时，自来水洗涤 10～15 次就比较充分地被去除了。选用含酶洗衣粉溶液或含芳香剂的洗洁精溶液时，需要自来水洗涤 20～30 次才能比较充分地被去除。

(2)RO 水　RO 水是高纯水机制备的纯化程度低的纯水，纯化程度类似于蒸馏水、去离子水。RO 水洗涤的目的是最大限度地去除自来水中有机物、微生物和无机离子。当然，合理的洗涤手法选用也很重要。洗涤 3～5 次才能比较充分地去除自来水中的离子和有机物残留。

(3)高纯水　高纯水是高纯水机制备的纯化程度高的纯水，纯化程度类似于双蒸水，往往是最后清洗阶段使用的洗涤用水。洗涤的目的是最大限度地去除自来水中有机物、微生物和无机离子的残余。当然，合理的洗涤手法选用也很重要。洗涤 1～3 次才能比较充分地去除 RO 水中的离子残留。

(4)超纯水　超纯水是超纯水机制备的纯化程度很高的纯水，纯化程度类似于亚沸水或三蒸水。一般器皿的洗涤不使用该级别的水。

超纯水通常用于培养用液的配制。

(二)包装

包装的目的是为了保护灭菌后物品的无菌状态,能防尘阻隔环境微生物进入已灭菌物品的内外表面。

器皿的包装分为内包装和灭菌包装两种类型。内包装是指专用包装,如棉花滤芯、不锈钢消毒筒、不锈钢饭盒等。灭菌包装指灭菌前或灭菌后进行的防护包装,需使用锡箔纸、牛皮纸、线绳、保鲜膜等材料。

注意包装与灭菌的关系,有些时候采用先包装后灭菌,有些时候则采用先灭菌再进行无菌包装。

(三)灭菌

灭菌前的干燥方式有40～50℃电热恒温干燥箱鼓风干燥、超净工作台内室温下的风淋干燥、风干柜内室温下的自然风干。

经过清洗、干燥、包装等程序处理的器皿,需要灭菌处理才能用于细胞培养。常用的灭菌方式有干热灭菌、湿热灭菌、多重消毒方法组合灭菌、气体灭菌和辐照灭菌。

1. 干热灭菌

干热灭菌的条件是160℃ 2h,或180℃ 1h,利用恒温烤箱进行。灭菌时,所放器皿应沥干多余水分,有合适的包装,疏密有度摆放于烤箱内,使气流通畅。在到达灭菌温度前,务必开启鼓风使室内温度均匀。到达灭菌温度且恒定后关闭鼓风。到达灭菌时间后条件温度至40～50℃,并开启鼓风使室内温度均匀,温度降低至设定值后再开箱门取出灭菌包装。

适用的器皿包括金属制品、玻璃器皿。

配套的洗消程序是:洗涤→包装→灭菌→检验→存放。

2. 高压蒸汽灭菌

高压蒸汽灭菌的条件是121℃ 20min,属于湿热灭菌。适用器皿包括金属制品、玻璃器皿、耐高温塑料器皿。

配套的洗消程序是:洗涤→干燥→包装→灭菌→干燥→检验→存放。

3. 理化消毒方法联合灭菌

操作方法是,在预先除尘消毒的超净工作台内,利用无水乙醇和超纯水配制的75%乙醇溶液浸泡内表面10s,沥干,转入无水乙醇浸泡10s脱水,沥干,内表面朝上整齐摆放于超净工作台台面,利用超净工作台的风机风淋干燥,在265nm紫外线消毒状态下照射2h以上,同时紫外线作用于空气O_2产生O_3消毒。

由于75%乙醇和臭氧都是消毒剂,紫外线是物理消毒方法,故将此法称作联合消毒灭菌。

适用不耐高温塑料器皿,如多孔细胞培养板、培养方瓶。

配套的洗消程序是:洗涤→干燥→灭菌→无菌包装→检验→存放。

4. 气体灭菌

气体灭菌使用专业的气体灭菌器进行,配套使用合适浓度的气体消毒剂。适用所有待灭菌物品,尤其不耐高温塑料器皿。

配套的洗消程序是:洗涤→干燥→包装→灭菌→检验→存放。

5. 辐照灭菌

需要送至辐照中心进行处理，选用合理的辐照强度进行辐照。适用所有待灭菌物品。

配套的洗消程序是：洗涤→干燥→包装→灭菌→检验→存放。

二、常用器皿的洗消

以下将在高压蒸汽灭菌的前提下，分别描述各种常用器皿的洗消流程。具体实施时，可根据实验室管理人员或指导教师的要求进行适当的处置，如自来水清洗的次数与所用洗涤剂的种类、清洗手法或清洗方法等有关，有些时候某些实验室制订的洗消规则中会要求自来水清洗 20～30 次。

（一）玻璃试剂瓶的清洗、灭菌、干燥与存放

1. 清洗前准备

清洗者须穿戴橡胶手套。分拣 100～250ml 试剂瓶，当总数达到 10 个或以上时，拆卸盖子，如有废弃物先倾倒，记号笔标识用酒精擦拭干净，然后用自来水分别清洗。

如是新购玻璃试剂瓶，检查去除破损者。

2. 清洗

(1)浸泡　新购玻璃试剂瓶用 1mol/L HCl 溶液浸泡 6h 以上或浸泡过夜，取出用自来水灌洗 15～20 次。灌洗是强调清洗的一种形式，就是使瓶内充满水后再倾倒的洗涤手法。

(2)刷洗　配制玻璃清洗剂洗涤液适量，置于塑料水盆(周转箱)内，放入上述试剂瓶及盖子浸泡润湿。使用合适瓶刷，分别充分刷洗试剂瓶内壁、盖子内侧。注意试剂瓶外壁有刻度标识部分不得着力刷洗。

(3)自来水清洗　在水槽边用自来水反复荡洗刷洗后的试剂瓶内表面，淋洗瓶身外表面均需 10～15 次。

荡洗的方法是，使用不超过 1/5 体积量的水润洗内壁，然后倾倒。每次荡洗后需甩掉多余水，即瓶壁内表面没有大的水滴。

用干净的 500ml 烧杯或 1000ml 烧杯，装 RO 水灌洗刷洗后的试剂瓶盖子。盖子随机放入，注意盖子堆积所占体积控制在烧杯容量的 1/3 以内，充满清洗用水，用手遮拦烧杯口摇晃若干次后倾倒清洗用水，15～20 次。

(4)RO 水清洗　荡洗所有试剂瓶内壁 3～5 次，淋洗外壁 1～3 次，灌洗盖子 3～5 次，每次荡洗或灌洗后需倾倒去除多余水分。

(5)高纯水清洗　荡洗所有试剂瓶内壁 1～3 次，淋洗外壁 1～3 次，灌洗盖子 1～3 次，每次荡洗或灌洗后需倾倒去除多余水分。

3. 包装

将上述试剂瓶及盖子沥干水分。配套旋好试剂瓶盖子，使盖子保持一定的疏松通气状态。用 2 层锡箔纸包扎盖子及其与瓶体连接部分。

4. 灭菌

将包扎好的试剂瓶，用 121℃ 20min 高压蒸汽灭菌。灭菌篮内摆放时注意保留足够空气流通间隔。

5. 干燥

高压蒸汽灭菌后，检查瓶口的锡箔是否完好无损。将包装完整无损的离心管灭菌用烧

杯小心转移到恒温干燥箱内，摆放时注意水平放置，有足够空气流通间隔。干燥温度以50℃以内为宜，注意开启干燥箱的风机开关，通常需要干燥72h以上。操作时应注意积累经验，掌握理想的干燥时间。

6. 存放

将已经干燥的、灭菌包装完好的试剂瓶转移到超净工作台内，无菌操作旋紧瓶盖。然后放置于洁净间内的储物柜内码放整齐。灭菌包装的有效使用时间长度与洁净间室内环境的湿度等因素有关，一般需要经验积累，通常在2～6个月内使用，以便保证无菌状态。

（二）外螺旋盖离心管的清洗、灭菌、干燥与存放

1. 清洗前准备

清洗者须穿戴橡胶手套。

当总数达到20个或以上时，分拣15ml或50ml外螺旋盖离心管、旋开外盖，如有废弃物先倾倒，记号笔标识用酒精擦拭干净，然后用自来水分别清洗。

2. 清洗

（1）浸泡刷洗　配制玻璃清洗剂洗涤液适量，置于第一个清洗用塑料水盆（周转箱）内，放入上述离心管及盖子浸泡润湿。使用合适试管刷，分别刷洗离心管内壁、盖子内侧。注意离心管外壁有刻度标识部分不得刷洗。

（2）自来水清洗　准备第二个清洗用塑料水盆（周转箱），用自来水冲洗干净，盛装所有刷洗后的离心管及盖子。在水槽边用自来水反复灌洗10～15次，每次冲洗后需甩掉多余水分（以表面没有大的水滴为度）。转移到经自来水清洗的第三个清洗用塑料水盆（周转箱）内。

（3）RO水清洗　所有离心管均需灌洗3～5次，每次荡洗后需甩掉多余水分。

节水做法是，用RO水荡洗离心管内壁3～5次，淋洗离心管外壁3～5次。

用干净的500ml或1000ml烧杯装RO水荡洗盖子（盖子随机放入，控制盖子所占体积在烧杯容量的1/3以内）。

（4）高纯水清洗　冲洗1～3次，或者荡洗离心管内壁1～3次，再淋洗离心管外壁1～3次。

用干净的500ml或1000ml烧杯装高纯水荡洗盖子1～3次。

沥干离心管内外多余的水分以及离心管盖子的水分。

3. 包装

将上述离心管及盖子沥干水分，分别旋上离心管的盖子，使盖子保持一定的疏松通气状态。每10～15个整齐放于500ml或1000ml烧杯内，用2层锡箔纸包扎烧杯口。

4. 灭菌

将包扎于烧杯内的离心管包装，用121℃ 20min高压蒸汽灭菌。灭菌篮内摆放时注意保留足够空气流通间隔。

5. 干燥

高压蒸汽灭菌后，检查外包装的锡箔是否破损。将包装完整无损的离心管灭菌用烧杯小心转移到恒温干燥箱内，摆放时注意水平放置，有足够空气流通间隔。干燥温度以50℃以内为宜，注意开启干燥箱的风机开关，通常需要干燥72h以上。操作时应注意积累经验，掌握理想的干燥时间。

6. 存放

将已经干燥的、灭菌包装完好的离心管灭菌用烧杯转移到超净工作台内，无菌操作旋紧离心管盖，分装于塑料密闭袋内，袋子外加写标识。然后放置于洁净间内的储物柜内码放整齐。灭菌包装的有效使用时间长度与洁净间室内环境的湿度等因素有关，一般需要经验积累，通常在2～6个月内使用，以便保证无菌状态。

(三)玻璃长丝滴管及玻璃刻度移液管的清洗、灭菌、干燥与存放

1. 清洗前准备

清洗者须穿戴清洗用橡胶手套。

当总数达到20个或以上时，分拣玻璃长丝滴管和刻度移液管，如有棉花需用眼科镊子去除，如有废弃物先用水龙头胶管的自来水冲洗，如有损坏(指玻璃长丝滴管或刻度移液管的洗液口短缺、破裂)及时拿出废弃。

如是新购玻璃长丝滴管，检查去除破损者。

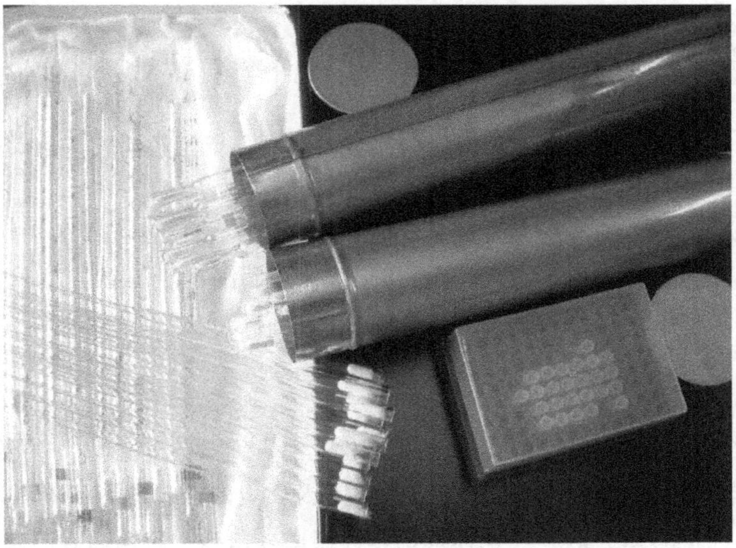

图7-3 玻璃移液管、长丝滴管和塑料吸嘴的包装

2. 清洗

(1)浸泡 新购玻璃长丝滴管用1mol/L HCl浸泡6h以上或浸泡过夜，取出用自来水灌洗10～15次。

(2)超声波清洗 配制玻璃清洗剂洗涤液适量，置于超声波清洗器内，补充自来水使液面接近清洗器内壁的凹凸线。分别小心放入上述玻璃长丝滴管和刻度移液管于清洗器的篮内，使管内空气排尽、充满液体。注意不要损坏长丝滴管和移液管的管口。

打开超声波清洗器电源，调节超声波清洗器水温设定为30℃，时间20min。超声波清洗2～3次，每2次清洗之间间隔20min。

(3)自来水灌洗 用一个塑料水盆(周转箱)接自来水后装载上述刷洗后的玻璃长丝滴管和刻度移液管。在水槽边用水龙头胶管的自来水反复灌洗10～15次。沥干水分，管内、外应无大水滴。自来水灌洗完全后，转移到经自来水清洗的塑料周转箱内。

也可使用移液管清洗器自动虹吸清洗20次。

(4)RO 水灌洗　将 RO 水出水胶管逐一套接每支玻璃长丝滴管或刻度移液管进行灌洗。每次灌洗后需甩掉多余水分，以内、外表面没有大的水滴为度。

灌洗 3～5 次，转移到经 RO 水清洗的搪瓷盘内。

(5)高纯水灌洗　方法同灌洗 1～3 次，转移到经高纯水清洗的搪瓷盘内。

3. 包装

(1)加装棉芯　手心朝向加装棉芯的方向，握住移液管或滴管。另一只手拿起眼科镊夹取脱脂棉适量塞入管口，形成的滤芯应该松紧得当，不易脱落但能保持吸液操作时透气良好，棉芯两端圆滑无飘逸的棉纤维。

(2)装入不锈钢消毒筒　不锈钢消毒筒底部用两层锡箔衬垫或两层纱布包裹适量市售棉后制作成的衬垫。装载时，加装过滤芯的移液管或滴管分别装入不同的不锈钢消毒筒，装量适宜，不可太紧，方便消毒后使用。

(3)不锈钢消毒筒锡箔包口　消毒筒盖子合上后，用两层锡箔包裹消毒筒的盖子，使盖子与筒身接缝完全遮蔽。

务必及时将加装有 2 层锡箔包裹的消毒筒完成灭菌、干燥等环节。

4. 灭菌

121℃20min 高压蒸汽灭菌。灭菌篮内摆放时注意保留足够空气流通间隔。

5. 干燥

高压蒸汽灭菌后，检查外包装的锡箔是否破损。将包装完整无损的消毒筒小心转移到恒温干燥箱内，摆放时注意水平放置，有足够空气流通间隔。干燥温度以 50℃ 以内为宜，注意开启干燥箱的风机开关，通常需要干燥 72h 以上。操作时应注意积累经验，掌握理想的干燥时间。

6. 存放

将已经干燥的、灭菌包装完好的移液管或滴管消毒筒放置于洁净间内的储物柜内码放整齐。灭菌包装的有效使用时间长度与洁净间室内环境的湿度等因素有关，一般需要经验积累，通常在 2～6 个月内使用，以便保证消毒筒内已灭菌移液管或滴管的无菌状态。

(四)吸嘴装盒、清洗、灭菌、干燥与存放

1. 预装盒

当空盒总数达到 10 个以上时，考虑批量处理。

操作者须穿戴乳胶手套，将新购的未灭菌吸嘴装入吸嘴盒。

2. 清洗

(1)自来水淋洗　淋洗前，分别去除吸嘴盒的上、下盖，阵列放置于清洗用周转箱内，上、下盖也放入该周转箱内。

淋洗吸嘴以前，先用自来水冲洗上、下盖的内外表面 5～10 次。

淋洗吸嘴时，确保每个吸嘴内均充溢液体。每次淋洗后，盖上上盖，用手心抓取吸嘴盒，用力甩去水分。如此淋洗 5～10 次。

操作者可根据实际情况和经验，直接略过此步骤，从 RO 水淋洗开始清洗。

(2)RO 水淋洗　淋洗方法同上，RO 水淋洗 3～5 次。

(3)高纯水淋洗　淋洗方法同上，高纯水淋洗 1～3 次。

3. 包装

清洗完全后，装好吸嘴盒的上盖，再次扣甩，确认无多余水分，然后装好下盖。用6开牛皮纸光面朝外包裹吸嘴盒，绑上线绳。

4. 灭菌

121℃20min高压蒸汽灭菌。灭菌篮内摆放时注意水平放置，有足够空气流通间隔。

5. 干燥

高压蒸汽灭菌后，检查外包装是否破损。将包装完整无损的吸嘴盒小心转移到恒温干燥箱内，摆放时注意水平放置，有足够空气流通间隔。干燥温度以50℃以内为宜，注意开启干燥箱的风机开关，通常需要干燥72h以上。操作时应注意积累经验，掌握理想的干燥时间。

6. 存放

将已经干燥的、灭菌包装完好的吸嘴盒转移到洁净间内的储物柜内码放整齐。灭菌包装的有效使用时间长度与洁净间室内环境的湿度等因素有关，一般需要经验积累，通常在2～6个月内使用，以便能保证灭菌吸嘴的无菌状态。

(五)超滤器的清洗、包装、灭菌和干燥

1. 清洗前准备

清洗者须穿戴清洗用橡胶手套。

检查超滤器的配件完整情况。

2. 清洗

(1)浸泡　如是新购超滤器，所有配件需用1mol/L HCl浸泡6h以上或浸泡过夜，取出用自来水灌洗10～15次。

值得注意的是，①如是经常使用的超滤器，直接略过此步骤，从刷洗或自来水灌洗开始。②刚刚使用过的超滤器，也直接从自来水灌洗开始。

(2)刷洗　配制玻璃清洗剂洗涤液适量，用瓶刷蘸取洗涤液，充分刷洗各配件，尤其超滤器筒体组件的内外表面。

(3)自来水灌洗　在水槽边用水龙头胶管的自来水反复灌洗超滤器内外表面10～15次。沥干内外表面的水分，应无大水滴。

(4)RO水灌洗　用RO水灌洗3～5次。每次灌洗后需甩掉多余水分，以内、外表面没有大的水滴为度。

(5)高纯水灌洗　灌洗1～3次。

3. 包装

(1)加装超滤膜　用干净的辅料镊夹取0.22μm超滤膜1～2张，小心覆盖在滤板上，注意区分光滑面和粗糙面。光滑面孔径是标称孔径，应朝上放置。

(2)组装超滤器筒体　包括储液端、滤膜滤板、出液端、连接螺母等。

(3)锡箔包口　组装好超滤器筒体后，用两层锡箔包裹超滤器进气口和出液口。

(4)8层纱布包扎　锡箔包口后，用8层纱布包裹超滤器整个筒体，用线绳捆扎。

4. 灭菌

121℃20min高压蒸汽灭菌。

5. 干燥

高压蒸汽灭菌后，将包装完整无损的超滤器转移到恒温干燥箱内干燥。干燥温度以50℃以内为宜，注意开启干燥箱的风机开关，通常需要干燥48h以上。

6. 存放

将已经干燥的、灭菌包装完好的超滤器放置于洁净间内的储物柜内。灭菌包装的通常在1～7d内使用，以便保证已灭菌超滤器的无菌状态。

习题与思考

1. 在培养器械洗消过程中，如何选择洗涤剂是非常必要的，实际操作时如何理解和选择？

2. 关于清洗用水的洗涤次数，如自来水一般10～20次，RO水3～5次，高纯水1～3次，请问这些规定是依据什么要求制订的？

任务二十一　无菌器材的存放和有效期

学习目标

1. 知识目标

熟悉无菌器材存放的环境要求，了解影响无菌器材无菌状态的主要因素。

2. 技能目标

掌握在使用过程中无菌器材无菌状态的一般判断方法。了解无菌器材的商品规格和实际使用的一般关系。

任务内容

一、存放要求

(一)存放场所要求

商品包装通常在无菌包装的基础上，按件进行了一重或多重的外包装。

未拆解商品最外层外包装的无菌器材，可以将其分类存放于温度湿度有良好控制的储物间、辅助间或洁净间。

对于已经拆解商品最外层外包装的无菌器材，要求将其存放于温度湿度有良好控制的洁净间内的储物柜内，并且分类别摆放，以便取用。

独立包装的无菌器材包括无菌多孔细胞培养板、无菌细胞培养瓶、无菌针式滤器等。

非独立包装的无菌器材常见的有无菌细胞培养瓶、盒装无菌吸嘴、无菌冻存管、无菌Eppendorf管等。

(二)存放状态要求

存放无菌器材注意保护无菌包装不受损伤，在日常摆放管理中不易被损伤。

二、无菌状态和有效期

(一)无菌状态

无菌状态指最大程度保持原有灭菌状态的情况，用于无菌操作时，未曾引入微生物污染。无菌包装不完整，如包装破损时，将不能保证原有的无菌状态，即不能确保是否已经引入微生物污染。

(二)无菌器材的有效期或保质期

无菌状态的有效期与无菌包装的形式、包装材料的质地、存放场所等有关。存放场所的环境相对湿度对无菌状态的影响尤其明显，最好能控制环境相对湿度在50%以内。

商品无菌器材的保质期一般在6～24个月，自行DIY洗消的无菌包装物品的保质期，最常见为2～6个月，视包装材料和存放场所而有明显区别。

ZHI SHI TUO ZHAN

知识拓展

无菌器材采购思路

1. 根据使用要求，熟悉所需无菌器材的一般规格和无菌包装规格。
2. 充分了解商品无菌器材的制造材料是否有细胞毒性，最好经过筛选试验环节再确认。
3. 注意商品无菌器材的保质期，填写采购商品的批号要求。
4. 注意商品无菌器材的制造工艺水平，是否影响使用目的。
5. 不同厂家同类产品的质量和价格比较。

习题与思考

1. 灭菌包装器材的保质期是根据什么理由制订的？影响因素有哪些？

2. 使用互联网信息，通过搜索引擎或直接检索细胞培养有关门户网站，考虑材料、单价、包装、数量等要求，完成以下任务：

(1)整理1份关于平底96孔细胞培养板的采购建议。

(2)提交1份关于培养用液滤过用针头滤器的采购建议。

(3)提交1份50ml外旋盖离心管的采购建议。

项目八 细胞培养用液配制

任务二十二 细胞的营养及影响细胞生长的因素

学习目标

1. 知识目标

熟悉动物细胞的营养组成，了解培养基的基本组成，熟悉影响细胞生长的主要因素。

2. 技能目标

了解抗生素在动物细胞培养中的意义，熟悉常用抗生素及其主要抗菌谱。

任务内容

体外培养的细胞，其生命活动包括生长、分裂、分化、衰老和凋亡。

正常体外培养的细胞，一般要求如何维持其正常的生长和分裂，避免不必要的分化，尽量避免出现细胞的衰老、凋亡和坏死。

体外培养细胞用于研究特定生物活性物质对其生命活动的影响，如是否促进细胞生长分裂或抑制细胞生长分裂、是否促进细胞分化或抑制细胞分化、是否促进细胞衰老或抑制细胞衰老、是否诱导细胞凋亡或抵抗细胞凋亡以及是否引起细胞坏死等。

因此，了解一些关于细胞的营养及影响细胞生长的因素的基础知识是非常重要的。

一、哺乳动物细胞的营养物质

基础营养物质包括单糖、氨基酸、维生素、细胞生长因子、激素类物质、大量元素、微量元素、水等。

(一)碳水化合物

碳水化合物是细胞生长主要能量来源，其中有的是合成蛋白质和核酸的成分。主要有葡萄糖、核糖、脱氧核糖、丙酮酸钠和醋酸等。

细胞营养物质中的单糖主要是六碳糖，是细胞主要的能源来源，可维持细胞的渗透压。

(二)氨基酸

维持细胞的体外生存需要必需氨基酸和某些细胞不能合成的非必需氨基酸，都是L-氨基酸。

氨基酸的浓度通常限制着细胞生长所能达到的最大密度或浓度，影响细胞存活和生长的比例。

在营养组成上，一般不少于12种氨基酸，如精氨酸、胱氨酸、亮氨酸、异亮氨酸、赖氨酸、蛋氨酸、苯丙氨酸、苏氨酸、色氨酸、组氨酸、酪氨酸、缬氨酸。

另外，谷氨酰胺需量最大，是细胞合成核酸和蛋白质时所必需的氨基酸，在培养环境的半衰期比较短，缺乏时细胞生长不良。虽然有些细胞系可以利用谷氨酸盐，但大多数细胞需要谷氨酰胺，后者可作为细胞能源和碳源被利用。Invitrogen公司的Glutamax是一种丙谷氨酰基谷氨酰胺二肽，在培养液中比谷氨酰胺更稳定。

单细胞培养或细胞量少时，所需氨基酸的种类和量增多。

（三）维生素

维生素是维持细胞生长的生物活性物质，在细胞代谢中起调节及控制作用。在细胞培养中，尽管血清是维生素的重要来源，但是许多培养基中添加了各种维生素以适合更多的细胞系生长繁殖，其中，多数培养基至少添加了B族维生素和维生素C。对于多细胞动物或人体不是必需的维生素如B族的胆碱和肌醇，在细胞培养中则是必需添加的，尤其无血清培养基中的添加量更多。

许多维生素参与构成各种酶的活性基团的成分，没有它们，酶便没有活性，代谢活动将无法进行。维生素A是细胞合成糖蛋白时寡糖基的载体，对上皮细胞有重要的维护作用。维生素D参与调节钙的吸收。维生素E是抗氧剂，可防止组成生物膜的磷脂中不饱和脂肪酸被氧化。维生素K缺乏会引起低凝血酶原及凝血时间延长。叶酸是合成四氢叶酸的重要原料，四氢叶酸在核酸的生物合成和蛋白质的生物合成过程中起重要作用。生物素是一些特异羧化酶的组成部分，参与糖代谢和脂肪酸的合成过程。

（四）细胞生长因子

促生长因子、激素类物质，如活性多肽、氨基酸衍生物、核苷酸衍生物等。

（五）无机盐

与多细胞机体一样，细胞的生长繁殖也需要生物元素组成中特征的25种元素。也可区分大量元素和微量元素。常量元素11种，包括C、H、O、N、P、S、Ca、K、Na、Mg、Cl。微量元素14种，包括Fe、Cu、Zn、Mn、Co、Mo、Se、Cr、Ni、Si、Sn、V、F、I。

盐类主要包括Na^+、K^+、Mg^{2+}、Cl^-、SO_4^{2-}、Ca^{2+}、PO_4^{3-}和HCO_3^-等基本的无机离子，都是细胞组成所必需，并参与细胞的代谢过程。培养液中无机盐的主要功能是帮助细胞维持渗透压平衡。此外，通过提供Na^+、K^+、Ca^{2+}离子，调节细胞膜的选择通透性。

培养液的渗透压是一个非常重要的因素，细胞通常可耐受260～320mOsm/kg的渗透压。标准培养液的渗透压即参照此范围设计。特别注意的是，向培养液中添加其他组分有可能会明显改变培养液的渗透压，特别是溶于强酸或强碱中的物质。Na^+是细胞外液中最主要的阳离子，对维持渗透压的恒定有决定性的作用。

K^+主要分布在细胞内液，细胞内K^+的对于激活某些酶是必需的，它在调节细胞内环境的酸碱平衡也有极重要意义。Ca^{2+}在细胞外液中的作用是将组织内部细胞之间相互黏着，在细胞内参与许多重要的细胞生理活动，如传导、参与肌肉细胞收缩等。Mg^{2+}是构成细胞间质的重要成分，对于细胞间相互稳定结合有很重要的意义。磷的化合物对细胞物质代谢和生理功能调控的功用是十分广泛而不可缺少。

(六)水

水是构成细胞的主要成分,也是细胞的生存环境。

体外细胞培养中,水的形式主要是各种细胞培养用液的配制用水。为了避免细胞毒性物质如二价离子和不明有机物的影响,培养用液的配制务必使用高纯度的水,如三蒸水、亚沸水、高纯水或超纯水。

二、哺乳动物细胞培养基的基本要求

(一)营养成分

细胞生长繁殖所需要的营养成分包括氨基酸、单糖、维生素、无机离子和 H_2O。

氨基酸和维生素的添加量是有限的,某些氨基酸和维生素的添加量往往是凭经验的,通常与某个细胞系的建立过程有密切关系。例如,Fisher's 培养基含有高浓度的叶酸,这是因为 L5178Y 对叶酸的依赖性,在这种培养基的发展过程中,叶酸就被沿用下来了(表 8-2)。

大多数细胞的培养基都含有葡萄糖作为能量来源,葡萄糖的主要代谢途径是通过无氧酵解产生丙酮酸,丙酮酸可转化为乳酸盐或乙酰乙酸盐,然后进入柠檬酸循环被氧化成 CO_2 和 H_2O。培养基中乳酸的累积在培养胚胎及转化细胞时尤为明显,提示体外培养时柠檬酸循环不能像多细胞机体内那样完全进行。有证据表明,碳源的大部分来自谷氨酰胺而非葡萄糖。这也解释了为何某些培养的细胞对谷氨酰胺和谷氨酸盐的需求异常高。

(二)促生长因子及激素

促生长因子及激素在商品干粉培养基或液体培养基中一般都不添加,含血清培养液的来源正是血清本身。在无血清培养基中,经常需要添加这些组分。

自然凝集的血清,与利用物理方法如离心法去除细胞得到的血浆相比,对于刺激细胞的增殖,效果更好。原因是,自然凝集的血清保留了更多的生长因子,如血小板生长因子。

(三)渗透压和 pH

培养基中基础平衡盐溶液组成的盐类是维持渗透压平衡的主要化合物,这些盐类主要包括 Na^+、K^+、Mg^{2+}、Cl^-、SO_4^{2-}、Ca^{2+}、PO_4^{3-} 和 HCO_3^- 等。

大部分培养基的盐浓度是依据 Eargle's 和 Hank's 平衡盐溶液而来,Eargle's 平衡盐溶液的 HCO_3^- 浓度高,适合 5% CO_2 的气体环境。Hank's 平衡盐溶液的 HCO_3^- 浓度低,适用于空气环境。5% CO_2 的气体环境中,培养液的 pH 稳定及调节依赖于溶解在培养液的 CO_2 气体和组成培养基基础平衡盐溶液的缓冲作用。

酚红是常用的 pH 指示剂,一般培养液中都有添加,pH7.4 呈红色,pH7.0 变橙色,pH6.5 变黄色,而 pH7.6 呈红色中略带蓝色,pH7.8 呈紫色。由于对颜色的观察有很大的主观性,因而建议操作者用无菌平衡盐溶液和同样浓度的酚红配一套标准色标,密封放在与存放培养液相同材质的瓶子中。

$NaHCO_3$ 的浓度取决于气相中的 CO_2 浓度,$NaHCO_3$ 除了具有 pH 缓冲能力以外,还有显著的营养作用。

Ca^{2+} 是某些细胞黏着能力所必需。如在悬浮培养时,减少 Ca^{2+} 可以减少细胞的聚集和附着。

(四)无毒、无污染残留

培养液可以直接购买商品培养液,也可在购买商品干粉培养基后自行配制。

谨慎使用配制用水是避免细胞毒性二价离子、有毒有机物和微生物污染的关键措施。细胞毒性二价离子一般指 Ca^{2+}、Mg^{2+} 以外的二价金属离子，它们往往属于微量元素，过量了容易导致细胞中毒，细胞培养时出现诸如细胞生长分裂受阻、细胞坏死、细胞凋亡等现象。

保存这些培养液的试剂瓶是否干净无菌也显得非常重要，并且试剂瓶是否在常温下会溶出细胞毒性物质也是选择何种试剂瓶的原则之一。一般建议使用玻璃试剂瓶或无细胞毒性的工程塑料制造的试剂瓶。

由于塑料试剂瓶反复使用时容易释放出有害物质，故不建议反复使用。玻璃试剂瓶在反复使用过程中，清洗时尤其注意排除清洗剂残留和金属离子残留。某些清洗剂不宜用于玻璃试剂瓶的清洗，如洗洁精含芳香类有机物、洗衣粉含酶类物质，这些物质在器皿清洗过程中，很难清除彻底，容易导致二次污染。一般建议使用玻璃清洗剂、洗衣皂、去污粉等一类清洁剂。

(五)抗生素

常用的细胞培养用抗生素(表 8-1)中，可以只使用一种，如单一使用庆大霉素或卡那霉素都比较实用便利。

表 8-1　细胞培养用抗生素

抗生素	工作浓度	细胞毒性浓度	作用对象
两性霉素 B	2.5μg/ml	30μg/ml	霉菌，酵母
氨苄青霉素	2.5μg/ml	—	G^+ 菌，G^- 菌
环丙沙星	100μg/ml	—	支原体
红霉素	50μg/ml	300μg/ml	支原体
庆大霉素	50μg/ml	>300μg/ml	G^+ 菌，G^- 菌，支原体
卡那霉素	100μg/ml	10mg/ml	G^+ 菌，G^- 菌，支原体
新霉素	50μg/ml	3000μg/ml	G^+ 菌，G^- 菌
制霉菌素	50μg/ml	—	霉菌，酵母
青霉素 G	100U/ml	10000U/ml	G^+ 菌
多粘菌素 B	50μg/ml	1mg/ml	G^- 菌
硫酸链霉素	100μg/ml	20mg/ml	G^+ 菌，G^- 菌
四环素	10μg/ml	35μg/ml	G^+ 菌，G^- 菌
泰乐霉素	10μg/ml	300μg/ml	支原体

多数情况下，抗生素的添加都源于习惯，因此，对于受过专业、系统训练的操作者而言，可以不需要直接添加抗生素到培养液中。换言之，在培养液购买或利用干粉配制液体培养基时，添加抗生素不是必需的，主要依据操作者的熟练程度和操作习惯决定。

不建议添加的理由主要有以下几个方面：①无菌操作的客观条件和无菌操作技术日臻成熟，在超净工作台内进行严格的无菌操作，通常不太容易带来微生物污染。②大多数时候，某些抗生素的抗菌谱是有限的，某些环境微生物如果属于抗药菌，则添加的抗生素无效。经常使用某些抗生素，容易诱导产生培养环境的抗药菌。使用某些抗生素对培养细胞的生长与分裂也会产生一定的影响。③抗生素在低浓度下，其生物活性的半衰期更短，需要频繁添加，增加操作难度。④使用抗生素可以掩盖低程度的微生物污染。⑤霉菌和酵母的污染很难使用抗生素控制。

在体外细胞培养中使用抗生素，类似于在超净工作台内使用酒精灯作辅助消毒或灭菌一样，不利于掌握严格的无菌操作技术，对于初学者而言，特别提请注意。

三、影响细胞生长的因素

（一）温度

哺乳动物及人源细胞培养的最适温度为35～37℃，对低温耐受力比高温强。39℃以上的培养环境细胞容易受损，甚至死亡。不低于0℃时（0～34℃），细胞能生存，但代谢降低、分裂延缓。

（二）气体环境和pH

动物细胞培养需要O_2和CO_2。O_2通量过大对细胞有毒害，一般使用空气中的O_2含量就可以。CO_2则与维持培养基的pH有关，细胞培养的最佳pH为7.2～7.4，通过缓冲系统和调节CO_2含量，可维持正常pH。

开放培养要求5%CO_2环境、HEPES（羟乙基哌嗪乙硫磺酸）10～50mmol/ml可防止培养基的pH变化。含Earle's缓冲系统的培养基适合于5%CO_2的培养条件，Hank's缓冲系统的培养基仅含有0.35g/L $NaHCO_3$，不能用于5%CO_2的环境，若放入CO_2培养箱，溶液将迅速变酸，使用时应注意。

（三）湿度和光

利用多孔细胞培养板、方瓶、培养皿等开放培养时，相对湿度应控制在95%以上。

动物细胞培养需避光，紫外线或可见光均可造成核黄素、酪氨酸、色氨酸等产生有毒的光产物，抑制细胞生长，降低其贴壁能力。

（四）影响细胞生长的其他因素

细胞接触橡胶用品，收集细胞时离心速度过大，细胞接种密度过低，细胞悬液或细胞培养物中气泡形成等，均对细胞不利，会导致细胞死亡或生长繁殖抑制。

ZHI SHI TUO ZHAN

知识拓展

人体所需维生素的种类见8-2所示。

表8-2 人体所需维生素的种类

分类	名称	发现及别称、疾病	来源
脂溶性	视黄醇类（维生素A）	由Elmer McCollum和M. Davis在1912年到1914年之间发现。并不是单一的化合物，而是一系列视黄醇的衍生物（视黄醇亦被译作维生素A醇、松香油）别称抗干眼病维生素。包括视黄醇、视黄醛、类胡萝卜素、β-胡萝卜素。 缺乏时引起夜盲症、干眼症、视神经萎缩和角膜软化症，过量时引起维生素A过多症。	鱼肝油、绿色蔬菜
水溶性	硫胺素（维生素B_1）	由Casimir Funk在1912年发现。在生物体内通常以硫胺焦磷酸盐（TPP）的形式存在。 缺乏时引起脚气病、神经炎、魏尼凯氏失语症。	酵母、谷物、肝脏、大豆、肉类

续表

分 类	名 称	发现及别称、疾病	来 源
水溶性	核黄素（维生素 B_2）	由 D. T. Smith 和 E. G. Hendrick 在 1926 年发现。也被称为维生素 G。 缺乏时引起口腔溃疡、皮炎、口角炎、角膜炎、舌炎、脂溢性皮炎、口腔炎等。	酵母、肝脏、蔬菜、蛋类
水溶性	烟酸（维生素 B_3）	由 Conrad Elvehjem 在 1937 年发现。也被称为维生素 P、维生素 PP、烟碱酸、尼古丁酸。 缺乏时引起糙皮病、失眠、口腔溃疡、癞皮病等。	酵母、谷物、肝脏、米糠
水溶性	泛酸（维生素 B_5）	由 Roger Williams 在 1933 年发现。亦称为遍多酸。 缺乏时引起感觉异常、肌肉痉挛、过敏性湿疹等。	酵母、谷物、肝脏、蔬菜
水溶性	吡哆醇类（维生素 B_6）	由 Paul Gyorgy 在 1934 年发现。包括吡哆醇、吡哆醛及吡哆胺。 缺乏时引起贫血。	酵母、谷物、肝脏、蛋类、乳制品
水溶性	生物素（维生素 B_7）	也被称为维生素 H 或辅酶 R。 缺乏时引起皮肤炎、肠炎。	酵母、肝脏、谷物
水溶性	叶酸（维生素 B_9）	也被称为蝶酰谷氨酸、蝶酸单麸胺酸、维生素 M 或叶精。 缺乏时引起恶性贫血。妊娠期间缺乏则可导致新生儿出生缺陷，如婴儿神经管缺陷。	蔬菜叶、肝脏
水溶性	钴胺素（维生素 B_{12}）	由 Karl Folkers 和 Alexander Todd 在 1948 年发现。也被称为氰钴胺、辅酶 B_{12}、羟基钴胺、甲基钴胺。 缺乏时引起巨幼细胞性贫血、恶性贫血。	肝脏、鱼肉、肉类、蛋类
水溶性	胆碱*	由 Maurice Gobley 在 1850 年发现。维生素 B 族之一。	肝脏、蛋黄、乳制品、大豆
水溶性	肌醇	环己六醇、维生素 B－h。	心脏、肉类
水溶性	抗坏血酸（维生素 C）	由 James Lind 在 1747 年发现。亦称为抗坏血酸。 缺乏时引起坏血症。	新鲜蔬菜、水果
脂溶性	钙化醇（维生素 D）	由 Edward Mellanby 在 1922 年发现。亦称为骨化醇、抗佝偻病维生素，主要有维生素 D_2 即麦角钙化醇和维生素 D_3 即胆钙化醇。这是唯一一种人体可以少量合成的维生素。 缺乏时引起佝偻病、骨质软化病。	鱼肝油、蛋黄、乳制品、酵母
脂溶性	生育酚（维生素 E）	由 Herbert Evans 及 Katherine Bishop 在 1922 年发现。主要有 α、β、γ、δ 四种。 维生素 E 缺乏非常少见。然而，新生婴儿缺乏此维生素会罹患溶血性贫血。缺乏时引起不育症、习惯性流产。	鸡蛋、肝脏、鱼类、植物油
脂溶性	萘醌类（维生素 K）	由 Henrik Dam 在 1929 年发现。是一系列萘醌的衍生物的统称，主要有天然的来自植物的维生素 K_1、来自动物的维生素 K_2 以及人工合成的维生素 K_3 和维生素 K_4。又被称为凝血维生素。 缺乏时导致出血倾向疾病、凝血酶缺乏、不易止血。	菠菜、苜蓿、白菜、肝脏

* 说明：胆碱和肌醇不是人体必需维生素，人体必需维生素一般认为只包括上述列表中的 13 种。

习题与思考

1. 哺乳动物细胞培养需要使用 CO_2 培养箱的理由是什么?

2. 在哺乳动物细胞培养过程中有时需要 CO_2 气体,请问此时 CO_2 起什么作用?对钢瓶 CO_2 气体的纯度又有什么要求?

3. 某些规格的培养液中预先添加了一定浓度的酚红,请问酚红的主要作用是什么?

4. 在培养液中,往往需要补充 L-谷氨酰胺,能简单解释其中的理由吗?

任务二十三　培养用液选择、配制和无菌分装

学习目标

1. 知识目标

了解培养基选择原则,熟悉培养用液配制中所需化学试剂的纯度要求。

2. 技能目标

了解如何编制培养基采购订单,熟悉培养用液配制时称量与溶解的一般原则。掌握培养用液滤过除菌或高压蒸汽灭菌的适用对象及其一般操作。

任务内容

一、培养用液及无菌试剂的选择

哺乳动物细胞体外培养是否正常,关键的影响因素有培养用液配制用水纯度、无菌操作严格程度、培养液选择、试剂选择等方面,其中任意一种因素都可能是致命性的影响,导致不可挽回的后果。下面将简要介绍培养用液及其他无菌试剂的选择原则和注意事项。

(一)液体培养基和干粉基础培养基

1. 品牌选择

适用于哺乳动物细胞培养的液体培养基和干粉基础培养基均需从商品供用户选择,著名的品牌如 Gibco、Sigma、ATCC 等。

从 Gibco 的官方网页可查询到,他们专门为哺乳动物细胞培养、原代细胞培养、干细胞培养、昆虫细胞培养等方面提供了各种套餐式培养基产品服务,关于哺乳动物细胞培养用液的种类非常齐全。另外,为转染也提供配套使用的试剂。

转染,也称细胞转化,都是指将外源基因转入感受态靶细胞的方法,转染方法包括共转

染、瞬时转染、体内转染、稳定转染、电穿孔法转染、磷酸钙转染和脂质体转染等。

2. 培养基型号

除了选择品牌供应商外，还需特别注意所培养细胞适合的是何种培养液或干粉培养基。如常用的 DMEM、RPMI 1640、199、MEM 等型号。

3. 包装规格

另外，就是选择好培养液或干粉培养基的包装规格，如 Gibco 的 RPMI1640 培养基的规格由 4 种搭配状态：①谷氨酰胺添加状态分为已添加 GlutaMAX、已添加 L-谷氨酰胺、未添加谷氨酰胺 3 种情形；②酚红添加状态分为是否添加 2 种情形；③培养基的物理形态包括固体和液体 2 种；④提供包括 100ml/瓶、500ml/瓶、1L/瓶、5L/瓶和 10L/瓶 5 种包装规格备选。

(二)哺乳动物细胞培养试剂

哺乳动物细胞培养所需的其他试剂也要从品牌、试剂级别、包装规格等要素进行采购，否则，影响培养细胞的正常生长和活性。

1. 缓冲液配制用化学试剂或成品缓冲液药片

一般要求 AR(分析纯)级以上纯度的试剂，无机试剂从国内品牌供应商即可采购到，个别无机试剂和重要有机试剂如 DMSO(二甲基亚砜)、BR(生物试剂)建议购买国际品牌供应商的产品，如 Sigma 品牌的产品。这些试剂都是非无菌包装的，实际使用时需要注意。但是，一般在冻存细胞时，直接取 DMSO 配制新鲜冻存液而不会污染微生物，因为 DMSO 本身是不含活的微生物的，DMSO 也称万能溶剂，微生物是不能存活的。利用购买的试剂，按照缓冲液配方配制和滤过除菌或高压蒸汽灭菌都是非常容易控制和操作的。

成品缓冲液药片是日常配制常用缓冲液如 PBSA、Hank's 溶液的便利选择，容易保存。由于使用量偏大，容易配制，不建议直接购买无菌液体包装的缓冲液。值得注意的是，成品缓冲液药片不一定是无菌的，使用时需要注意药品包装说明。

2. 细胞培养添加物

细胞培养添加物包括胎牛血清、生长因子、培养液补充物、培养用抗生素等，这些添加物都是无菌包装的，存放和使用时注意严格无菌操作。有时也使用筛选后适合的小牛血清或新生牛血清替代胎牛血清，目前国内有多个品牌供应商提供胎牛血清。培养用抗生素可直接使用临床使用的产品，如可以采用 8×10^4 U/2ml/支包装的硫酸庆大霉素稀释后直接添加到培养液中。

细胞培养用的生长因子，以及培养液补充物如 L-谷氨酰胺、葡萄糖等，建议从信誉好的制造商产品目录中选择，如 Sigma 产品。

二、培养用液的配制

细胞培养用液的配制用水最理想的是去除热原、无核酸酶的超纯水，也可使用新鲜制备的三蒸水、亚沸水或高纯水机制备的高纯水。一般而言，当配液用水的电阻率小于5MΩ·cm时，细胞活性容易受到干扰，如出现细胞形态变异、生长分裂受阻、坏死或凋亡等状况。

细胞培养用液配制过程使用的容器、搅拌子等器械，也务必使用配液用水润洗 2～3 次方可使用。

配制溶液过程中，由于开放的烧杯口、容量瓶口、三角烧瓶口均可受到环境粉尘的影响，因此，建议使用新鲜的保鲜膜遮盖开口部分，尤其是为了充分溶解而进行长时间搅拌的过程中。建议配液全程注意，防止粉尘污染所配制的溶液。

(一)干粉培养基选择及其液体培养基的配制

仔细阅读干粉培养基的包装说明，如 10×1L 的包装是指内含 10 小包，每小包配制 1000ml 培养液。

配制时，适当添加血清以外的其他必需添加物，如抗生素、谷氨酰胺等，一并滤过分装，保存于 2～8℃冰箱。

严格使用配制培养液的用水，建议使用超纯水或其他新鲜制备的高纯度的纯水，如亚沸水、三蒸水、高纯水机产的高纯水等。

使用于分装的玻璃试剂瓶需要提前按要求进行清洗灭菌。灭菌包装完整，保存在洁净间内。

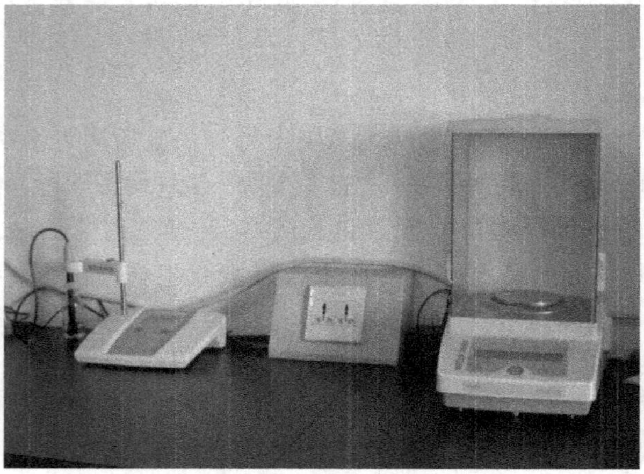

pH计和电子分析天平

正压超滤器

图 8-1　配液用仪器

(二)常用缓冲液的配制

平衡盐溶液即 balanced salt solution，简称 BSS。

1. PBSA 溶液

KCl 0.20g，KH_2PO_4 0.20g，$MgSO_4 \cdot 7H_2O$ 0.98g，NaCl 8.00g，$Na_2HPO_4 \cdot 7H_2O$ 2.16g，$CaCl_2$ 0.20g，加 H_2O 至 1000ml，过滤除菌或高压灭菌，分装后 4℃保存。

2. D-PBSA 溶液

KCl 0.20g，KH_2PO_4 0.20g，NaCl 8.00g，$Na_2HPO_4 \cdot 7H_2O$ 2.20g，加 H_2O 至 1000ml，过滤除菌或高压灭菌，分装后 4℃保存。

3. Hank's 溶液

$Na_2HPO_4 \cdot H_2O$ 0.06g，KH_2PO_4 0.06g，$MgSO_4 \cdot 7H_2O$ 0.20g，葡萄糖 1.00g，NaCl 8.00g，KCl 0.40g，$NaHCO_3$ 0.35g，酚红 0.02g(其中，溶解 $NaHCO_3$ 后，将称量好的酚红一起溶解，均匀后再转移到容量瓶)，$CaCl_2$ 0.14g，加 H_2O 至 1000ml，过滤除菌或高压灭菌，分装后 4℃保存。

4. D-Hank's 溶液

$Na_2HPO_4 \cdot H_2O$ 0.06g，KH_2PO_4 0.06g，NaCl 8.00g，KCl 0.40g，$NaHCO_3$ 0.35g，酚

红 0.02g(其中,溶解 $NaHCO_3$ 后,将称量好的酚红一起溶解,均匀后再转移到容量瓶),加 H_2O 至 1000ml,过滤除菌或高压灭菌,分装后 4℃保存。

(三)消化液(胰蛋白酶消化液)的配制

精确称取 0.25g 胰酶蛋白酶(活力为 1∶250),加入 100ml 不含 Ca^{2+}、Mg^{2+} 的 D-Hank's 或 D-PBDA 缓冲液溶解,滤器过滤除菌,4℃保存。

胰蛋白酶溶液中也可加入终浓度为 0.02%EDTA。

(四)冻存液的配制

9 份 10%BS 培养液,1 份 DMSO。无菌条件下配制。DMSO 无需滤过除菌,DMSO 属于万能溶剂,不存在微生物污染,是无菌的。但在放入超净工作台内前,需用酒精纱布擦拭外表面的粉尘。

(五)其他溶液的配制

1. 5mg/ml MTT 溶液

准确称取 MTT 0.5g,溶于 100ml 的 0.01mol/L pH 值 7.4 的 PBS 溶液中,孔径 0.22μm 微孔滤膜过滤除菌,分装后,4℃下保存,两周内使用或−20℃冻存。

2. Giemsa 染色液

(1)Giemsa 原液的配制　称 Giemsa 粉末 0.5g,加几滴甘油研磨,再加入甘油(使加入的甘油总量为 33ml),56℃中保温 90～120min 后再加入 33ml 甲醇,置棕色瓶中保存。

(2)Giemsa 应用液的配制　使用时用 PBS 稀释,常用的稀释比例为 1∶10。

3. BrdU 溶液

BrdU 10mg,NaCl 85mg,加水至 10ml,滤过除菌,4℃下避光保存。宜现用现配或−20℃保存。

4. 2×SSC 溶液

NaCl 1.75g,柠檬酸三钠·$2H_2O$ 0.885g,加水至 100ml,4℃保存。

5. 100×谷氨酰胺溶液(200mmol/L)

L-谷氨酰胺 29.2g,加 Hank's 缓冲液至 1000ml。充分溶解后滤过除菌分装,−20℃保存。

6. 100×抗生素溶液

100 倍应用浓度的抗生素溶液,用 Hank's 缓冲液配制,充分溶解后滤过除菌分装,−20℃保存。

ZHI SHI TUO ZHAN

知识拓展

称量溶解的一般原则

操作者除了正常使用天平,正常维护以外,尚需对以下事项有所熟悉。

1. 称量读数

称量记录时,根据所用天平的感量水平不同,记录的小数点后位数不同。细胞培养用液配制称量时一般使用分析天平,如 0.001 和 0.0001 的分析天平,要求记录值与读数值一致,如配方要求 0.20g，实际称量应是 0.20××或 0.20×××。

读数应保证配方中的数值一致，称量后及时记录。称量记录还应有标题，并能体现称量顺序。

2. 试剂级别判识与选用

细胞培养用液配制时，一般需要选用 AR(分析纯试剂)级别以上纯度的试剂，有时使用的试剂属于 BR(生化试剂)或 Ind(指示剂)。不宜使用纯度低的 CP(化学纯试剂)或 LR(实验试剂)试剂作为培养细胞培养用液(表 8-3)。

同种试剂有 2 瓶以上时，选择已经使用有剩余的瓶装试剂，不足时，再开启新包装的试剂。

存放于药品柜内的所有试剂，应保持外观标签完整，外表无存留粉尘。

对于品名相同但结晶水不同的试剂，需要根据相对分子质量差异，进行适当的换算，然后记入修改配方中，之后才能进行称量溶解。

3. 称量纸与药匙选用

一个配方称量时，建议使用 2 张称量纸，其中 1 张用于称量，另 1 张用于清洁药匙。准备 1 个 250ml 烧杯存放称量中多余的废弃药品。

4. 称量顺序与溶解顺序

严格按照培养用液的配方描述顺序进行称量，每称量 1 个药品，随即溶解 1 个药品。溶解后的药品溶液合并到大的容器内。顺序地称量、溶解、合并。

单一组分的溶解，建议使用磁力搅拌器搅拌 30min 或肉眼观察无明显颗粒。

合并溶解时，建议使用磁力搅拌器搅拌 1～2h，以使其中的溶质能够充分溶解、互溶。

所有药品称量溶解完成后，对合并的溶液进行充分溶解，然后根据需要进行滤过或灭菌，分装后加写标识，存放。

5. 配液用水的选择

一般可使用高纯水、三蒸水、亚沸水，理想的配液用水是超纯水。

6. 定容

使用容量瓶做合并溶解的容器时，可以比较方便地进行配方的定容。

一般容器做合并溶解的容器时，如三角烧瓶、烧杯，则不容易严格定容，通常直接添加标定体积的水，而将溶质的体积忽略不计。

7. 常见化学试剂纯度级别及其缩写(表 8-3)。

表 8-3　常见化学试剂纯度级别及其缩写

序号	略写	中　文	英　文	标签颜色
1	AR	分析纯	Analytical reagent	红色标
2	BC	生化试剂	Biochemical	
3	BR	生物试剂	Biological reagent	
4	BS	生物染色剂	Biological Stain	
5	CP	化学纯	Chemical pure	深蓝色标
6	EP	特纯	Extra pure	

续表

序号	略写	中　文	英　文	标签颜色
7	FCM	络合滴定用	For complexometry	
8	FCP	层析用	For chromatography purpose	
9	FMP	显微镜用	For microscopic purpose	
10	FS	合成用	For synthesis	
11	GC	气相色谱	Gas chromatography	
12	GR	优级纯	Guaranteed reagent	绿色标
13	HPLC	高压液相色谱	High pressure liquid chromatography	
14	Ind	指示剂	Indicator	
15	LR	实验试剂	Laboratory reagent	黄色标
16	OSA	有机分析标准	Organic analytical standard	
17	PA	分析用	Pro analysis	
18	Pract	实习用	Practical use	
19	PT	基准试剂	Primary reagent	
20	Pur	纯	Pure purum	
21	Puriss	特纯	Purissmum	
22	SP	光谱纯	Spectrum pure	
23	SSS	光谱标准物质	Spectrographic standard substance	
24	Tech	工业用	Technical grade	
25	TLC	薄层色谱	Thin layer chromatography	
26	UP	超纯	Ultra pure	
27	UV	分光纯	Ultra violet pure	

习题与思考

1. 培养用液配制时，有时可以使用高压蒸汽灭菌，有时只能使用超滤膜滤过除菌，为什么？请说明理由。

2. 在培养用液配制过程中，溶解溶质时一般需要逐一溶解每一组分，然后再合并溶解，而不是全部称量后进行混合溶解，为什么？

3. 培养用液配制过程中 pH 的调节一般使用什么方法？请说明。

4. 如何编制培养基的采购订单？

能力训练

实验实训 8-1 RPMI 1640 培养液配制与滤过除菌

[实验器材]

1. 仪器

电子分析天平，普通冰箱，恒温磁力搅拌器，高压蒸汽灭菌器，恒温烤箱，超滤器，超净工作台，pH 计。

2. 材料与试剂

干粉培养基，超滤器连接套件，0.22μm 孔径超滤膜，无菌试剂瓶(200 或 500ml)，酒精棉球，250ml 烧杯，1000ml 容量瓶，$NaHCO_3$(AR)，硫酸庆大霉素注射液，1mol/L HCl 溶液，1mol/L NaOH 溶液，7.5% $NaHCO_3$ 溶液，多层纱布，称量纸，药匙，标签纸，记号笔。

[操作步骤]

1. 配液前准备

(1)超滤器包装灭菌　拆卸、清洗超滤器，加载 1～2 张 0.22μm 孔径超滤膜，重新组装超滤器。用 8 层纱布包裹，绑扎后置高压蒸汽灭菌器 121℃灭菌 20min。灭菌后，置恒温烤箱内 50℃鼓风干燥 2h。

(2)试剂瓶的清洗灭菌　准备足量的试剂瓶以便滤过后对培养液进行分装。

(3)超净工作台除尘、紫外消毒　除尘后，开启风淋，照射紫外 30～40min。直至培养液滤过分装结束前，不得关闭超净工作台的风淋。

2. 称量溶解

(1)根据 RPMI 1640 干粉培养基的包装说明，称量 $NaHCO_3$，在 250ml 烧杯内搅拌溶解后，转移到容量瓶内。

(2)称量合适的抗生素，搅拌溶解后合并到容量瓶内。如取 8×10^4～1×10^5U 硫酸庆大霉素稀释，然后合并。

(3)溶解包装小袋内的全部培养基干粉，搅拌充分后，合并到容量瓶内。使用辅料镊在容量瓶外壁辅助，小心转移烧杯内的搅拌子到容量瓶内。

(4)测定 pH，调节 pH 为 7.2～7.4。使用 1mol/L HCl 或 1mol/L NaOH 溶液调节 pH。也可使用 7.5% $NaHCO_3$ 溶液调节 pH，或溶液中通入 CO_2 气体调节 pH。

(5)定容后，充分搅拌 1～2h。

3. 滤过分装

使用灭菌后的，预装有 0.22μm 孔径超滤膜的超滤器在超净工作台内进行滤过除菌，分装后，加写标识，然后 4℃保存。

[注意事项]

严格滤过分装时所用的无菌操作条件是否合理、齐全，滤过过程的操作是否严格无菌操作。

实验实训 8-2　Hank's 溶液配制与滤过除菌

［实验器材］

1. 仪器

电子分析天平，普通冰箱，恒温磁力搅拌器，高压蒸汽灭菌器，恒温烤箱，超滤器，超净工作台，pH 计。

2. 材料与试剂

AR 级别以上的试剂或药片，超滤器连接套件，0.22μm 孔径超滤膜，无菌试剂瓶（200 或 500ml），酒精棉球，多层纱布，250ml 烧杯，1000ml 容量瓶，Hank's 溶液组方所需 AR 级试剂，酚红（Ind），1mol/L HCl 溶液，1mol/L NaOH 溶液，7.5% $NaHCO_3$ 溶液，称量纸，药匙，标签纸，记号笔，多层纱布。

［操作步骤］

1. 配液前准备

（1）超滤器包装灭菌　拆卸、清洗超滤器，加载 1～2 张 0.22μm 孔径超滤膜，重新组装超滤器。用 8 层纱布包裹，绑扎后置高压蒸汽灭菌器 121℃灭菌 20min。灭菌后，置恒温烤箱内 50℃鼓风干燥 2h。

（2）试剂瓶的清洗灭菌　准备足量的试剂瓶以便滤过后对 Hank's 溶液进行分装。

（3）超净工作台除尘、紫外消毒　除尘后，开启风淋，照射紫外 30～40min。直至培养液滤过分装结束前，不得关闭超净工作台的风淋。

2. 称量溶解

（1）Hank's 溶液组方：$Na_2HPO_4 \cdot H_2O$ 0.06g，KH_2PO_4 0.06g，$MgSO_4 \cdot 7H_2O$ 0.20g，葡萄糖 1.00g，NaCl 8.00g，KCl 0.40g，$NaHCO_3$ 0.35g，酚红 0.02g（其中，溶解 $NaHCO_3$ 后，将称量好的酚红一起溶解，均匀后再转移到容量瓶），$CaCl_2$ 0.14g，加 H_2O 至 1000ml，过滤除菌或高压灭菌，分装后 4℃保存。

（2）称量与溶解的顺序依据 Hank's 溶液组方进行。顺序称量，并记录，单独在 250ml 烧杯内搅拌溶解，然后合并到容量瓶内。

（3）所有组分称量、溶解、合并完成后，使用辅料镊在容量瓶外壁辅助，小心转移烧杯内的搅拌子到容量瓶内。

（4）定容后，取溶液样品测定 pH，并记录。调节 pH 为 7.2～7.4。使用 1mol/L HCl 或 1mol/L NaOH 溶液调节 pH。测试样品应丢弃，不要合并到原液中。

（5）充分搅拌 1～2h。

3. 滤过分装

使用灭菌后的，预装有 0.22μm 孔径超滤膜的超滤器在超净工作台内进行滤过除菌，分装后，加写标识，然后 4℃保存。

［注意事项］

1. 严格滤过分装时所用的无菌操作条件是否合理、齐全，滤过过程的操作是否严格无菌操作。

2. Hank's 溶液属于 BSS，可以使用高压蒸汽灭菌。

实验实训 8-3 D-PBSA 溶液配制与灭菌

[实验器材]

1. 仪器

普通冰箱，恒温磁力搅拌器，高压蒸汽灭菌器，恒温烤箱，超净工作台，pH 计。

2. 材料与试剂

D-PBSA 干粉或药片，超纯水，无菌试剂瓶(200 或 500ml)，7.5% $NaHCO_3$ 溶液，1mol/L HCl 溶液，1mol/L NaOH 溶液，酒精棉球，多层纱布，1000ml 容量瓶，标签纸，记号笔。

[操作步骤]

1. 配液前准备

(1)试剂瓶的清洗干燥　准备足量的试剂瓶以便灭菌前分装 D-PBSA 溶液。

(2)超净工作台除尘、紫外消毒　除尘后，开启风淋，照射紫外 30～40min。直至培养液滤过分装结束前，不得关闭超净工作台的风淋。

2. 组分溶解

(1)取 1L 包装的 D-PBSA 溶液组方的干粉或药片。

(2)在 1000ml 容量瓶内搅拌溶解。

(3)定容后，取溶液样品测定 pH，并记录。调节 pH 为 7.2～7.4。使用 1mol/L HCl 或 1mol/L NaOH 溶液调节 pH。测试样品应丢弃，不要合并到原液中。

(4)充分搅拌 1～2h。

3. 分装灭菌

(1)将溶解充分的上述溶液分装到有刻度的试剂瓶内，旋上瓶盖，但保持有 1 圈不旋紧。瓶盖部分用 2 层锡箔纸包裹。

(2)用记号笔在瓶身上标记各瓶的液面，并贴上注明溶液名称、配制日期等信息的标签。

(3)121℃即 0.1MPa 灭菌 20min。

(4)灭菌后，冷却至室温。在超净工作台内进行二次定容，补充灭菌超纯水使液面恢复至灭菌前标识的液面水平线。4℃保存。

[注意事项]

1. 严格滤过分装时所用的无菌操作条件是否合理、齐全，滤过过程的操作是否严格无菌操作。

2. 使用干粉或药片配制 BSS 溶液时，要检查包装完整性及使用有效期。

3. 也可使用灭菌的超滤器滤过除菌替代高压蒸汽灭菌。

任务二十四　血清的筛选、购买、灭活和无菌分装

学习目标

1. 知识目标

了解细胞培养用血清的筛选、购买、灭活和无菌分装的一般方法。

2. 技能目标

掌握细胞培养用血清灭活的常规方法。

任务内容

一、不同厂家胎牛血清的批号筛选

1. 动物细胞培养用血清的基本要求

用于动物细胞培养的血清，应富含细胞活性物质，尤其有丰富细胞生长因子、维生素、氨基酸等成分，但不能有微生物污染，尤其不能有细胞型微生物。首选的培养用血清是胎牛血清，其次可以经特定筛选后选择使用某些品牌的新生牛血清或小牛血清。在配液标识的书写上，一般用 FCS 表示胎牛血清，用 BS 表示牛血清。

由于在血清超滤除菌时，没有细胞壁的原核微生物支原体可能容易通过 0.22μm 的细菌滤器，甚至通过 0.1μm 的细菌滤器。

考虑到上述因素，使得不同厂家的血清，在细胞生长因子种类与浓度等方面存在不同，残留微生物的风险也不同，即便相同厂家的血清也可能存在批间差异。

2. 血清筛选方法

普通的血清质量筛选方法是利用特定细胞株的克隆化培养进行。选择克隆形成率高的血清批号进行购买。

可以比较出不同厂家的血清或相同厂家的不同批号的血清质量差异，购买时尽量选择细胞生长快、克隆形成时间短、无细胞畸形、无微生物污染特别是支原体污染的批号。

3. 进口血清的筛选原则

尽量选择供货量大，使用用户广泛的、信誉良好的品牌产品，如 Gibco 品牌、ATCC 品牌。批量购买前，应做克隆化细胞培养，判断该批号血清的质量水平。

购买时，最好直接向一级代理商订购。如果经手二级、三级代理商订购，很可能由于运输、保存等环节的增加而引入不可预知的风险。如反复冻融多次的血清，其中的细胞生长因子等细胞活性物质将明显缩减，不利于动物细胞培养。

4. 国产血清的筛选原则

尽量选择供货量大，供货历史比较长，信誉良好，使用用户比较广泛的那些厂家进行血清购买前的筛选。

批量购买前，务必核实可购买的批号和供货量，并及时做克隆化细胞培养，判断该批号血清的质量水平。

购买时，尽量购买一个批号的血清。最好直接向一级代理商订购，如果经手二级、三级代理商订购，很可能由于运输、保存等环节的增加，或经手人的细胞培养技术背景薄弱等因素，从而引入不可预知的风险，导致不必要的经济损失，影响实验进程和生产进度。

如果不得不向二级、三级经销商购买，务必详细写明订单要求，注明必要的注意事项。

二、血清的灭活

关于未灭活血清与灭活血清的判识，可以通过仔细阅读所购血清的说明书，或直接联系信誉好的供货商，便可以清楚是否已经灭活。

已经灭活的血清在使用前无需灭活处理，否则，需要用户自行按血清灭活方法进行灭活处理方可用于动物细胞培养。

血清灭活的主要理由是使血清中含有的补体灭活，以免用于动物细胞培养时发生补体攻击细胞膜，导致所培养的细胞坏死。灭活条件下，也能灭活血清中可能存在的支原体。

三、灭活血清的无菌分装与保存

灭活后的血清应及时按预计的每次使用量进行无菌分装，减少血清冻融的次数，以免血清中的细胞活性物质受破坏。

分装后，加写标识，平衡到室温后转入－20℃冰箱存放。

习题与思考

1. 关于胎牛血清与新生牛血清的成分区别，你认为主要差异表现在哪些方面？
2. 胎牛血清的除菌原理是什么？
3. 血清灭活的原理和灭活的对象分别是怎样的？
4. 未灭活血清用于细胞培养有什么不良后果？

能力训练

实验实训 8-4 胎牛血清的灭活

［实验器材］

1. 仪器

普通冰箱，恒温水浴锅。

2. 材料与试剂

细胞培养用胎牛血清（或新生牛血清），酒精棉球，标签纸，记号笔。

［操作步骤］

1. 待灭活血清准备

取自－20℃或更低温度保存的瓶装血清，检查包装是否完整，记录规格批号等信息。

2. 水浴准备

水浴锅应灌装足量的自来水，然后将瓶装血清放入水浴中，使水面与瓶内血清齐高或稍高。注意莫让水面浸没到试剂瓶瓶口部位。

3. 融化血清、检查设定水温

接通水浴电源开关，检查设定水浴温度为56℃。

升温过程中，每隔3～5min摇晃试剂瓶以免白蛋白絮凝析出，促进血清冻融。

4. 血清灭活

待水浴恒温56℃，且血清已经完全融化后，保温30min，即可灭活血清中可能存在的支原体和补体。

期间，每隔3～5min摇晃试剂瓶以免白蛋白絮凝析出，并使血清的灭活温度均匀。

5. 无菌分装

灭活后，及时按预计的每次使用量进行无菌分装，避免日后使用时反复冻融而损害血清中的活性物质。

加写标识，平衡到室温后转－20℃冰箱存放。

［注意事项］

1. 血清融化时，可以提前18h将血清从－20℃冰箱转移到4℃冰箱，让其自然融化。

2. 血清在升温融化和保温灭活过程中，务必经常摇晃试剂瓶以免白蛋白絮凝析出，影响外观和使用。使用有蛋白絮凝的血清培养细胞时，容易导致细胞生长繁殖受阻。

任务二十五　细胞培养用液的存放和有效期

学习目标

1. 知识目标

了解细胞培养用液的存放原则。熟悉培养用液存放效期概念。

2. 技能目标

熟悉常规培养用液和其他试剂的存放温区要求。

任务内容

一、培养用液存放

培养用液包括液体培养基、无菌BSS缓冲液、消化液、小牛血清或胎牛血清以及其他无菌试剂的存在需要注意保存于冰箱中相应的温度区域。

一般将未添加血清的培养液和含血清培养液、无菌 BSS 缓冲液保存于 4℃冰箱，而将消化液、小牛血清或胎牛血清、100×抗生素溶液(D-PBSA 配制)、100×谷氨酰胺溶液等保存于－20℃冰箱。保存于－20℃冰箱的溶液需解冻后使用。

保存状态的各种培养用液，需要注意密封和避光。存放培养用液的冰箱需要定期检查内部的洁净状态和霜冻情况，发现污迹和霜冻时需及时去除。

4℃冰箱存放的试剂瓶应摆放整齐，留有适当空隙以便取放。试剂瓶的标签或标识应朝外。

冰箱门上存放的溶液应谨慎摆放，在开关冰箱门时产生的一般震动应不容易使瓶内溶液接触到试剂瓶瓶盖。

二、有效期

保存于－20℃冰箱的培养用液，有效使用时间比较长。－20℃冰箱冻存的试剂尽量避免反复冻融，否则会导致活性物质损失。为此，一般需要按照常规使用量的情况预先进行分装后再保存，如胎牛血清的保存。

在 4℃保存的细胞培养用液的应用液，一般建议在 2～3 周内使用。因为许多活性物质在低浓度下，其半衰期会大大缩短。有时，也会发现 4℃长期保存的应用液出现霉菌菌落，此种情形的可能原因是无菌操作过程不够严格，或应用液内少量的微生物在足够长的生长时间内形成的，因为长期使用的冰箱会聚集一些低温微生物。

特别注意的是，某些溶液由于容易出现沉淀，通常建议现配现用。

总而言之，不含添加物的培养液在 4℃可以保存 4～9 个月，含谷氨酰胺、血清、抗生素的培养液，在 4℃只能保存 2～3 周。因此，含有不稳定组分的培养液或添加物要长期存放时，最好保存于－20℃冰箱，如谷氨酰胺、血清、抗生素的 100×或 10×母液，都是分装后在－20℃以下的温区保存。

当然，存放各种溶液或试剂的冰箱是否发生故障，或是否出现过长时间停电的状况，都需要操作者密切关注。此两种情况发生后，都会直接影响存放溶液或试剂的有效期，有时是致命的，会导致溶液或试剂完全失效。

一些种类的荧光会导致核黄素和色氨酸变质成有毒物质，主要是过氧化物。因此，建议在使用含这些成分的各种溶液的过程中，尽量缩短试剂瓶暴露在荧光灯下的时间，或使用遮盖物覆盖，如用锡箔纸包裹培养液试剂瓶。

习题与思考

1. 培养用液需要低温保存的理由是什么？
2. 培养用液保存和使用时最好避光，其中有什么理由或依据？
3. 存放于－20℃的培养用液或试剂，是否可以长期保存而不损害其中的活性成分？
4. 反复冻融对培养用液或试剂的品质影响比较大，有时会导致致命的影响(即活性成分完全失效)，请问其中的影响因素有哪些？

项目九 细胞活性观察与微生物污染判断

任务二十六 倒置显微镜镜检及显微摄影技术

学习目标

1. 知识目标

了解显微技术的基本概念，如光路、景深、光圈、光强、放大倍数、分辨率、倒置、正置等。

2. 技能目标

熟悉倒置显微镜的一般结构及其光路特点，熟练操作倒置显微镜，快速获取清晰显微视场。学会使用数码摄像头进行显微视场的拍照和录像操作。熟悉倒置显微镜的基础性日常维护手法。

任务内容

一、光学显微镜的术语概述

光学显微镜是利用可见光或紫外光为入射光源的一类显微镜。

根据入射光的种类又细分为明视野显微镜、暗视野显微镜、相差显微镜、微分干涉显微镜、荧光显微镜、激光共聚焦显微镜、偏振光显微镜等。

(一)光学显微镜的固定性能参数

1. 放大倍数

放大倍数也称放大倍率，指接目镜的倍数与接物镜的倍数的乘积。显微镜放大倍数的极限称作有效放大倍数。当选用的物镜数值孔径不够大，即分辨率不够高时，显微镜不能分清物体的微细结构，此时即使过度地增大放大倍数，得到的也只能是一个轮廓虽大但细节不清的图像，称为无效放大倍数。

2. 分辨率

分辨率指能被显微镜清晰区分的两个物点的最小间距，又称“鉴别率”。其计算公式是$\sigma=\lambda/NA$。式中σ为最小分辨距离；λ为光线的波长；NA为物镜的数值孔径。因此，物镜的分辨率是由物镜的NA值与照明光源的波长两个因素决定。NA值越大，照明光线波长越短，则σ值越小，分辨率就越高。

要提高分辨率，即减小σ值，可采取以下措施：①降低波长λ值，使用短波长光源。②增

大介质 n 值以提高 NA 值[$NA=n\cdot\sin(\alpha/2)$]。③增大孔径角 α 值以提高 NA 值。④增加明暗反差。

3. 视场

视场指观察显微镜时，所看到的明亮的圆形范围。它的大小是由接目镜里的视场光阑决定的。接目镜的放大倍数越大，视场越小。

随着厂家、型号的不同，显微镜可选配的视场也不同。使用时不可调节。

(二)光学显微镜的可调节部件和显微技术术语

1. 景深

景深也称焦点深度或焦深，即在使用显微镜时，当焦点对准某一物体时，不仅位于该点平面上的各点都可以看清楚，而且在此平面的上下一定厚度内，也能看得清楚，这个清楚部分的厚度就是景深。景深大，可以看到被检物体的全层，而景深小，则只能看到被检物体的一薄层。

2. 光强

光强指内置光源的发光强度，可以进行大小调节。为了保证足够的色温，倒置显微镜使用的光源灯泡通常是卤素灯。一般而言，接目镜的放大倍数越小，光强要求越小；接目镜的放大倍数渐大，光强要求渐大。

3. 光圈

光圈也称虹彩光圈，由薄金属片组成，中心形成圆孔，推动把手可随意调整透进光的强弱。

为了获取景深良好且清晰的显微影像，接目镜的放大倍数越小，光圈要求越小；接目镜的放大倍数越大，光圈要求越大。

4. 调焦

焦距调节时，步进快的是粗调螺旋，慢的是微调螺旋。通常在显微镜的两侧各有1套能同步调节的粗、微调螺旋。

5. 光源位置与聚光镜

有些显微镜提供光源灯泡的位置调节，以便获得最佳的入射光源。

聚光镜能将内置光源进行平行光转换，并使视场光照均匀，是一个透镜组构件，可调节其在入射光源的行程，使当前使用的接物镜倍数下的视场光照均匀。

6. 接物镜与转换器

接物镜，也称物镜，是显微镜上用于捕获入射光照射样品后形成的透射光的光学镜头。接物镜的放大倍数有4×、5×、20×、25×、40×、60×和100×。

转换器为两个金属碟所合成的一个转盘，其上可加装3～5个接物镜。通过旋转转换器，可使每个接物镜通过镜筒与接目镜构成一个放大系统。

7. 载物台

指用于摆放观察样品的显微镜机械结构，中心有一个通光孔。为了观察便利及恒温要求，又区分为固定载物台、机械载物台、恒温载物台。机械载物台可使观察样品进行X-Y方向平移。

8. 三目接口与接圈

三目接口指为三目显微镜上，提供与照相机、摄像机连接的接口设计。

接圈则是用于显微镜的三目接口与照相机、摄像机连接。是一个或一组特制的套圈。一般是金属或合金材料，有连接螺纹。

9. 接目镜

也称目镜，是显微镜上用于眼睛观察显微影像的光学镜头。10×或16×的接目镜比较常见，一般在显微镜中标配其中一种镜头。

(三)光学显微镜的基本类型

1. 根据入射光光源、载物台及接物镜的相对位置区分

(1)正置显微镜　入射光光源从样品下方透射进入载物台上方接物镜的一类显微镜。使用广泛，但不适合观察多孔细胞培养板、培养皿或培养瓶里面的细胞培养物。

(2)倒置显微镜　入射光光源从样品上方透射进入载物台下方接物镜的一类显微镜，特别适于观察多孔细胞培养板、培养皿或培养瓶里面的细胞培养物。是动物细胞培养不可或缺的仪器。标准配置的接物镜的放大倍数有4×、5×、20×、25×、40×和60×这几种，没有100×的油浸镜头。

由于光路结构差异，结构复杂，故成本也高。一般同一级别或同一厂家的倒置显微镜价格要比正置显微镜高出10倍左右。

2. 根据接目镜数量差异的区分

(1)单目显微镜　指只有1个接目镜而无显微摄影或摄像接口的显微镜，观察时虽然双眼都要求睁开，但只能使用其中1只眼睛观察显微视场。这类显微镜已逐渐淡出市场。

(2)双目显微镜　指设计仅有2个接目镜而无显微摄影或摄像接口的一类显微镜，通常其中一个接目镜有屈光度调节装置，可以辅助调焦，以备在两眼视力不同的情况下调节使用，在观察显微视场时能获得景深相同的2个重叠视场，从而形成立体的清晰显微视场。

(3)三目显微镜　指那些设计有显微摄影或摄像接口的显微镜，这些接口也称三目接口。某些显微镜可以同时有多个三目接口。

3. 根据用途不同的区分

(1)生物显微镜　用于生物材料如细胞、组织的形态观察等，广泛使用于教学和研究领域。这类显微镜按用途可区分为正置的普通光学显微镜、倒置显微镜、解剖显微镜(也称体视显微镜)。

(2)金相显微镜　用于金属材料、矿物等等表面观察。

(3)工业显微镜　用于工业企业的生产车间，如线路板检查、芯片原件的组装等工位。

二、倒置显微镜结构及其使用

(一)倒置显微镜工作原理

由可选择的固定透镜组组成的物象放大装置，将观察的微小物点放大到足够的大小。其中，倒置显微镜的聚光镜能提供足量的平行光，经过样品，透射进入载物台下方的接物镜，由接物镜进行第一次物象放大，然后经接目镜进行第二次放大成像，或经三目接口第二次放大后通过感光元件形成数码照片或录制数字影像。

(二)倒置显微镜的结构组成

对照图9-1，认识倒置显微镜的基本结构。

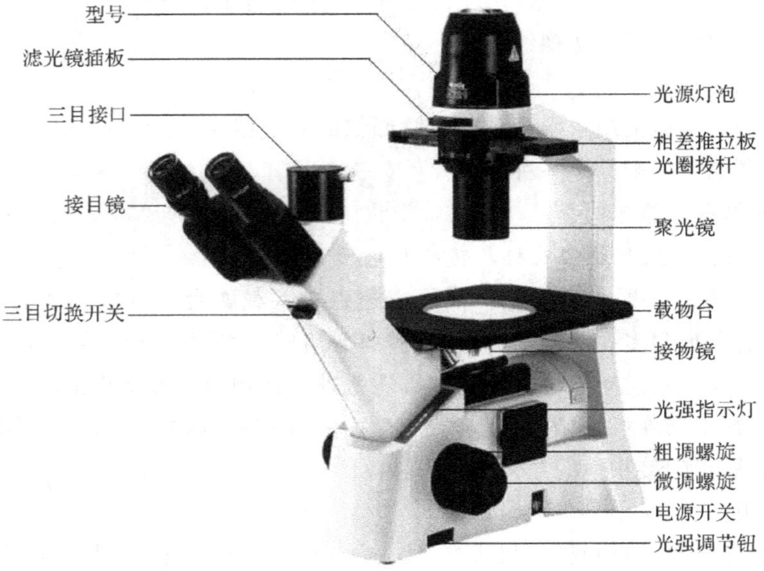

(a)

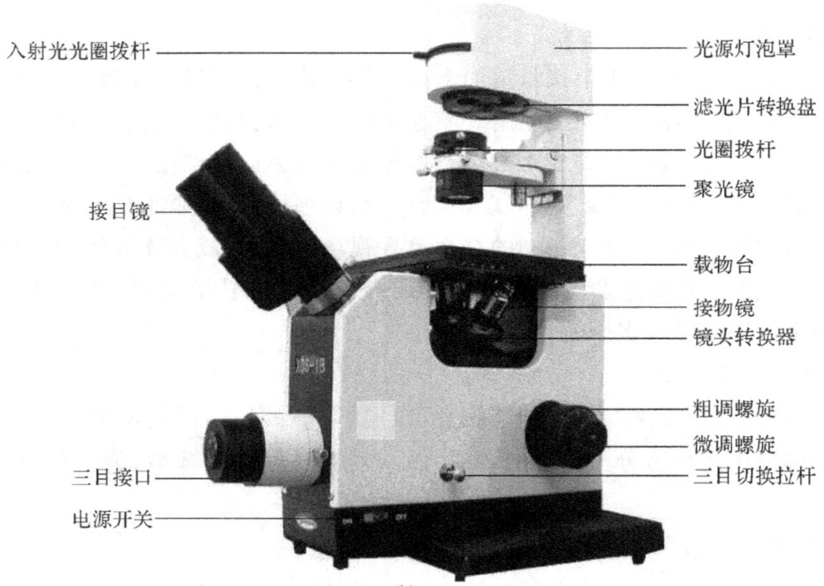

(b)

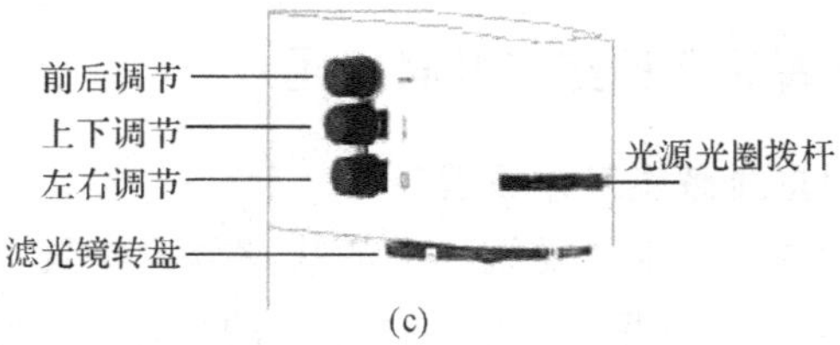

(c)

图 9-1　倒置显微镜的结构及其术语

a. Motic AE21 倒置显微镜；b. COIC XDS-1B 倒置显微镜；c. COIC XDS-1B 倒置显微镜灯泡位置调节

1. 倒置显微镜机械构架及电源开关

倒置显微镜机械构架是重心低的金属底座，提供其他显微镜部件镶嵌。有优美的外观造型，使操作更符合人体工学要求。

2. 光源灯泡、光强调节及光路

显微视场的光源是由特定灯泡产生的，光强可调节。

有些倒置显微镜的灯泡位置可以进行 X-Y-Z 方向调节，以便确保进入显微视场的光线更均匀。

倒置显微镜的光路组成有两种情形：①灯泡光源→聚光镜→样品→接物镜→接目镜→人眼；②灯泡光源→聚光镜→样品→接物镜→摄影目镜→显示器。

3. 滤光镜及聚光镜

滤光镜是将灯泡光源发生的光线进行选择性通过处理，如蓝色滤光片使蓝光通过。

聚光镜的作用是使入射光，如灯泡光源、经滤光镜的灯泡光源，以平行光的方式照射样品。平行入射光的通过量由光圈调节杆调节，光圈大则光通量大，光圈小则光通量少。为了获得足够清晰的显微视场，在低倍数情况下，建议使用小光圈，而在高倍数镜检时，使用稍大的光圈。当然，观察染色细胞样品时，普遍需要提高通光量，因而会适当调大光圈。

4. 载物台

是样品摆放的部件，有时需要满足调节通光孔大小，并且要求可以 X-Y 方向精确移动。X-Y 方向精确移动的载物台有时是一体设计的，有时是附加的机械装置。

5. 接物镜及转换器

在转换器上一般有 4～5 个接物镜接口，通常标配 5×、10×、20×和 40×接物镜。

6. 接目镜与三目接口

（三）倒置显微镜的使用

通过实物操作，如 Motic AE21 倒置显微镜或 XDS-1B 倒置显微镜的操作，熟悉倒置显微镜的基本操作程序。

关于倒置显微镜的操作，参照实验实训 9－1 的操作步骤练习。值得注意的是，不同品牌的倒置显微镜在使用方面大体相似，但是还需要阅读仪器说明书，才能正确使用。

（四）倒置显微镜的日常养护

与其他光学显微镜相似，倒置显微镜的光学系统是结构组成的重要部分，尤其是接物镜和接目镜。因此，需要注意如下一些事项：

（1）使用防尘罩，避免直接在阳光下曝晒。

（2）避免和挥发性药品或腐蚀性酸类一起存放，有液体污渍及粉尘时，及时用干净的纱布擦抹，或先用酒精棉签擦拭。

（3）透镜要用擦镜纸擦拭，若仅用擦镜纸擦不净，可用擦镜纸蘸一些镜头清洗液（酒精-乙醚 3∶7 混合液，环境湿度大的场所使用 2.5∶7.5 混合液）擦拭，对于浮尘则用洗耳球吹洗。

（4）禁止随意搬动显微镜镜体，不能随意拆卸倒置显微镜，尤其是接物镜、接目镜、聚光镜、镜筒不能随意拆卸，因拆卸后空气中的灰尘落入里面引起生霉。

（5）避免用手指皮肤和脸部皮肤触碰镜头，否则会影响观察，污染有机物的镜片，时间长了会生霉，因此，每使用一次，所有的目镜和物镜都必须用擦镜纸擦净。

（6）摆放倒置显微镜的室内保持干燥通风。

关于显微镜的镜头（接物镜、接目镜、聚光镜）擦拭，除了擦镜纸以外，可用细棒缠绕的脱脂棉。脱脂棉只能用于沾清洗液擦拭，擦镜纸则可以两层以上团揉后直接擦拭。不得使用其他物品接触显微镜镜头。严禁使用硬物触碰镜头。

三、数码摄影方法

显微数码摄影系统工作原理是由倒置显微镜的聚光镜提供足量的平行光，经过样品，透射进入载物台下方的接物镜，由接物镜进行第一次物象放大，然后经三目接口第二次放大后通过摄影感光元件形成数码照片或录制数字影像。

进行数码摄影或录像前，检查显微数码摄影系统的连接状态。捕捉数码影像时，注意调节好显微数码影像的清晰度。将捕获的显微数码影像保存于C盘以外的逻辑盘或移动盘。

习题与思考

1. 解释以下显微技术术语：分辨率、视场、光圈、载物台、双目显微镜、三目显微镜、放大倍数、光路、接目镜、接物镜、景深、倒置显微镜、正置显微镜、荧光显微镜。

2. 在使用倒置显微镜获取清晰显微视场时，放大倍数、光强和光圈三者之间有什么的基本关系？

3. 接目镜下的视场和数码摄像头提供的显微视场一致吗？两者之间有什么关系？

能力训练

实验实训9－1　倒置显微镜及其使用

[实验器材]

1. 仪器

倒置显微镜、一体式计算机、数码照相机、显微摄影系统、CO_2 培养箱、超净工作台。

2. 试剂与材料

台盼蓝染色液、生理盐水、酒精棉球、镊子、手术剪、载玻片、盖玻片、血细胞计数板、擦镜纸、洗耳球、肿瘤细胞培养物、新鲜洋葱。

[操作步骤]

1. 开机前准备

摘除防尘罩，小心折叠并摆放于倒置显微镜后方。如有必要，使用酒精棉球擦拭载物台表面粉尘，待酒精和水分挥发干燥。

使用显微镜观察时，须在实验台上严格区分出“实验操作区”和“实验记录区”，分别在显微镜的两侧。操作区摆放待观察样品和辅助器械，记录区摆放实验讲义和原始记录本。

2. 开机

确认光强调节处于最小状态，开启电源开关。通过转换器选择10×接物镜合轴正对光路。若是0∶100分光的三目倒置显微镜，需关闭三目接口。

3. 寻找、观察和记录显微影像

正确摆放预观察的样品于载物台上，使聚光镜光路通过样品区。调节聚光镜的光圈拨杆至小光圈位置，通过粗调螺旋使接物镜抬升接近载物台。

观察者双眼正对接目镜，调节双目头的相对位置，使与观察者双眼的瞳距相同，此时通过粗调螺旋使接物镜慢速远离载物台，能粗略观察到样品显微影像时，改用微调螺旋小心调节，以便获得相对清晰的视场。

为了获得更清晰的视场，操作者可自行匹配微调、光圈和光强这三者的调节程度。

更换不同视场时，可借助手动方式移动样品；精确移动视场时，需要借助机械载物台的X-Y 移动旋钮。

当需要变换不同放大倍数的接物镜时，用与转换器倾斜方向相同的手操作转换器进行切换。切换后，及时匹配微调、光圈和光强的调节程度。通常，低倍数观察需要较小的光圈和较弱的光强，高倍数观察则需要较大的光圈和较强的光强，才能获得令观察者舒适的、影像清晰的视场。一台显微镜的各种放大倍数的接物镜在设计上一般都是齐焦的，即都可以在某个放大倍数的清晰视场下，通过转换器切换即可获得不同接物镜组合的清晰视场。

值得注意的是，高倍数观察时的视场和景深均比低倍数的小，但高倍数观察时的分辨率比低倍数的高。因此，在高倍数观察时，仅调节微调螺旋，且慢速调节，也正因为此原因，在进行样品观察时，通常先用 5× 或 10× 接物镜组合的光路进行观察。

利用显微摄影系统或数码相机记录显微影像时，需要通过拨动拨杆或拉开拉杆的方式来开启三目接口。不同厂家倒置显微镜三目口与目镜的分光比不同，如 Motic AE21 是20∶80分光，COIC XDS-1B 是 0∶100 分光。0∶100 分光就是目镜端有显微视场时，三目端无；三目端有显微视场时，目镜端无。

4. 关机及保养操作

注意，在连续使用倒置显微镜期间，不得频繁开关机，以免烧坏光源灯泡。

使用结束后，尤其准备离开实验室前，务必及时关闭电源开关。

检查载物台有无粉尘或废弃液，如有必要，使用酒精棉球擦拭载物台表面粉尘。待酒精和水分挥发干燥后，调节旋钮使光强处于最小状态。罩上防尘罩。

[结果观察与记录]

1. 记录所用过仪器的完整型号，格式如“Motic AE21 倒置显微镜”。

2. 了解影响目镜最佳视野获取的主要可调节因素：微调、光圈和光强等的调节原则。

3. 描述贴壁细胞形态特征和悬浮细胞形态特征。

[实验实训思考题]

1. 比较两种倒置显微镜操作方面的异同。

2. 通过网络查找，了解、认识国内外主要的倒置显微镜制造商及其产品特性。列出你所了解的倒置显微镜制造商和他们的倒置显微镜型号。

实验实训 9－2　显微摄影与摄像技术

[实验器材]

1. 仪器

倒置显微镜、一体式计算机、数码照相机、显微摄影系统、CO_2 培养箱、超净工作台、

50～200μl单道微量移液器。

2. 试剂与材料

台盼蓝染色液、生理盐水、酒精棉球、镊子、手术剪、载玻片、盖玻片、血细胞计数板、擦镜纸、洗耳球、肿瘤细胞培养物、新鲜洋葱、Eppendorf 管、200μl 微量移液器吸嘴。

[操作步骤]

1. 数码摄影系统组成及其连接状态检查

数码摄影系统由 YM 200 数码摄像机、三目倒置显微镜、方正心逸 Q 200 一体电脑、MiE 3.0 图像处理软件等组成。YM 200 数码摄像头与倒置显微镜的三目接口连接，通过数据线与电脑 USB 口再连接。

注意检查上述部件之间的电源连接、数据线连接和工作状态是否正常。

2. 数码摄影操作

(1)图像处理软件调用　在 Windows XP 操作系统中启动“MiE 3.0 图像处理软件”，出现 MiE 3.0 图像处理软件窗口界面(图 9-2 a)。

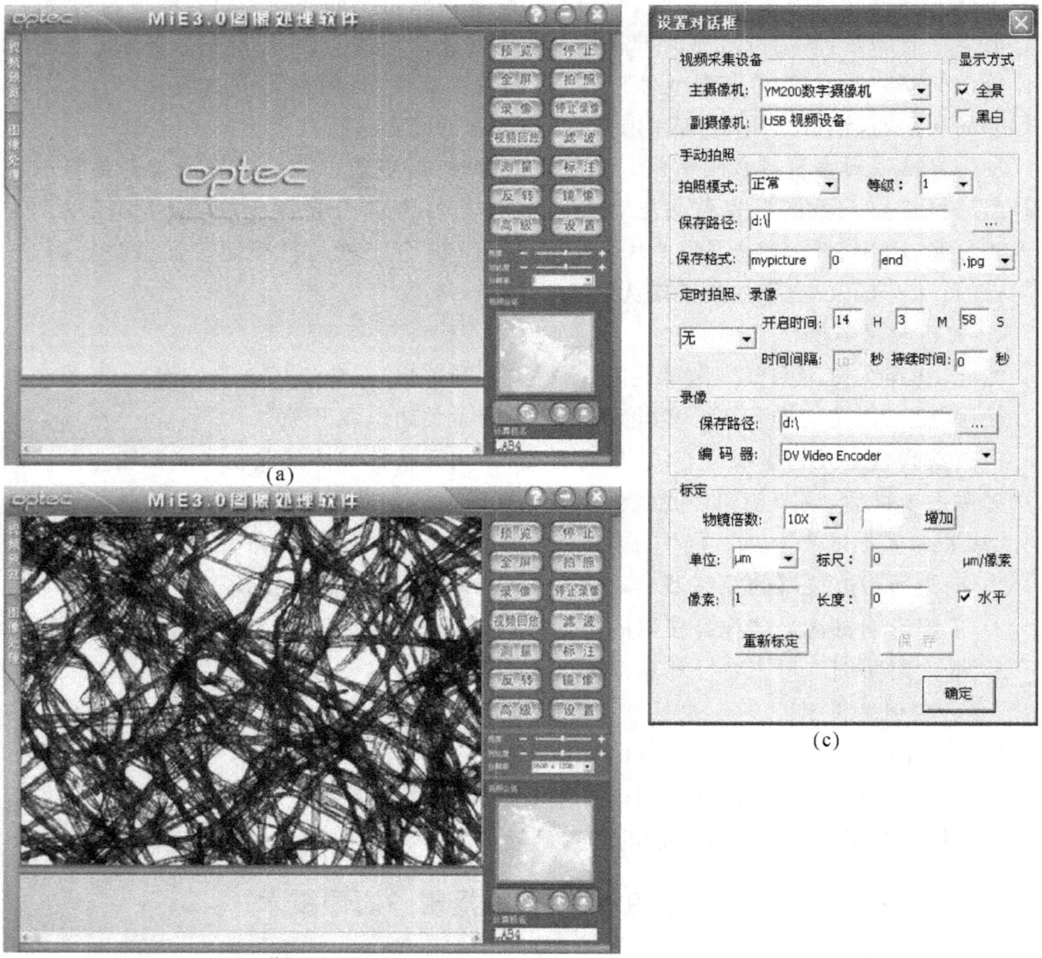

图 9-2　MiE 3.0 图像处理软件窗口界面

a. MiE 3.0 程序主窗口；b. 显微影像采集窗；c. 设置窗

(2)图像处理软件的基本设置 然后点击“设置”,出现(图 9-2 b)“设置对话框”。

在该对话框中,选择“主摄像机”为 YM200 数码摄像机,选 USB 视频设备为“副摄像机”。选择“确定”退出该对话框,即有显微影像在主窗口呈现(图 9-2c)。

如点击“视频会话”的播放键,则 USB 摄像头的视频将显现。如点击“视频会话”框上的主、副摄像机切换按钮,则此时 USB 摄像头的视频为主窗口(大),YM200 摄像机的视频为副窗口(小)。

(3)文件格式与保存路径设置 在“手动拍照”栏设定“保存格式”,其中“mypicture+1+end+.jpg”的意义和设定如下所述。若未修改默认设定,生成的照片名为“mypicture-10×001-end.jpg”,通常把“mypicture”设定为细胞材料名称,“end”设定为拍照者姓名。至于照片的文件格式,有 *.jpg 、*.bmp、*.png 和 *.tif 供选择,一般选择 *.jpg。设定文件保存位置,通常保存在“C:\”盘以外的逻辑盘,一般指定特定的文件夹。

在“录像”栏设定录像文件的录制编码器以便确定文件格式,默认选择即可。设定文件保存位置,通常保存在“C:\”盘以外的逻辑盘,一般指定特定的文件夹。

(4)显微数码图像捕获 对显微影像拍照时,先在“视频预览”模式下仔细调节显微镜的部件,使获得足够清晰和较好景深的视频预览图像,然后点按软件界面的“拍照”按钮,即完成拍摄(图 9-3)。

对显微影像进行录像时,先在“视频预览”模式下仔细调节显微镜的部件,使获得足够清晰和较好景深的视频预览图像,然后点按软件界面的“录像”按钮,录像过程可以改变视场位置和景深情况,完成时按“停止录像”按钮即可。对于录像生成的文件名,默认是“日期-时间序号”,建议在 Windows 操作系统的资源管理器窗口进行修改,或在 ACDSee 等图像浏览器窗口内进行修改。

录像的文件名建议包括细胞材料名称+录像人姓名等。使用这些文件时,可以在显微数码图像的文件属性中可查看原始建立时间和修改时间等其他参数。

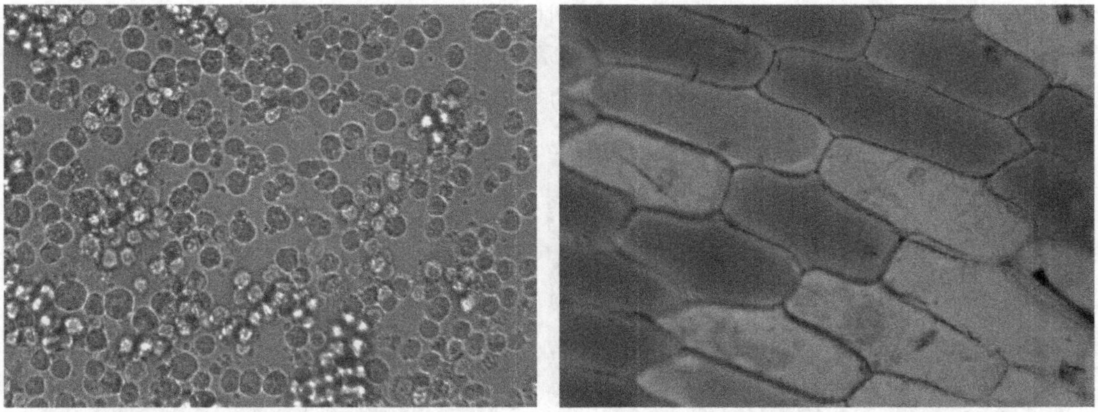

图 9-3 小鼠腹水瘤细胞株 S180 和新鲜洋葱外表皮细胞显微照片(10×)

任务二十七　死细胞与活细胞的显微判别、活细胞计数

学习目标

1. 知识目标

熟悉死细胞和活细胞在形态、染色性方面的差异。

2. 技能目标

熟悉微量移液器和血细胞计数板的基本操作。掌握判断细胞死活的基本方法——染色显微观察法、细胞形态显微观察法、增殖现象显微观察法。

任务内容

一、死细胞与活细胞的显微判别

(一)健康细胞与衰老死亡细胞的观察

健康细胞即是所谓的活细胞。在显微镜视场下,健康细胞的形态表现为细胞匀质明亮,透明度大,折光性强。相差显微镜的视场下,可以看清细胞的形态结构,细胞质中有粗大的线粒体颗粒和细胞核。

细胞培养术语中,死细胞一般指衰老细胞和死亡细胞的总称。

另外,相对于正常细胞大小两倍以上或1/2以下的细胞分别称作“大细胞”或“小细胞”。“大细胞”可以理解为多个细胞融合形成的临时细胞,或细胞经历核分裂但未能完成细胞质分裂的那些细胞,这些细胞不能正常分裂,故属于死细胞。“小细胞”一般是由于培养环境或培养液含有细胞凋亡因素,由细胞凋亡形成的规则小膜泡(图9-4)。

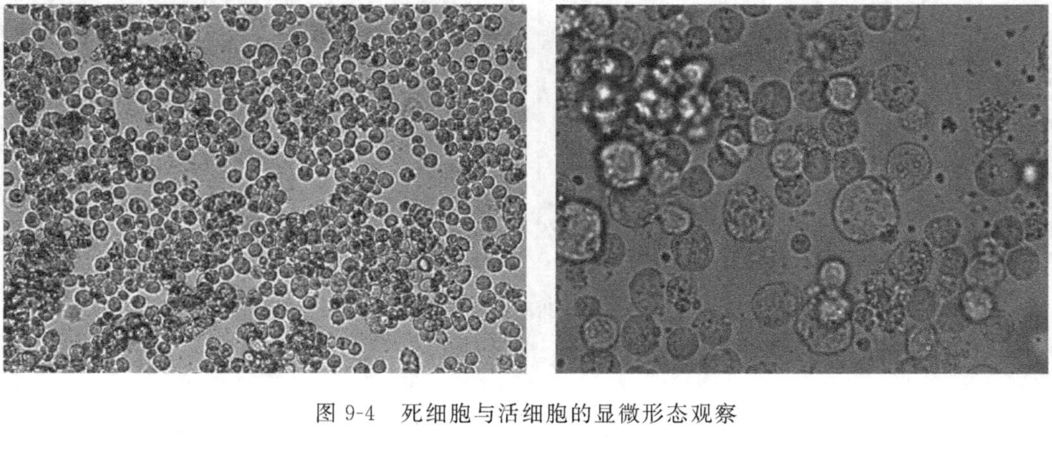

图9-4　死细胞与活细胞的显微形态观察

1. 微量移液器的结构及其使用

通常需要使用微量移液器的辅助才能将细胞培养物的单细胞悬液准备好，以便在显微镜下观察细胞的形态特征。

对微量移液器的结构了解是非常必要的(图 9-5)。使用时，微量移液器的操作手势和取吸嘴动作要领也有一定的规范，具体参考指导教师的现场示范动作。使用时，所取液体不可接触移液器吸嘴连接部。

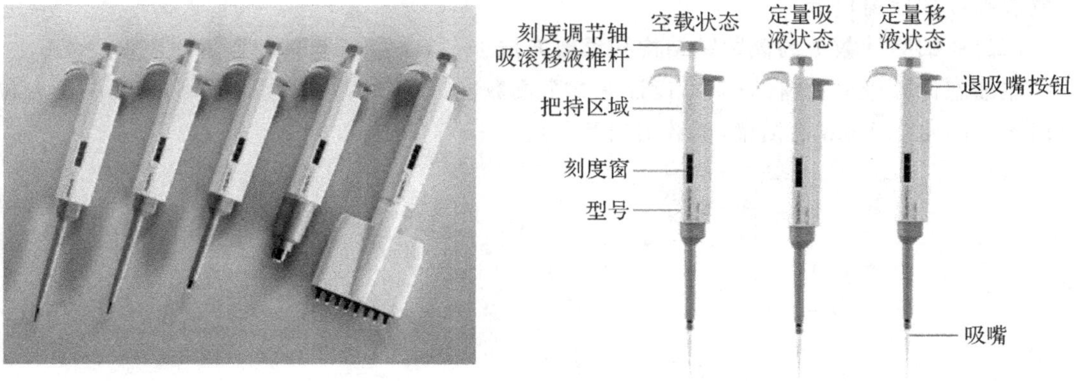

图 9-5　大龙微量移液器

移液器调节刻度至最大量程以免影响移液器的精密度，存放时应立放于指定位置。

2. 台盼蓝染色法

用微量移液器定量移取单细胞悬液，另取 0.4%台盼蓝染液与细胞悬液按 1∶1 比例混匀。然后滴加到干净的载玻片上，加盖玻片使成单层细胞悬液。

染色 3～5min 后，在 100×显微视场下观察。死细胞和细胞碎片均被染成蓝色，活细胞则不着色。

此种方法应用比较广泛，技术难度相对较小。

但需注意，有些异常大小的、不着色的细胞不一定是活细胞，如“大细胞”和“小细胞”。

3. 显微形态直接判别

用微量移液器定量移取单细胞悬液，滴加到干净的载玻片上，加盖玻片使成单层细胞悬液。这种方法判别死活细胞有一定的技术难度，需要经过训练才能逐步把握。

(1)连续变焦细胞形态观察　在 100×～400×显微视场下往复变焦观察。死细胞和细胞碎片的轮廓欠圆润，甚至不连续，细胞或碎片持续发亮的行程比较短。活细胞则相反，细胞轮廓圆润有清晰界限，随着往复变焦调节，能观察到持续发亮的细胞，即发亮行程比较长。

(2)非变焦细胞形态观察　在 100×～400×显微视场下，调焦观察目标细胞。

在悬浮细胞培养物中，死的细胞和细胞碎片的轮廓欠圆润，甚至不连续。活细胞轮廓圆润有清晰界限，大小均匀。

在贴壁细胞培养物中，活细胞的贴壁生长形态富有特征，有特定的克隆生长形态。死细胞的原有贴壁生长形态完全丧失或部分丧失，如呈悬浮状态的、边界不圆润的或细胞膜不完整的细胞。

4. 根据细胞是否增殖进行判断

此种判断非常准确，但需要连续多天观察。观察到细胞形成克隆样生长，细胞数量增加的属于活细胞，否则为死细胞。

二、动物活细胞计数技术

（一）计数板准备

先用酒精棉球分别擦拭血细胞计数板的2个计数窗及其专用盖玻片，再用干净纱布擦拭干血细胞计数板的2个计数窗及其专用盖玻片的残余酒精和水分。小心装载盖玻片使悬空放置到计数板窗口上。

（二）血细胞计数板的读数窗结构和读数方法

血细胞计数板读数窗结构中，设计有2个读数窗，也称计数窗，周边有沟槽，有两道与读数窗平面高出0.1mm的横梁，承载盖玻片用（图9-6）。

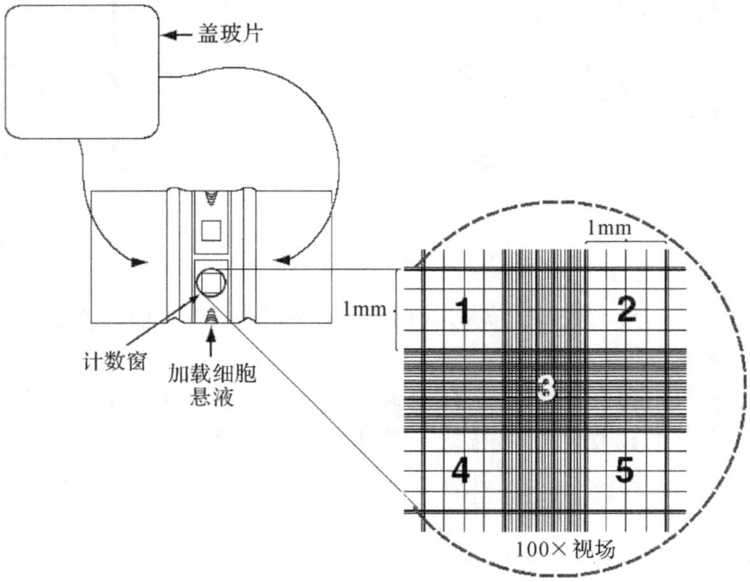

图9-6　血细胞计数板结构

配套的盖玻片规格要求24mm×24mm，厚0.13～0.17mm。

盖玻片放于计数板上，与读数窗的斜面形成"V"形夹缝。

细胞悬液加载于读数窗的斜面上，沿"V"形夹缝进入读数窗平面与盖玻片形成的空间。

图中，1、2、3、4、5这5个"大格"正好全部在100×显微镜视场范围。每个"大格"是边长为1mm的正方形，均有16个"中格"。每个"大格"容纳的细胞悬液体积是0.1mm^3，即0.1μl或10^{-4}ml。

动物细胞计数时，通常求算1、2、4、5这4个"大格"的平均细胞数，记录的细胞密度＝平均细胞数/10^{-4}ml＝平均细胞数×10^4/ml。

（三）单细胞悬液制备

从CO_2培养箱取出细胞培养物镜检。混匀使成单细胞悬液。混匀过程注意避免产生气泡，否则影响计数结果，使数值偏低。另外，混匀过程必须温和、充分，否则也会使计数数值偏低。

(四)装载细胞悬液到血细胞计数板

用微量移液器套取吸嘴，吸取混悬均匀的单细胞悬液 50～80μl，快速点加至计数板的 2 个窗口的斜台上，让细胞悬液刚好布满窗口即可。

如有细胞悬液流入计数窗周边的小槽内，则需重新准备计数板，然后再取样。否则计数结果偏低。

如果加载悬液的速度比较慢，计数时容易使数值偏高。

加载细胞悬液的计数板要求 10min 内计数完结，否则细胞容易坏死，使活细胞计数数值比实际数值低。

(五)计算血细胞计数板读数

利用倒置显微镜的接目镜，在 100× 视场下读取上方计数窗中 4 个大方格中的平均细胞数。记录当前计数窗口的细胞密度(4 个大方格中的平均细胞数 $\times 10^4$/ml)。

采用相同方法，读取下方计数窗的细胞密度。

实际细胞密度为上、下计数窗的细胞密度数值的平均数。原则上，要求 2 个计数窗的读数差异控制在 5% 以内，否则，应重新准备计数板装载细胞悬液进行新一轮的计数。

计数过程中，遵照以下原则：非独立而相连的细胞团计为 1，压上线和压左线的细胞计数，压下线和压右线的细胞不计数。

在活细胞计数时，活细胞不包括“大细胞”和“小细胞”。读数顺序是沿 16 个中格的 S 形路线读取各中格的细胞数总和。

(六)血细胞计数板用后复原

使用后，及时用酒精棉球擦拭血细胞计数板及其专用盖玻片，复原放置。盖玻片擦拭后放入培养皿，用无水乙醇浸泡。

习题与思考

1. 简述在显微镜视场下死细胞与活细胞的主要形态差异。
2. 细胞培养中，常说的大细胞、小细胞是什么？
3. 血细胞计数板使用时一定要用专用盖玻片吗？为什么？
4. 判断细胞死活的基本方法有哪些？

任务二十八　细胞株说明书、细胞增殖与细胞生长曲线

学习目标

1. 知识目标

熟悉细胞株系说明书概念，熟悉细胞生长曲线意义。

2. 技能目标

了解细胞增殖与细胞克隆细胞数的关系，能熟练使用血细胞计数板进行培养细胞的生长曲线观察。

任务内容

一、细胞株说明书

细胞株或细胞系在首次引进时，需要查阅正规的培养物保藏中心的有关细胞株系的编号或产品号。如恶性黑色素瘤 A375 细胞株，在 ATCC（The American Type Culture Collection，美国典型培养物保藏中心）的保藏号为 CRL-1619。

从各地权威保藏中心购买引进的细胞株都应该配套有对应的细胞株说明书，内容包括细胞株的寄存者（最初建立株系的负责人）、培养时所用培养基和血清的要求、是否贴壁生长或悬浮生长、建株来源组织细胞种类、繁殖条件（培养条件：培养基种类、血清添加量、其他添加物、CO_2 浓度、培养温度等）、传代要求（传代时机、传代比例等）、冻存条件（冻存液组方、冻存温度）等。在引进前要充分了解该细胞株的说明书内容，尤其要熟知细胞株的繁殖条件、传代要求和冻存条件等事项。

二、细胞增殖

典型培养条件下的动物细胞、人类细胞，会正常进行细胞分裂，日渐增加细胞数量。可增殖细胞是细胞具有良好活性的特征。

增殖也是细胞固有的属性之一，不同细胞株的增殖周期不同，多数培养细胞的增殖周期或细胞周期是 20～24h。

哺乳动物细胞的分裂是二分裂，如果是 20～24h 分裂一次，那么细胞生长克隆的细胞数与培养天数（n）的关系可以表达为 2^{n-1}，如此，第 1、2、3、4 天的细胞个数分别为 1、2、4、8、16。对于静态悬浮细胞培养，依据此关系，通过镜检独立的细胞克隆，计数平均每个独立细胞克隆的细胞个数，则非常容易知道是哪天进行的接种培养。

三、细胞生长曲线

(一)概述

在营养物质一定的体外培养体系中,无菌培养条件下,动物细胞的生长状况和生长速度与接入的细胞密度有关系。描述细胞生长的连续变化中细胞密度与培养时间的关系,往往用细胞生长曲线表示,包括迟缓期、对数生长期、稳定期和衰退期(图 9-7)。正确的生长曲线描述,依赖正常的培养条件和无菌操作,并且需要熟练的细胞计数操作。细胞生长曲线是以细胞密度为纵坐标、累计培养时间为横坐标作图描绘的折线图,也可以直接以细胞密度作纵坐标、累计培养时间为横坐标在半对数表上作图描绘的折线图。若每隔 24h 测定细胞密度,可用天(d)作累计培养时间单位,若隔 12h 或更短时间测定细胞密度,建议使用小时(h)作累计培养时间单位。

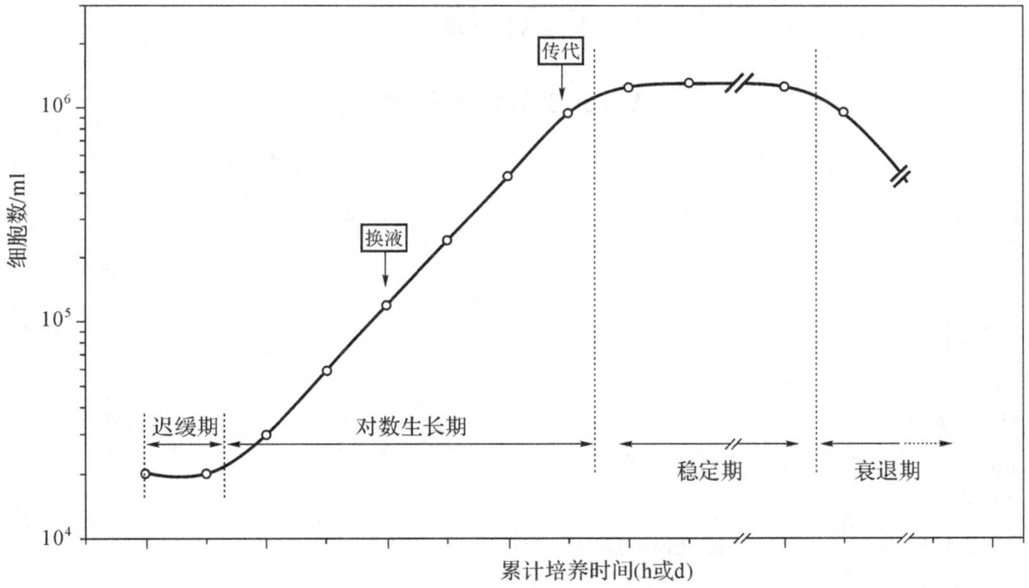

图 9-7　细胞生长曲线

作为细胞生长曲线观察用的培养物,在后续培养过程中,不得改变培养体系即培养液的体积,要确保培养条件的稳定。需要换液时采用定量换液方法操作,使用同样体积的新鲜培养液替代废弃培养液,不干扰细胞团,不取出细胞。培养条件包括温度、CO_2 浓度、趋饱和湿度,一般要求 37℃、5%CO_2 浓度、相对湿度 90%以上的条件下进行哺乳动物细胞培养。

(二)生长曲线对于哺乳动物细胞培养的意义

典型的生长曲线包括迟缓期、对数生长期、稳定期和衰退期这 4 个时期。生长曲线也是细胞株具有的特有属性,不同细胞株的生长曲线图形不完全一致。

日常培养的细胞株用于某种目的前,最好预先培养以便观察其细胞生长曲线,了解该细胞株的合理接种密度。

(1)当接种细胞密度足够高时,将不出现典型的迟缓期或迟缓期很短,并且到达衰退期的累计培养时间最短。进行细胞药理或细胞毒理试验时,预培养的细胞接种密度往往控制在 1×10^5～2×10^5/ml 范围,以便在加载供试药物时,所培养的细胞处于对数生长期并已形成单层或接近单层。

(2)当接种细胞密度合理时,会出现典型的迟缓期,并且到达衰退期的累计培养时间比较短。正因为如此,进行传代培养、原代培养、扩大培养时,一般细胞培养时都要控制接种密度在 $2\times10^4\sim5\times10^5$/ml 范围。

(3)当接种细胞密度太低时,会出现很长的迟缓期,很难观察到对数生长期、稳定期和衰退期,要观察到衰退期的累计培养时间非常长。在依赖哺乳动物细胞培养进行生物制品生产的过程中,尤其需要避免此种细胞密度下的接种培养,以免造成不必要的经济损失和时间浪费。

ZHI SHI TUO ZHAN

知识拓展

A375 细胞株说明书

ATCC® Number: CRL—1619™

Designations 名称	A—375 [A375]
Depositors 寄存者	DJ Giard
Biosafety Level 生物安全级别	1
Shipped 运输形式	Frozen 冻存
Medium & Serum 培养基和血清要求	See Propagation
Growth Properties 生长特性	Adherent 贴壁型细胞
Organism 生物类型	*Homo sapiens*(human) 人 Epithelial 上皮组织
Morphology 形态学照片	
Source 来源	Organ: skin 皮肤 Disease: malignant melanoma 恶性黑色素瘤
Permits/Forms 许可证/协议	In addition to the MTA mentioned above, other ATCC and/or regulatory permits may be required for the transfer of this ATCC material. Anyone purchasing ATCC material is ultimately responsible for obtaining the permits. Please click here for information regarding the specific requirements for shipment to your location.

Applications 寄存申请机构	Transfection host (Roche FuGENE. Transfection Reagents technology from amaxa)
Tumorigenic 致瘤特性	Yes
DNA Profile (STR) DNA 特征(STR)	Amelogenin: X CSF1PO: 11,12 D13S317: 11,14 D16S539: 9 D5S818: 12 D7S820: 9 THO1: 8 TPOX: 8,10 vWA: 16,17
Cytogenetic Analysis 细胞遗传学分析	It is a hypotriploid with a modal number of 62 chromosomes. There are 9 marker chromosomes that are commonly found in each cell, and normal N2, N6, and N22 are present at one copy per cell.
Age 年龄	54 years
Gender 性别	Female
Propagation 繁殖	ATCC complete growth medium: The base medium for this cell line is ATCC-formulated Dulbecco's Modified Eagle's Medium, Catalog No. 30-2002. To make the complete growth medium, add the following components to the base medium: fetal bovine serum to a final concentration of 10%. Temperature: 37.0°C
Subculturing 传代	Protocol: Remove and discard culture medium. Briefly rinse the cell layer with 0.25% (w/v) Trypsin-0.53 mol EDTA solution to remove all traces of serum that contains trypsin inhibitor. Add 2.0 to 3.0 ml of Trypsin-EDTA solution to flask and observe cells under an inverted microscope until cell layer is dispersed (usually within 5 to 15 minutes). Note: To avoid clumping do not agitate the cells by hitting or shaking the flask while waiting for the cells to detach. Cells that are difficult to detach may be placed at 37°C to facilitate dispersal. Add 6.0 to 8.0 ml of complete growth medium and aspirate cells by gently pipetting. Add appropriate aliquots of the cell suspension to new culture vessels. Incubate cultures at 37°C. Subcultivation Ratio: A subcultivation ratio of 1 : 3 to 1 : 8 is recommended Medium Renewal: Every 2 to 3 days.

Preservation 冻存条件	Freeze medium: Complete growth medium supplemented with 5%(v/v) DMSO Storage temperature: liquid nitrogen vapor phase
Related Products 相关产品	Recommended medium (without the additional supplements or serum described under ATCC Medium):ATCC 30－2002 recommended serum: ATCC 30－2020 derivative: ATCC CRL－1872
References 参考文献	23218: Giard DJ, et al. In vitro cultivation of human tumors: establishment of cell lines derived from a series of solid tumors. J. Natl. Cancer Inst. 51: 1417－1423, 1973. PubMed: 4357758 23221: Gershwin ME, et al. Immunobiology of heterotransplanted human tumors in nude mice. J. Natl. Cancer Inst. 58: 1455－1463, 1977. PubMed: 857033 32493: Cormier JN, et al. Heterogeneous expression of melanoma－associated antigens and HLA－A2 in metastatic melanoma in vivo. Int. J. Cancer 75: 517－524, 1998. PubMed: 9466650 32832: Sharma SD, et al. Melanotropic peptide－conjugated beads for microscopic visualization and characterization of melanoma melanotropin receptors. Proc. Natl. Acad. Sci. USA 93: 13715－13720, 1996. PubMed: 8943000

习题与思考

1. 拜访ATCC官方主页 www.atcc.com,结合实验室常用细胞株系情况,了解3～5种常见肿瘤细胞系的说明书(可下载),并分别指出:

(1)细胞株在ATCC的保藏编号。

(2)细胞株传代要求。

(3)细胞培养所用培养液要求。

(4)冻存液配方。

2. 你认为细胞说明书对细胞培养有哪些实际意义?

3. 为什么说对数生长期细胞的活性最好?表现在哪些方面?

能力训练

实验实训9－3 细胞生长曲线观察

[实验器材]

1. 仪器

CO_2培养箱、数码倒置显微镜、超净工作台、普通冰箱、空调、风淋门、洁净间、微量移液器(50～200μl),微量移液器(1000～5000μl)。

2. 试剂与材料

血细胞计数板、血细胞计数板专用盖玻片、10%BS-基础培养基(100ml/瓶分装)、台盼蓝染液、对数生长期的肿瘤细胞(悬浮生长型)、无菌15ml外旋盖离心管、无菌24孔细胞培养板、无菌长丝滴管、灭菌塑料吸嘴、1mol/L HCl溶液、擦镜纸、洗耳球、酒精棉球、医用酒精喷壶、酒精灯等。

[操作步骤]

1. 实验准备

(1)超净工作台除尘与消毒灭菌

(2)24孔板写标识

在培养板的盖板短的方边上方靠边位置,用记号笔书写标识。

标识内容包括4部分,即"培养目的""细胞株编号"、"培养的日期"和"操作者",每部分之间有足够间隔或使用间隔符。

①"细胞株编号"用英文和数字描述,如NS1、SP2/0、S8315、A375、A431、Hela229。

②"培养的日期"使用月日格式的4位数字,如0319、1120。

③"操作者"一般使用姓名的缩写英文。但在实际教学时,人数众多,建议以学生的学号后3位数字和姓氏表示。

2. 铺放单细胞悬液

需要在24孔板上的A1~D3孔(或A4~D6孔)铺放密度相同、体积相同的12孔,每孔铺放均匀的单细胞悬液1.5ml。

将预先收集的对数期细胞用新鲜培养液悬浮于15ml离心管,混匀使成单细胞悬液。用微量移液器(按1500μl/孔)或用移液管(按1.5ml/孔)铺放到24孔板上的指定的12个孔内。

3. 第1天计数

由于未进行培养,第1次计数对应的培养时间记为0h。

(1)计数板准备　先用酒精棉球分别擦拭血细胞计数板的2个计数窗及其专用盖玻片,再用干净绒布或纱布擦拭干血细胞计数板的2个计数窗及其专用盖玻片的残余酒精和水分。小心装载盖玻片使悬空放置到计数板窗口上。

(2)镜检　在倒置显微镜下镜检12个培养孔,挑选奇异孔(指细胞密度过高或过低的孔)作"×"标记,以示不作计数使用。从剩余培养孔中随机挑选1孔,在孔盖上方标注"1"。

(3)计数孔单细胞悬液制备　使用长丝滴管无菌操作混匀标注"1"的孔内细胞,使成单细胞悬液。

也可用50~200μl微量移液器无菌操作混匀,但比较麻烦。即需注意,微量移液器应套取200μl无菌吸嘴,调节刻度为150μl。吸取150μl细胞悬液于2ml Eppendorf管内。

(4)染色　吸取150μl 0.5%台盼蓝染色液于上述Eppendorf管内,使混匀。

此步骤不要求无菌操作。

(5)装载单细胞悬液至计数板　从Eppendorf管内取单细胞悬液50μl,装载到计数板的2个计数窗内。分别快速点加至计数板的2个窗口的斜台上,让细胞悬液刚好布满窗口即可。

如有细胞悬液流入计数窗周边的小槽内,则需重新准备计数板再取样装载,否则计数结果偏低。

此步骤亦不要求无菌操作。

以上(3)～(5)的操作要求连贯性好，保证所取的细胞悬液有代表性，否则易产生计数偏差。

(6)镜检读数　在倒置显微镜下，使用100×视场，读取所载细胞悬液的活细胞密度。活细胞即，求算每个计数窗中1、2、4、5这4个“大格”的平均细胞数 N_1 和 N_2，记录值＝$(N_1+N_2)/2$。由于染色后计数，细胞密度稀释了1倍，那么细胞密度$(N)=2\times$记录值$\times 10^4$/ml。

如读数值不符合计数原则，需重复(1)～(6)步骤。

(7)血细胞计数板用后复原　使用后，及时用酒精棉球擦拭血细胞计数板及其专用盖玻片，复原放置。

4. 培养

将24孔板送入 CO_2 培养箱培养。

5. 第2次以后的计数操作

(1)计数时间间隔　每隔12h左右或24h左右进行一次活细胞的密度镜检计数。

(2)培养孔选择及其标注　从 CO_2 培养箱取出24孔板，挑选准备用于计数的培养孔并标注。如第2次、第3次选择的计数用培养孔，应在孔盖上标注“2”、“3”字样，其他情形类推。

相邻2次计数所用的孔应注意随机挑选，不得顺序取用。

(3)超净工作台除尘与消毒灭菌。

(4)计数操作　方法同前述步骤3之(1)～(7)，即：

计数板准备→计数孔单细胞悬液制备→染色→装载单细胞悬液至计数板→镜检读数→血细胞计数板用后复原。

(5)培养　将24孔板送入 CO_2 培养箱培养。

6. 计数操作结束

直至活细胞密度不可计数时，停止计数操作。

7. 绘制细胞生长曲线

统计每次计数孔的累计培养时间(单位h)和细胞密度，以细胞密度的对数值为纵坐标，培养时间为横坐标，描绘出折线图。

正常情况下，活细胞的生长曲线应体现典型的4个生长时期，需在所绘曲线上标注说明。

[结果观察与记录]

1. 记录每次计数所对应的培养孔编号、累计培养时间(h)、每次计数时培养孔内的细胞密度(个/ml)。

2. 统计先后观察到的各培养孔细胞密度和累计培养时间，绘制活细胞的生长曲线。

[注意事项]

1. 接种细胞的密度取决于细胞的生长特性和培养时间的长短。通常所接种的细胞密度不宜太大，否则细胞很快就会进入稳定期，所得曲线不能准确反映细胞的生长情况。

2. 如果细胞密度未到达生长极限，尚有足够的生长空间，可以在培养3～5d后为准备计数用的细胞培养物统一进行换液。换液时掌握定量换液，即移除的体积数和添加的体积数等同。

3. 生长曲线作为一种常规方法的缺陷是数值不够精确，对细胞生长规律的准确评价需结合其他方法进行，利用 MTT 法测定生长曲线就是一种较好的选择。

任务二十九　染色体计数与染色体核型分析

学习目标

1. 知识目标

了解细胞染色体计数和细胞染色体核型分析的一般意义。

2. 技能目标

了解培养细胞染色体计数的一般操作流程。

任务内容

一、目标培养细胞的与染色体计数

细胞染色体计数是测定细胞染色体数的方法，与正常细胞比较时，能够判断该细胞是否发生染色体变异。

体外培养细胞的染色体计数方法如下：

1. 染色体标本制作

(1)添加终浓度为 0.04～0.80μg/ml 的秋水仙素到对数生长期的哺乳动物细胞培养物中，继续培养 2～4h。

(2)收集细胞悬液，使成单细胞悬液。1000r/min 离心 6min，弃上清。

其中，关于细胞的收集有两种情形：

①对于悬浮细胞的收集，使用 80%～90%汇合生长的对数期细胞培养物。可以直接使用长丝滴管吸取培养液轻轻吹打培养器皿的内表面使成单细胞悬液，然后收集于离心管中。

②对于贴壁细胞的收集，使用 80%～90%汇合生长的对数期细胞培养物，此时有足够多的分裂中期细胞。由于分裂中期细胞变圆与基底黏附不牢固，也可以直接使用长丝滴管吸取培养液轻轻吹打培养器皿的内表面使成单细胞悬液，才能收集到离心管中。最好不要使用胰蛋白酶消化法处理成单细胞悬液，以免非分裂细胞脱落影响观察。

(3)添加预先温浴至 37℃的 5ml 低渗溶液(0.075mol/L KCl)，用长丝滴管轻轻吹均匀，静置于 37℃恒温水浴 10～20min，以便胀大细胞和染色体。800r/min 离心 6min，弃上清。

(4)添加 5ml 临时配置的固定液(甲醇∶冰醋酸＝3∶1)，轻轻混匀。静置 15min 后 800r/min 离心 6min，弃上清。此步骤重复 1～2 次。

(5)添加少量临时配置的固定液，使细胞团块刚好溶解成细胞悬液即可。

(6)当取出的预先冷冻的载玻片出现细微水汽时，从 40～50cm 高处，用微量移液器滴加 100～150μl 细胞悬液于载玻片上，自然风干法干燥，或在酒精灯外焰 50℃以下的区域往复移动载玻片进行快速干燥。

载玻片需要冷冻 4h 以上，现拿现用。如果冰冻时间不足，细胞贴附将受影响，并且细胞和染色体的分散性不好。

(7)滴加新鲜 Giemsa 染色液覆盖样品区，染色 5～10min。流水淋洗载玻片样品区，用电吹风热风干燥。

2. 染色体计数

上述染色体制片要求细胞分散均匀，染色体形态完整，中期分裂相的染色体数目齐全，互不重叠，能够进行准确计数和数码照相。

在显微镜下查找、观察目标细胞染色体，选择来自独立细胞的染色体组进行计数。

统计的细胞数应大于 30 个，其中 85%以上的细胞具有恒定一致的染色体数，才能代表该培养细胞的真实染色体数。

二、培养细胞的染色体核型分析

核型是指一个细胞内的染色体按照一定的顺序排列起来所构成的图像。通常是将显微摄影得到的照片剪贴起来组成。正常细胞的核型能代表个体的核型。组型则是以模式图的方式表示，是通过对许多细胞染色体的测量取其平均值绘制而成，用以代表某个物种染色体组型的特征。

组型分析对于探讨人类遗传病的机制、动植物起源、物种间的亲缘关系、远缘杂种鉴定等方面都具有重要的意义。

染色体的基本形态学特征描述中，重要的参数有以下 4 个：

1. 相对长度

相对长度指单个染色体长度与单倍体染色体总长之比，以百分率或千分率表示。如人类细胞单倍染色体长度＝单倍常染色体总长＋X 染色体(或 Y 染色体)长度。

2. 臂指数

臂指数指染色体长臂与短臂的长度比值。臂指数 1.0～1.7 之间的称中部着丝粒染色体，1.7～3.0 之间的称亚中部着丝粒染色体，3.0～7.0 之间的称亚端部着丝粒染色体，7.0 以上的称端部着丝粒染色体。

3. 着丝粒指数

着丝粒指数指短臂长度占染色体长度的百分数。着丝粒指数在 50.0～37.5 之间的称中部着丝粒染色体，37.5～25.0 之间的称亚中部着丝粒染色体，25.0～12.5 之间的称亚端部着丝粒染色体，12.5～0 之间的称端部着丝粒染色体。

4. 染色体臂数

染色体臂数是根据着丝粒的位置决定的。着丝粒位于染色体端部的称为端部着丝粒染色体，其臂数可看作 1。当着丝粒位于染色体中部或亚中部的，其臂数可计为 2。

习题与思考

1. 简述细胞染色体计数的一般意义。
2. 细胞核型分析的意义是什么?
3. 在细胞染色体计数操作中,使用秋水仙素处理的目的是什么?

任务三十　动物细胞培养的微生物污染分析和处置

学习目标

1. 知识目标

熟悉动物细胞培养过程中常见微生物污染的种类和污染物的预防控制方法。

2. 技能目标

熟悉常见微生物污染的培养物显微形态变化特点和肉眼形态下的特征。

任务内容

一、细菌污染

(一)支原体污染

1. 概述

人和动物均有支原体的寄生,如人的口腔寄生有各种支原体。在哺乳动物细胞培养物里面,发现的支原体污染往往来源于操作者和所使用的动物血清。操作者的毛发、口腔、穿着的衣物、实验动物的皮毛及日常无菌操作的环境都可能是支原体污染的来源。购买血清商品前,需要明确制造商已经进行了检验或采取了滤过去除措施或其他措施,确保血清无支原体污染,慎重的做法是自行进行必要的实验室检验。

虽然我们在培养用液的无菌滤过时,采用的滤膜孔径是 0.22μm。支原体是一类无细胞壁的原核微生物,细胞大小在 0.2~2μm 之间,细胞容易变形通过细菌滤器。

哺乳动物细胞培养物不容易发现是否已经受支原体污染,尤其对缺乏操作经验的初学者而言,更是不容易发现。

被支原体污染的培养物,培养液不发生浑浊,多数细胞无明显形态变化,镜检时需要仔细观察才会注意到。严重感染支原体的细胞培养物,细胞增殖减缓,部分贴壁细胞变圆不贴壁生长。支原体消耗培养液中的精氨酸,抑制所培养细胞 DNA、RNA 的合成,降低细胞的抵抗能力。

各类细胞对支原体的感受性和反应性均不同，原代细胞和二倍体细胞一般不受支原体污染，多倍体细胞和无限细胞系对支原体敏感。

2. 支原体污染检测

目前建立了比较成熟的检测方法，有的有商品检测试剂盒。

常用的检测方法有支原体 PCR 检测试剂盒检测，荧光指示细胞法检测，培养法检测和扫描电镜法检测等。

3. 污染的预防

在培养基中添加对支原体有抑制杀伤作用的特定抗生素。需要谨慎使用细胞培养用血清，使用前进行支原体检测。

(二)快生长细菌污染

1. 概述

细菌可以泛指原核细胞生物，一般是原核单细胞生物，通常有细胞壁，包括细菌、放线菌、螺旋体、衣原体、支原体和立克次氏体等。

在细胞培养中，人们提及细菌污染时，一般指细菌和放线菌，一般都有细胞壁，并且都含或多或少的肽聚糖成分。

2. 污染的来源

主要来源有 4 个方面：①操作者的指甲缝、皮肤、毛发、口腔、穿着的衣物。②日常无菌操作的环境、实验动物的皮毛，以及操作时所用无菌器材的无菌程度。③培养用液的滤过除菌程度或灭菌程度。④无菌操作技术。

3. 污染的判断

快生长细菌指那些 20～30min 分裂 1 次的那些细菌。

这种污染比较常见。一般在培养过夜后即观察到培养液浑浊，或培养液 pH 明显变酸发黄(酚红指示剂)，或在培养液上层形成菌膜，肉眼观察即可见这些现象。镜检时能观察到大量细菌，如需判断是否是球菌或杆菌时，可在 400×视场下观察。

4. 污染的预防

快生长细菌的污染预防，主要采用两种措施。措施之一是严格控制污染源，谨慎进行无菌操作。另一措施是合理使用抗生素，如在培养液中新鲜添加 100U/ml 的硫酸庆大霉素，或同时添加 100U/ml 的青霉素和链霉素(俗称双抗生素)。

发生污染的培养物，是很难用离心或使用高浓度抗生素等方法去除快生长细菌的。

一旦发现培养物污染有快生长细菌，应及时用 1mol/L HCl 或 1mol/L NaOH 溶液杀灭，终止培养物生长，或直接废弃培养物。如果在多孔细胞培养板中发现个别培养孔存在快生长细菌污染，建议小心去除该孔的培养液，并添加 1mol/L HCl 或 1mol/L NaOH 溶液，以免污染扩散到周边的培养孔。

(三)慢生长细菌污染

慢生长细菌的污染来源类似快生长细菌，尤其是操作者体表寄生菌。

一般在培养过夜后不容易观察到培养液浑浊，即使镜检也不容易观察到大量细菌。

通常在培养 24～48h 后才出现培养液浑浊的现象，培养液 pH 才明显变酸发黄(酚红指示剂)，不及时镜检时容易忽略。

慢生长细菌的污染预防措施类似上述快生长细菌的情形。

发现及时，也许可以使用5～10×高浓度抗生素进行选择性杀灭。

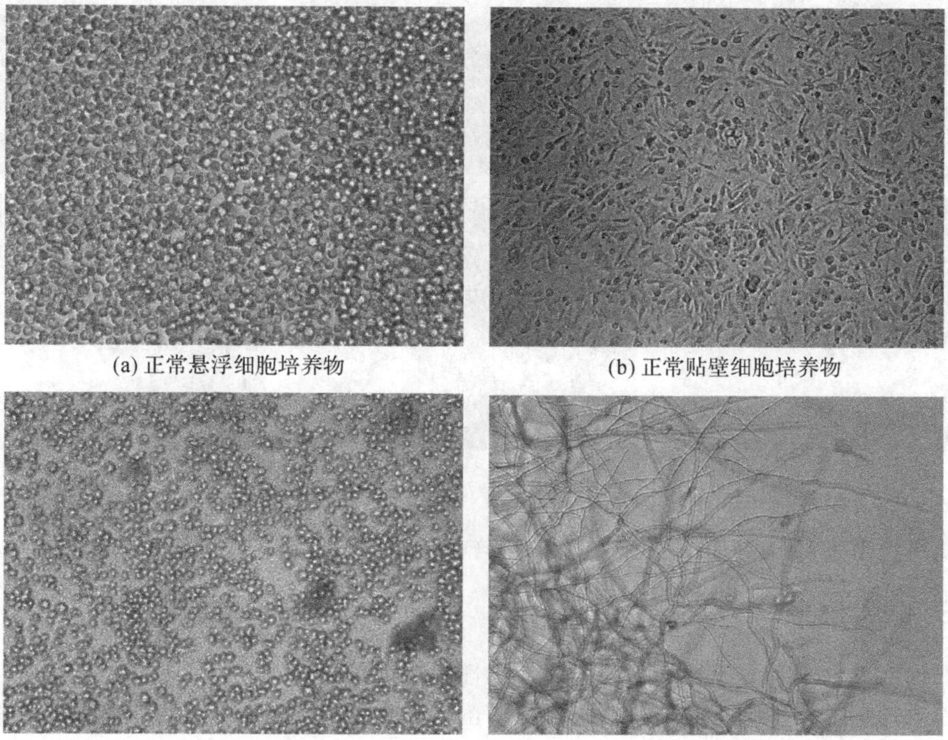

(a) 正常悬浮细胞培养物　(b) 正常贴壁细胞培养物

(c) 属于细菌污染　(d) 属于霉菌污染

图 9-8 培养细胞的显微镜观察

a. 正常悬浮细胞培养物；b. 正常贴壁细胞培养物；c. 属于细菌污染；d. 属于霉菌污染

二、真菌污染

污染来源类似快生长细菌，尤其是操作者体表寄生菌。

酵母污染比较难及时发现，一般在污染发生的24～48h后容易观察到培养液颜色的变化，变成黄色，培养液发生浑浊。低倍镜检时可见酵母菌落，高倍镜检则可分辨出酵母细胞形态。

少量感染霉菌后，培养过夜的培养物在仔细镜检时可发现霉菌孢子萌发的菌丝。培养24～48h后，则非常容易发现，肉眼可见培养液颜色变黄，可见液面上出现的点状白色或浅黄色菌落。镜检时可见纵横交错的菌丝。

关于真菌感染培养物的处置，在发现初期，如仅有少量霉菌菌丝阶段，可以考虑使用5～10×高浓度抗生素进行选择性杀灭。一般建议废弃该培养物，并及时用1mol/L HCl或1mol/L NaOH溶液杀灭。如果在多孔细胞培养板中发现个别孔存在真菌污染，尤其少量霉菌阶段，建议小心去除该孔的培养液，并添加1mol/L HCl或1mol/L NaOH溶液，以免污染扩散到周边的培养孔(图9-8)。

预防真菌感染培养物的措施之一是严格控制污染源，谨慎进行无菌操作。另一措施是

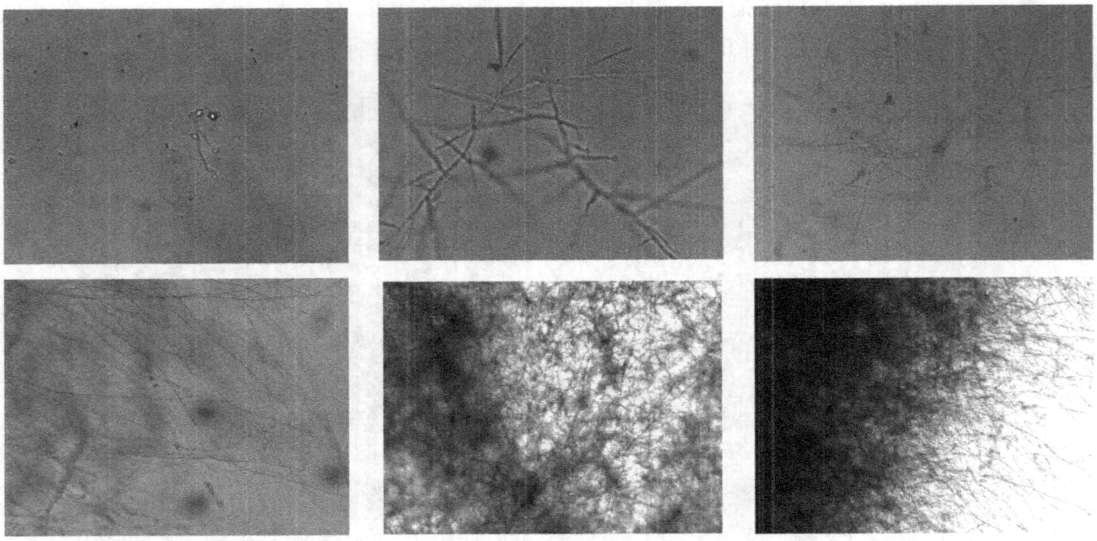

图 9-8 霉菌污染演变的显微镜观察

合理使用抗生素,添加一定浓度的抗生素到培养液中。

三、病毒污染

细胞培养物中有内源性病毒污染和外源性病毒污染。

内源性病毒指细胞株或细胞系自身带有的特定病毒,如 B95-8 细胞会释放出高滴度的 EBV 病毒。MJ 细胞释放 T 细胞白血病病毒。

外源性病毒指培养环境、无菌操作环境、操作者等原因播撒的病毒。

有些病毒甚至影响操作者的健康状况,有些会影响培养细胞的生活状况。

明确有病毒污染的培养物的操作,建议使用生物安全柜,以保证操作者的安全。

四、非微生物污染

(一)细胞交叉污染

细胞交叉污染指细胞培养操作过程中,多种细胞培养物同时培养时,如过混杂使用培养用液或无菌器材等原因容易造成同一培养物中含有两种以上细胞的情形。

注意采取适当的防止细胞交叉污染的措施。如标记出专用的细胞培养用液,长丝滴管和移液管使用后及时更换。

(二)化学污染

化学污染容易导致培养细胞坏死或凋亡。化学污染物质包括残留洗涤剂、残留细胞碎片、重金属离子。

避免化学污染的主要措施之一是,确保使用的无菌器材如试剂瓶、离心管、长丝滴管、移液管、吸嘴等清洁,尤其反复清洗灭菌使用的器材。

另外,要避免化学污染,还需注意务必谨慎进行无菌操作。诸如:①取用培养用液的无菌器材的吸液端,一旦接触皮肤、超净工作台台面等非无菌表面后,应及时弃用,更换新的器材。②放置内表面朝下盖子的超净工作台台面应预先除尘灭菌。③包装细胞培养用液的试剂瓶开盖后应注意勿使其他器材在上方通过，尤其操作者的双手不能在上方通过。④无菌操作时，垂直风淋超净工作台的边窗开启的高度不宜过高，不能关闭风淋，以免外环境的粉尘进入操作环境。

习题与思考

1. 简述在哺乳动物细胞培养过程中，容易遇到的污染类型有哪些？
2. 在哺乳动物细胞培养中，预防微生物污染的措施有哪些方面？
3. 在细胞培养的日常操作中，哪些环节容易导致培养物出现化学污染？

项目十　动物细胞培养基本技术

任务三十一　培养细胞生长特性

学习目标

1. 知识目标

根据细胞生长特性，将培养细胞分为贴壁型细胞和悬浮型细胞两种基本类型。需要熟悉该两种细胞在培养环境下的显微形态特征。

2. 技能目标

熟悉培养细胞日常观察的主要内容和观察方法。了解细胞活力测定的常见方法。

任务内容

一、贴壁型细胞与悬浮型细胞

体外培养大多培养在瓶皿等容器中，根据它们是否能贴附在支持物上生长的特性，可分为悬浮型和贴壁型两大类。

(一)悬浮型细胞

简称悬浮细胞。在体外培养时，这些细胞属于非贴壁依赖的细胞，这些细胞的细胞质膜也会与培养液底发生黏连，但最多不超过5%的表面与培养液底发生类似于细胞连接样的黏连，显微视场下细胞往往呈球形。

悬浮型细胞主要是来源于血液、淋巴组织的细胞，骨髓瘤构建的各种杂交瘤细胞，某些肿瘤细胞和转化细胞。

细胞呈圆形，一般不贴于支持物上，呈悬浮生长。这类细胞容易大量繁殖。

体外培养的细胞类型中，少数细胞种类在培养时不贴附于支持物上，而以悬浮状态生长，包括一些取自血、脾或骨髓的原代细胞，尤其是血液白细胞，以及一些肿瘤细胞。某些来源于此类细胞的细胞株或细胞系也呈悬浮状态生长。

细胞悬浮生长时可以呈单个细胞或细小的细胞团，胞体为圆形。其优点是在培养液中生长，生存空间大，允许长时间生长，便于大量繁殖。

属于悬浮型细胞常见的细胞株系有小鼠腹水瘤 S180、小鼠骨髓瘤 NS1 和 SP2/0，人造血系肿瘤细胞 U937、HL60、K562 等。

(二)贴壁型细胞

简称贴壁细胞。在体外培养时,贴壁型细胞就是那些贴壁依赖的细胞,在汇合成单层生长以前,它们的细胞质膜超过 30%的表面与培养液底发生类似与细胞连接样的黏连,显微视场下细胞一般为扁平状的各种形态。需要注意的是,贴壁型细胞汇合生长形成单层以后,失去接触抑制的那些细胞株或细胞系的细胞培养物中,常常可见或多或少的悬浮样细胞出现。

贴壁型细胞包括大多数哺乳动物的淋巴和血液以外的组织细胞,以及多数肿瘤细胞。需要贴附在带适量正电荷的固体或半固体表面才能正常生长和分裂。

大多数培养细胞均为贴壁型,它们必须贴附在支持物表面生长,这类细胞在体内时各自具有其特殊的形态,但在体外培养时贴附于支持物后形态上表现单一化而失去体内原有的某些特征,多呈上皮样或成纤维细胞样。

正常贴壁型细胞具有接触抑制和密度抑制的双重特性,细胞相互接触后可抑制细胞的运动,因此细胞不会相互重叠于其上面生长。细胞生长、汇合成片后,虽发生接触抑制,但只要营养充分,仍可增殖分裂,但当细胞数量达到一定密度后,由于营养的枯竭和代谢物的影响,细胞分裂停止,称为密度抑制。

肿瘤细胞的接触抑制及密度抑制往往减弱或消失,因此细胞可向三维空间发展,导致细胞堆积,并可生长至较高的终末细胞密度。

贴壁细胞类型有以下几种常见类型(图 10-1):

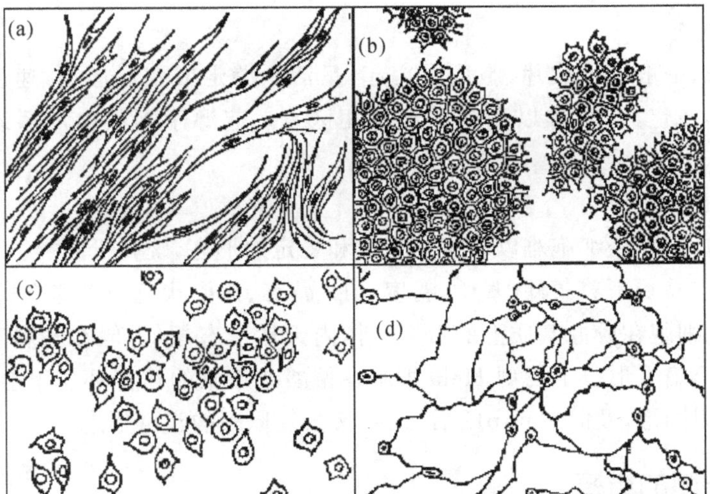

图 10-1　动物细胞形态

a. 成纤维细胞型;b. 上皮细胞型;c. 游走细胞型;d. 多形性细胞型

1. 成纤维细胞型

细胞呈梭形、扇形、星形或不规则三角形,中央有卵圆形核,胞质常向外伸出 3～5 个长短不一的突起,生长时呈放射状。细胞汇合过程中,细胞的生长呈放射状、火焰状或漩涡状。除了真正的成纤维细胞外,凡由中胚层间充质起源的组织,如心肌、平滑肌、成骨细胞、血管内皮等常呈成纤维细胞形态。培养中细胞的形态与成纤维细胞类似时皆可称之为成纤维细胞(图 10-2)。

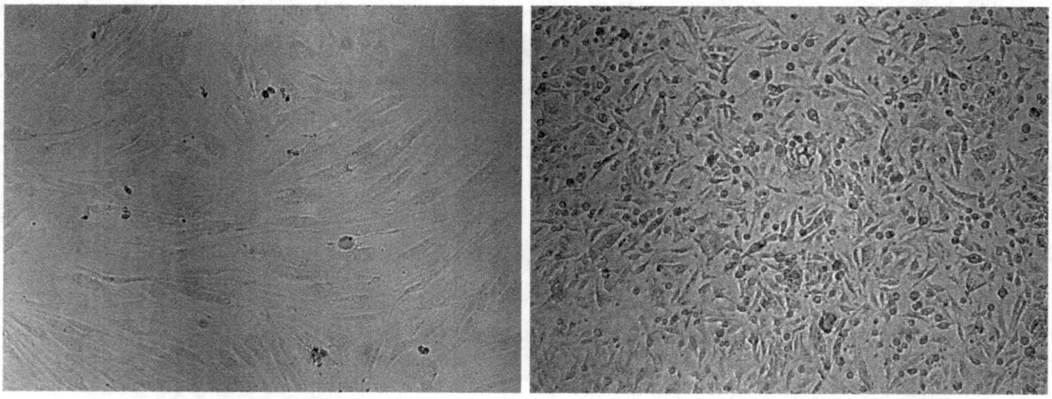

(a) 翼状胬肉成纤维细胞　　(b) 恶性黑色素瘤细胞株 A375

图 10-2　培养物显微形态

2. 上皮型细胞

细胞呈扁平不规则多边形，中央有圆形核，细胞外观透明，细胞彼此紧密相连成单层生长。生长时呈膜状移动，处于膜边缘的细胞总与膜相连，很少单独行动。起源于内、外胚层的细胞如皮肤表皮及其衍生物、消化管上皮、肝胰、肺泡上皮等皆成上皮型形态。上皮细胞传代培养后形态特征逐渐趋于典型。

3. 游走细胞型

呈散在生长，一般不连成片，胞质常突起，呈活跃游走或变形运动，速度快且方向不规则。此型细胞不稳定，有时难以和其他细胞相区别。起源于网状内皮系统的细胞属于此类型。

4. 多型细胞型

有一些细胞，如神经细胞难以确定其规律和稳定的形态，统归于此类。此类细胞在培养时，其形态结构容易受培养条件(基质、温度、pH、营养、污染状况和培养方式等)影响。

如角膜上皮细胞在胶原基质上的形态与体内天然形态相似，但在塑料基质表面细胞呈单层生长，细胞呈扁平形。上皮型 Hela 细胞在偏酸或偏碱的培养环境下会停止生长，细胞形态呈梭形、不规则形，及时纠正 pH 后，细胞又恢复原来的正常形态。

二、培养细胞的增殖

(一)体外培养细胞的生长与增殖过程

1. 概述

培养细胞的生存环境是培养方瓶、培养皿、多孔细胞培养板或其他容器，细胞的生存空间相对孤立，营养是有限的。

贴壁型细胞接种后呈悬浮状态，一般在 0.5～4h 内贴附于支持物，进入潜伏期，此期细胞无增殖发生，原代细胞持续约 24～96h，而肿瘤细胞或无限传代细胞仅需 6～24h。

只有接种的细胞密度合适，悬浮型细胞接种后一般没有潜伏期，接种并添加新鲜培养液后即可迅速进入对数增长期。

体外细胞培养生长与增殖过程中采用的常规操作手法包括换液、传代、扩大培养。

2. 换液

体外培养的贴壁型细胞在没有完全汇合成单层细胞以前，或悬浮型细胞生长到达极限密度以前，需要及时更换新鲜培养液，一般 3～4 天更换 1 次，可以选择全部更换或部分更换，此过程叫换液。

换液操作可避免培养物中因营养物耗竭或废弃物累积增多导致细胞生长抑制甚至细胞死亡的风险。

3. 传代

当细胞增殖接近极限密度时，培养物内细胞酸性废弃物累积增多，含酚红的培养液变黄色，必须从中分离出一部分细胞接种到新的培养容器，并及时更新培养液，否则将影响细胞的继续生存，这一过程叫传代。

从细胞接种到下一次传代再培养的一段时间叫一代。需要注意的是，细胞培养一代与细胞倍增的概念是不同的，细胞倍增指的是细胞总数增加一倍。一般而言，细胞培养一代的过程中，细胞可倍增 2～6 次。

培养细胞传代根据不同细胞采取不同的方法。贴壁细胞的消化传代多用混合的胰蛋白酶和二乙烯四乙酸二钠（EDTA）的消化液消化传代。EDTA 能从培养细胞的生存环境中吸取 Ca^{2+}、Mg^{2+}，这些离子是维持贴壁细胞正常生长状态的重要因素。消化液使细胞脱落形成细胞悬液，然后以合适比例接种在新的培养体系内。悬浮细胞的传代可直接添加新鲜培养液，或离心收集后，去除原培养液，更换新鲜培养液，然后以一定比例稀释后进行传代。

4. 扩大培养

将收集到的细胞按照 1∶2～1∶10 的比例接种到更大培养体系的新培养容器中继续培养，适时更换新鲜培养液，此时的操作则称作扩大培养。

细胞传一代以后，细胞群体容易出现密度抑制和营养物耗竭的风险，需要进行传代操作，或进行扩大培养的操作，否则很快进入衰退期，所培养的细胞将在 4～16h 后坏死、凋亡，甚至全部死亡。

（二）培养细胞的生命期

这里，培养细胞的生命期是指细胞在体外培养中持续增殖和生长的时间或寿命，一般可分为原代培养期、传代期和衰退期。

体内组织细胞的生存期与完整机体的死亡衰老基本相一致。

组织和细胞在培养中生命期如何？这要看细胞的种类、性状和原供体的年龄等情况。人胚二倍体成纤维细胞培养，在不冻存和反复传代条件下，可传 30～50 代，相当于 150～300 个细胞增殖周期，能维持一年左右的生存时间，最后衰老凋亡。如供体为成体或衰老个体，则生存时间较短，如培养肝细胞或肾细胞，生存时间更短，仅能传几代或十几代。只有当细胞发生遗传性改变，如获永生性或恶性转化时，细胞的生存期才可能发生改变。

1. 培养细胞的生命期

正常细胞培养时，不论细胞的种类和供体的年龄如何，在细胞生存的全过程中，大致经历以下三个阶段：

（1）原代培养期（第一期）　也称初代培养，即从体内取出组织接种培养到第一次传代阶段，一般持续1～4周。此期细胞呈活跃的移动，可见细胞分裂，但不旺盛。原代培养细胞与体内原组织在形态结构和功能活动上相似性大。细胞群是异质的，也即各细胞的遗传性状互不相同，细胞相互依存性强。如把这种细胞群进行有限稀释做克隆化培养时，细胞克隆形成率很低，即细胞独立生存性差。原代培养细胞多呈二倍体核型。由于原代培养细胞和体内细胞性状相似性大，是检测药物很好的实验对象。

(2)传代期(第二期)　原代培养细胞一经传代后便改称做细胞系。在全生命期中此期的持续时间最长。在培养条件较好情况下，细胞增殖旺盛，并能维持二倍体核型，呈二倍体核型的细胞称二倍体细胞系。为保持二倍体细胞性质，细胞应在原代培养期或传代后早期冻存。常用细胞均在不出10代内冻存。如不冻存，则需反复传代以维持细胞的适宜密度，以利于生存。但这样就有可能导致细胞失掉二倍体性质或发生转化。一般情况下可传代10～50次左右，以后细胞增殖逐渐缓慢，以至完全停止，细胞进入衰退期。

(3)衰退期(第三期)　此期细胞仍然生存，但增殖很慢或不增殖；细胞形态轮廓增强，最后衰退凋亡。在细胞生命期阶段，少数情况下，在以上三期任何一点，由于某种因素的影响，细胞可能发生自发转化，多数情况下是发生在传代末或衰退期。转化的标志之一是细胞可能获得永生性或恶性转化。

细胞永生性也称不死性，即细胞获持久性增殖能力，这样的细胞群体称无限细胞系，也称连续细胞系。在早期文献中无限细胞系也称已建立细胞系，现已不用。无限细胞系的形成主要发生在第二期末，或第三期初阶段。

细胞获不死性后，核型大多变成异倍体。细胞转化亦可用人工方法诱发，转化后的细胞也可能具有恶性性质。细胞永生性和恶性转化非同一性状。

2. 培养细胞的一代生存期

所有体外培养细胞，包括原代培养及各种细胞系，当生长达到一定密度后，都需做传代处理。传代的频率或间隔与培养液的性质、接种细胞数量和细胞增殖速度等有关。接种细胞数量大、细胞基数大、相同增殖速度条件下，细胞数量增加与饱和速度相对要快，因为细胞接种数量大时细胞增殖速度比稀少时要快。连续细胞系和肿瘤细胞系比原代培养细胞增殖快，培养液中血清含量多时细胞增殖比少时快。以上情况都会缩短传代时间。

细胞培养中，细胞的"一代"仅是指从细胞接种到分离再培养时的一段时间，这已成为培养工作中的一种习惯说法，它与细胞倍增一代非同一含义。如某一细胞系为第153代细胞，即指该细胞系已传代153次。它与细胞世代或倍增不同，理论上，细胞世代与倍增是同义词。在细胞一代中，细胞可倍增3～6次。

细胞每一次的传代，一般都要经过以下三个阶段：

(1)潜伏期　细胞接种培养后，先经过一个在培养液中呈悬浮状态的悬浮期。此时细胞胞质回缩，胞体呈圆球形。接着是细胞附着或贴附于底物表面上，称贴壁，悬浮期结束。各种细胞贴附速度不同，这与细胞的种类、培养液成分和底物的理化性质等密切相关。原代培养细胞贴附慢，可长达10～24h或更多；连续细胞系和恶性细胞系快，10～30min即可贴壁。

细胞贴壁现象是一个非常复杂和与多种因素相关的过程。支持物能影响细胞的贴附，底物表面不洁不利贴附，底物表面带有阳性电荷利于贴附。另外，在贴附过程中，有一些特殊物质如纤维连接素、细胞表面蛋白等也参与贴附过程。这些物质都是蛋白类成分，它们有的存在于细胞膜的表面，如CSP；有的则来自培养液中的血清，如LETS。近年又从各种不同组织和生物成分中提取出了很多促贴壁物质。贴附或黏附是贴壁细胞生长增殖条件之一。

细胞贴附于支持物后，首先经历前述延展过程变成极性细胞，还要经过一个潜伏阶段，才进入生长和增殖期。细胞处在潜伏期时，可有运动活动，基本无增殖，少见分裂相。细胞潜伏期与细胞接种密度、细胞种类和培养液性质等密切相关。原代培养细胞潜伏期长，约24～96h或更长，连续细胞系和肿瘤细胞潜伏期短，仅6～24h。细胞接种密度大时潜伏期短。当细胞分裂相开始出现并逐渐增多时，标志细胞已进入对数生长期。

(2)对数生长期　这是细胞增殖最旺盛的阶段，细胞分裂相增多。对数增生期细胞分裂相数量可作为判定细胞生长旺盛与否的一个重要标志。

一般以细胞分裂指数(MI)表示，即细胞群中每1000个细胞中的分裂相数。体外培养细胞分裂指数受细胞种类、培养液成分、pH、培养箱温度等多种因素的影响。一般细胞的分裂指数介于0.1%～0.5%，原代细胞分裂指数低，连续细胞和肿瘤细胞分裂指数可高达3%～5%。pH和培养液血清含量变动对细胞分裂指数有很大影响。

对数生长期是细胞一代中活力最好的时期，因此是进行各种实验最好的和最主要的阶段。对数生长期时间长短因细胞本身特性及接种密度、血清浓度而不完全相同，在接种细胞数量适宜情况下，对数增生期持续3～5天后，随细胞数量不断增多、生长空间渐趋减少、最后细胞相互接触汇合成片，继续单层或多层生长。细胞相互接触汇合后，如培养的是正常细胞，由于细胞的相互接触能抑制细胞的运动，这种现象称接触抑制。而恶性细胞或细胞系则无接触抑制现象，因此接触抑制可作为区别正常与癌细胞标志之一。肿瘤细胞由于无接触抑制能继续移动和增殖，导致细胞向三维空间扩展，使细胞发生堆积。细胞接触汇合成片后，虽发生接触抑制，只要营养充分，细胞仍然能够进行增殖分裂，因此细胞数量仍在增多。但当细胞密度进一步增大，培养液中营养成分减少，代谢产物增多时，细胞因营养的枯竭和代谢物的影响，则发生密度抑制，导致细胞分裂停止。因此细胞接触抑制和密度抑制是两个不同的概念，不应混淆。

(3)稳定期　细胞数量达饱和密度后，细胞相互接触汇合成片，因接触抑制及密度抑制，细胞遂停止增殖，进入稳定期，也称平顶期、停滞期。

此时细胞数量不再增加，但仍维持一定时间的活力，此时应及时分离传代，否则细胞将因中毒而发生改变甚至死亡。此时期细胞虽不增殖，但仍有代谢活动，继而培养液中营养渐趋耗尽，代谢产物积累，pH降低。此时需做分离培养即传代，否则细胞会中毒，发生形态改变，重则从底物脱落死亡，故传代应越早越好。

传代过晚会出现细胞中毒现象，影响下一代细胞的活性状态。在这种情况下，虽进行了传代，因细胞已受损，需要恢复，至少还要再传1～2代，通过换液去除死细胞，使受损轻微的细胞得以恢复后才能再用。结果反而耽误了时间，这是在实验中应特别注意的。

三、培养细胞的生存活性分析

(一)培养细胞的常规观察

培养细胞在体外的生长过程是一个动态的连续过程，细胞的数目、形态以及培养液的颜色、澄明度等在一定程度上都是细胞生长状况的表现。借助于肉眼或显微镜的帮助，通过对上述常规指标的观察，可以有效地帮助我们及时把握细胞的生长信息，适时、适当采取相关措施培养好细胞。

1. 培养液的观察

培养液的颜色和澄明度是肉眼观察的两个重要指标。新鲜的培养液一般呈现桃红色，pH 约为 7.2～7.4，培养过细胞后的培养液由于含有大量细胞代谢产物而使得 pH 降低，颜色也逐渐变黄。培养液颜色的这种变化是由其所含有的酚红指示剂来显示的，酚红会随溶液的 pH 变化而改变颜色，成为指示培养液 pH 的最直观指标。培养液颜色变黄是细胞需要更换培养液的信号。一般情况下，大多数细胞需要每 2～3 天换一次新鲜培养液。需要注意的是，如果细胞在换液后或传代后培养液很快就会变黄，这可能是细菌污染或培养瓶不干净造成的。

正常情况下，无论颜色如何变化，培养液都能保持澄明。一旦发现培养液变混浊，就应注意是否有污染发生。上述情况多适用于贴壁生长的细胞，对于悬浮生长的细胞来说，随着细胞密度的升高，培养液也会在一定程度上变浑，判断其是否污染应结合溶液颜色变黄的速度、细胞增殖的速度、显微镜下是否可观察到污染以及其他一些方法进行判断。

2. 显微镜检查

显微镜检查简称镜检，相差显微镜是利用光的衍射与干涉原理制造的，是观察透明活细胞的最佳工具，可以清晰地帮助我们看到生活状态下细胞的形态结构特点，并动态观察和记录细胞的附着、贴壁、伸展、移动、分裂等过程。

在不具备相差显微镜的实验室，普通的倒置显微镜也不失为一种好的观察工具。生长状况良好的细胞在倒置显微镜下观察时较为明亮、折光性也强，细胞的轮廓不清但形态规则。生长状况不佳的细胞在倒置显微镜下观察时折光性变弱、轮廓变得清晰，细胞形态也变得不规则，细胞间的间隙变大，细胞中常出现颗粒样物质，情况更严重时，还可见到脱落死亡的细胞增多。

(二)细胞活力测定

1. 台盼蓝染色测定细胞活力

死细胞和受损细胞的细胞膜通常因缺损而不完整，这样某些染料分子便可穿过细胞膜进入到细胞内部并使细胞被染上相应的颜色。与死细胞和受损细胞不同，活细胞的细胞膜结构完整，能阻止染料进入细胞而拒染。台盼蓝便是这样的染料，经台盼蓝染色的死细胞或受损细胞常为浅蓝色。除台盼蓝外，伊红、苯胺黑也是常用的鉴定细胞活力的染料，所不同的是，经伊红和苯胺黑染色的死细胞或受损细胞分别为红色和黑色。

2. 四甲基偶氮唑盐(MTT)法测细胞相对数目和相对活力

四唑盐比色实验是一种常用的检测细胞存活与生长状况的方法，实验所用之显色剂是一种能接受氢原子的染料，化学名为 3-(4,5-二甲基噻唑-2)-2,5-二苯基四氮唑溴盐，商品名是噻唑蓝，简称 MTT。活细胞，特别是增殖期的细胞可通过线粒体代谢过程中产生的琥珀酸脱氢酶的作用，使外源性淡黄色的 MTT 被还原为蓝紫色的结晶物甲臜并沉积在细胞中，其形成量与活细胞数呈正相关。利用 DMSO 或酸化异丙醇进一步溶解细胞中的紫色结晶物甲臜，在酶标仪或分光光度计下测定 570nm 波长处的光吸收值，可间接反映出活细胞数量的变化情况。

3. 细胞的分裂指数

分裂指数是衡量体外培养细胞生长增殖状况的重要指标，常用细胞群体中分裂细胞所占的百分比来表示。分裂指数是测定细胞周期的一个重要指标，与生长曲线有一定的联系，如随着分裂指数的不断提高，细胞也就进入了指数生长期。同时，分裂指数也是不同实验研究选择细胞的重要依据。

4. 集落形成实验

集落形成实验也称克隆形成实验，是检验细胞存活率和增殖能力的有效指标。集落或克隆是指单个细胞在体外经 6 代以上增殖后所形成的细胞群体，直径大小常在 0.3～1.0mm。正常细胞在体外培养时由于常需附着在坚硬的玻璃或塑料表面才能生长，而转化或恶变的肿瘤细胞却常常丧失附着依赖生长的特性，可在软琼脂或甲基纤维素中以集落的方式生长。通过对集落的计数，不仅可以了解细胞的生存增殖能力，而且还可用于评价肿瘤细胞对抗肿瘤药物的敏感性、肿瘤放射生物学研究。

常用的集落形成实验主要有平板集落形成实验和软琼脂集落形成实验，此处主要介绍软琼脂集落形成实验。

5. 细胞生长曲线的绘制

生长曲线是测定细胞生长基本规律的重要指标，常通过每日或隔日连续计数细胞来绘制。广泛用于比较和评价各种药物、营养条件对细胞生长的影响。

6. 细胞周期的测定

细胞周期指细胞一个世代所经历的时间，即从一次细胞分裂结束到下一次分裂结束所经历的时间，它反映了细胞增殖速度。测定群体细胞周期的方法很多，主要有同位素标记法、细胞计数法、流式细胞仪测定等。这里主要介绍利用 5-溴脱氧尿嘧啶核苷(BrdU)渗入测定细胞周期的方法。

BrdU 加入培养液后，可代替胸腺嘧啶核苷掺入到所复制的 DNA 新链中，经过一轮复制，在每条染色单体的一条 DNA 链均含有 BrdU，但经染色后染色体却仍为深染。经过两个细胞周期后，细胞中两条单链均含 BrdU 的 DNA 将占总数的 1/2，反映在中期染色体上表现为其中的一条单体浅染。但若经历了三个周期，则约一半的染色体的两条单体均浅染，另一半为一深一浅。这样，通过统计分裂相中各期的比例，就可算出细胞周期的值。

ZHI SHI TUO ZHAN

知识拓展

1. 长丝滴管的取用

(1)如何从消毒筒取滴管

在准备好的超净工作台内，按无菌操作要求，左手握消毒筒使平伏，用右手拿“过火”消毒的辅料镊从消毒筒中夹取无菌长丝滴管使突出 2cm，放下辅料镊，用右手拇指和食指夹拿滴管，后将滴管转移到左手食指与中指间夹持。使消毒筒成倾斜状，用右手将消毒筒盖盖回，再将滴管交右手拇指和食指夹拿，左手将消毒筒复位。

双手协助，左手食指和中指夹持滴管，用右手在滴管上套上胶头。

(2)夹持滴管同时进行的操作

①试剂瓶(装载完全培养液、缓冲液或 1mol/L HCl 溶液等)瓶盖的开启与旋紧

左手食指和中指夹持滴管，同时用拇指和中指抓握试剂瓶瓶体上部，使用右手即可方便开启或旋紧试剂瓶瓶盖。试剂瓶的瓶盖以内表面朝下的方式放置于台面。

②离心管盖子的开启与旋紧

左手食指和中指夹持滴管，同时抓握离心管的靠上部位，右手开启或旋紧离心管盖子。

2. 24孔细胞培养板的取用

24孔细胞培养板的持板手法包括：混匀培养孔内的悬浮型细胞制备单细胞悬液，取出培养孔内的培养液，添加培养液或其他培养用液于特定培养孔内。

这些操作手法均相似，即左手手心朝向非操作孔上方的板盖，用拇指和食指夹持培养板的盖板，小心拿到孔板的外侧上方，用右手中指和无名指夹持滴管，拇指和食指控制胶头进行相关操作。

3. 如何避免培养孔内培养液产生气泡

细胞悬液中存在气泡会损伤细胞，甚至致死细胞。一般在混匀操作、接种操作中，由于使用含血清培养液，其中的蛋白成分容易形成气泡。要避免培养孔内气泡的出现，主要是控制勿让空气进入培养液。

因此，操作长丝滴管或微量移液器时，应使滴管或吸头处于吸液的真空状态后再探入孔内液体，吸液过程应缓缓释放真空状态，混匀操作时的移液过程保持滴管或吸嘴残留少量液体。

习题与思考

1. 解释下列术语：贴壁细胞、悬浮细胞、汇合、换液、传代培养、扩大培养。
2. 细胞传代的代数和细胞分裂倍增的次数有何区别？
3. 日常培养细胞镜检观察的内容应包括哪些方面？

能力训练

实验实训 10－1 台盼蓝染色测定细胞活力

[实验器材]

1. 仪器

倒置显微镜，CO_2 培养箱，普通冰箱，超净工作台，低速冷冻离心机，显微数码摄影系统，微量移液器。

2. 材料与试剂

(1)非无菌材料：酒精棉球，0.4%台盼蓝溶液，离心管架，血细胞计数板，记号笔。

(2)无菌材料和试剂：辅料镊，24孔细胞培养板，15ml离心管，长丝滴管，10ml刻度移液管，灭菌塑料吸嘴，10% BS-RPMI 1640培养液，10% BS-DMEM培养液，添加有0.02%

EDTA 的 0.25%胰蛋白酶消化液，1mol/L HCl 溶液。

(3)细胞材料：悬浮细胞培养物，贴壁细胞培养物。

[操作步骤]

1. 收集培养孔中的细胞，制备单细胞悬液。如为贴壁细胞需用胰蛋白酶消化后再制备单细胞悬液。适当调整细胞密度在 10^6 个/ml 左右。

2. 取 0.5～1.0ml 细胞悬液至 Eppendorf 管中，等量加入 0.4%台盼蓝染液，染色 2～3min。

3. 用微量移液器吸取少量细胞悬液加入到血细胞计数板上的计数窗中。

4. 显微镜下计数 500 个细胞，分别计数死细胞和活细胞数目，计算细胞活力。

5. 结果判定。死细胞能被台盼蓝染上色，镜下可见其为浅蓝色的细胞，活细胞不能被染色，镜下呈无色透明状。

细胞活力(%)=(总计数细胞数－着色的死细胞数)÷总计数细胞数×100%

[注意事项]

1. 与台盼蓝溶液混合后的细胞悬液不可放置时间过长，因为活细胞对染料也有一定摄取能力，若时间太长，活细胞也会被染色。

2. 细胞悬液和台盼蓝溶液的用量可根据实验条件及要求进行必要调整。

3. 使用后要及时用酒精棉球认真清洗血细胞计数板和盖玻片，并用擦镜纸擦干后保存。

实验实训 10－2　MTT 法测细胞相对数目和相对活力

[实验器材]

1. 仪器

倒置显微镜，CO_2 培养箱，普通冰箱，超净工作台，显微数码摄影系统，微量移液器，酶标仪。

2. 材料与试剂

(1)非无菌材料　酒精棉球，离心管架，血细胞计数板，记号笔。

(2)无菌材料和试剂　辅料镊，96 孔细胞培养板，15ml 离心管，长丝滴管，10ml 刻度移液管，灭菌塑料吸嘴，MTT 溶液(5mg/ml)，10% BS-RPMI 1640 培养液，添加有 0.02% EDTA 的 0.25%胰蛋白酶消化液，1mol/L HCl 溶液，DMSO。

(3)细胞材料　贴壁细胞培养物。

[操作步骤]

1. 接种细胞

取对数期生长的贴壁细胞经消化、洗涤后制备的单细胞悬浮液，以一定密度接种在平底 96 孔细胞培养板上，每组设 3 个平行孔，每孔 200μl。

2. 培养细胞

将上述 96 孔细胞培养板移入细胞培养箱，在 37℃、5%CO_2、饱和湿度条件下培养。

3. 呈色

至收获前 4h 每孔加入 20μl MTT 溶液(5mg/ml)，继续孵育 4h 后终止培养，从每孔小心吸弃上清液 100μl，再加入 DMSO 150μl，置酶标仪上振荡 10min，以使结晶物充分溶解。

4. 比色

选择570nm波长，在酶标仪上测定各孔的光吸收值，记录结果。

[注意事项]

1. 设空白对照。空白对照为不加细胞只加培养液，其他步骤与实验组相同，比色时以此孔调零。

2. 依据实验目的、细胞种类、细胞生长习性选择适当的细胞接种密度和培养时间长短。一般情况下，96孔细胞培养板每孔最多可以生长 1×10^5 个细胞，切不可接种密度太高，致使培养终止前细胞过满，影响实验的区分度。

3. 高浓度的血清会导致实验本底增加，应尽量选择不超过10%BS的培养条件。

实验实训 10－3　细胞的分裂指数

[实验器材]

1. 仪器

倒置显微镜，CO_2 培养箱，普通冰箱，超净工作台，低速冷冻离心机，显微数码摄影系统，微量移液器。

2. 材料与试剂

(1)非无菌材料　酒精棉球，离心管架，血细胞计数板，记号笔，甲醇，冰醋酸，Giemsa染液，PBS溶液。

(2)无菌材料和试剂　辅料镊，6孔细胞培养板，一次性培养皿，15ml离心管，长丝滴管，10ml刻度移液管，灭菌塑料吸嘴，10% BS培养液，添加有0.02% EDTA的0.25%胰蛋白酶消化液，1mol/L HCl溶液。

(3)细胞材料　悬浮细胞培养物，贴壁细胞培养物。

[操作步骤]

1. 将培养细胞的单细胞悬液以一定密度接种至内含盖玻片的培养皿或6孔细胞培养板的培养孔内。

2. 置细胞培养箱中培养48h，使细胞贴附在盖玻片上生长。

3. 取出盖玻片，按下列顺序操作：PBS漂洗3min→固定液(甲醇∶冰醋酸＝3∶1体积比)固定30min→Giemsa染液染色10min→自来水流水淋洗。

4. 待盖玻片晾干后将其反扣在载玻片上，镜检。

5. 结果计算。分裂指数＝分裂细胞数/总细胞数×100%。

[注意事项]

1.操作时动作要轻缓，以免使盖玻片上的细胞脱落。

2.细胞接种密度、培养时间由细胞的种类及生长习性决定。

实验实训 10－4　集落形成实验

[实验器材]

1. 仪器

倒置显微镜，CO_2 培养箱，普通冰箱，超净工作台，低速冷冻离心机，显微数码摄影系统，微量移液器。

2. 材料与试剂

(1)非无菌材料　酒精棉球,离心管架,血细胞计数板,记号笔,琼脂粉。

(2)无菌材料和试剂　辅料镊,24孔细胞培养板,15ml离心管,长丝滴管,10ml刻度移液管,灭菌塑料吸嘴,10% BS培养液,5%琼脂溶液,添加有0.02% EDTA的0.25%胰蛋白酶消化液,0.4%台盼蓝溶液,1mol/L HCl溶液。

(3)细胞材料　悬浮细胞培养物,贴壁细胞培养物。

[操作步骤]

1. 制备细胞悬液

取对数期生长贴壁细胞经消化、洗涤后用培养液根据实验要求稀释调整细胞密度,待用。

2. 制备底层琼脂

用三蒸水配制5%琼脂溶液,高压灭菌后待温度降至50℃左右,加入预温的9倍体积含血清培养液稀释,混匀后迅速加入24孔培养板中0.8ml,室温凝固琼脂。

3. 制备上层琼脂

取0.6ml保温于50℃的5%的琼脂与9.6ml单细胞悬液迅速混匀后立即加入到铺有底层琼脂的24孔培养板中,每孔0.8ml,室温凝固琼脂。

4. 将培养板置细胞培养箱中培养7～14天。

5. 倒置显微镜下计数集落数目,按下面公式计算结果。

集落数＝n个孔的细胞集落数总和÷孔数(n)。

集落形成率＝(集落数÷接种细胞总数)×100%。

[注意事项]

1. 制备琼脂凝胶时尽量避免气泡和局部结块的产生。

2. 琼脂与完全培养液混合温度不要超过50℃,与细胞悬液混合时的温度不要超过40℃,以免降解培养液的营养成分和损伤细胞。

实验实训10－5　细胞周期的测定

[实验器材]

1. 仪器

倒置显微镜,CO_2培养箱,普通冰箱,超净工作台,低速冷冻离心机,显微数码摄影系统,水浴锅。

2. 材料与试剂

(1)非无菌材料　酒精棉球,离心管架,血细胞计数板,擦镜纸,记号笔,废液缸,甲醇,冰醋酸,Giemsa染液,秋水仙素,2×SSC液,30W紫外灯,水浴,饭盒。

(2)无菌材料和试剂　辅料镊,6孔细胞培养板,培养瓶,15ml离心管,长丝滴管,10ml刻度移液管,灭菌塑料吸嘴,10% BS培养液,添加有0.02% EDTA的0.25%胰蛋白酶消化液,无菌Hank's液,1.0mg/ml BrdU溶液,1mol/L HCl溶液。

(3)细胞材料　悬浮细胞培养物,贴壁细胞培养物。

[操作步骤]

1. 取对数期生长的单细胞悬液,以一定密度接种在培养瓶或培养孔中。

2. 当培养细胞进入对数生长期时，向培养液中加入 BrdU，使最终浓度为 10μg/ml。

3. 培养 44～54h 后，加入秋水仙素，终浓度为 0.1μg/ml。

4. 继续培养 4～6h 后，常规消化细胞至离心管中，注意培养上清的漂浮细胞也要收集到离心管中。

5. 常规染色体制片。

6. 有细胞一面向下，将染色体玻片放在一饭盒中的玻璃支架上，加入 2×SSC 液以不超过标本表面为宜，然后在标本上覆盖一张擦镜纸，使纸的两边浸入 2×SSC 液中，以保持标本的湿润。

7. 将饭盒放在 56℃ 水浴锅中，湿育，上面用 30W 的紫外灯管 6～10cm 垂直照射 30min。

8. 弃去 2×SSC 液和擦镜纸，立即用 4℃左右的流水冲洗。

9. Giemsa 液染色 5～10min，流水冲洗，干燥后镜检。

10. 镜检 100 个细胞的分裂相，统计 M1、M2、M3、M4 细胞期（对应前期、中期、后期和末期这 4 个细胞分裂时期）分裂指数。

11. 根据下式计算细胞周期

细胞周期(Tc)＝48/[(M1＋2M2＋3M3＋4M4)/100](h)

[注意事项]

1. 秋水仙素的加入时机会因细胞的类型、生长速度有所差异。

2. 加入 BrdU 后应避光培养。

任务三十二　健康动物体内培养

学习目标

熟悉小鼠皮下接种肿瘤细胞生长实体瘤的操作方法，熟悉小鼠腹腔接种肿瘤细胞生长腹水瘤的一般操作。

任务内容

健康动物体内培养指利用某种健康的实验动物接种其他动物或人体来源的细胞株或细胞系进行的体内培养。也可指鸡胚孵化中的胚胎发育所出现的细胞增殖现象。所涉及动物要求健康，就是要符合 SPF 要求，由无特定病原微生物污染的动物繁育而来，饲养过程严格，如采用无菌饲料，使用滤过除菌的水源和空气。

健康动物体内培养一般见于构建荷瘤动物，作为进行药物筛选、抗肿瘤药物研究中的药理模型。体内培养也见于其他目的，如接种杂交瘤细胞生长腹水制备单克隆抗体，微生物污染的肿瘤细胞株接种健康动物以便挽救细胞培养物。

将鼠源杂交瘤细胞株接种到小鼠腹腔，建立腹水瘤小鼠，收集腹水，经离心分离，制备腹水上清。这是大量制备单克隆抗体的常规方法，成本低。在生物制品生产中，此法有涉及动物福利问题，会受到动物保护组织或机构的反对。

准备荷瘤动物有皮下接种、腹腔接种等方法。建立荷瘤动物使用的实验动物常采用健康小鼠或健康大鼠。

习题与思考

1. 荷瘤动物构建时，皮下注射、腹腔注射进行目标细胞接种时对细胞密度的要求和细胞悬浮用液的要求分别是怎样的？
2. 从生物安全方面考虑，如何处置死亡的实验动物？

能力训练

实验实训 10－6　皮下接种生长实体瘤

[实验器材]

1. 仪器

倒置显微镜，CO_2 培养箱，普通冰箱，超净工作台，低速冷冻离心机，显微数码摄影系统，IVC 独立送风笼具。

2. 材料与试剂

(1)非无菌材料　酒精棉球，离心管架，血细胞计数板，记号笔。

(2)无菌材料和试剂　辅料镊，眼科镊，眼科手术剪，一次性培养皿，一次性 1ml 注射器，6 孔细胞培养板，15ml 离心管，长丝滴管，10ml 刻度移液管，10% BS-RPMI 1640 培养液，无菌生理盐水，1mol/L HCl 溶液。

(3)实验动物与细胞材料　健康小鼠，SP2/0 或 S180。

[操作步骤]

1. 细胞悬液准备

脊椎脱臼法处死小鼠，无菌选取生长良好(有光泽，淡红色)的瘤组织。在 PBS 中将瘤组织剪碎后用匀浆器研磨，经 80～100 目筛网过滤成单细胞悬液。

或收集对数生长期的培养瘤细胞。

收集细胞建议用 PBS 离心清洗 1～2 次。

计数并调整细胞浓度至 10^7～10^8/ml，悬浮细胞使用无血清基础培养液或生理盐水，分装至 1ml 注射器，待用。

2. 接种

常规消毒后，于接种部位(通常为背部皮下，或腋窝腹股沟皮下)用医用注射器皮下潜行一段后注入细胞悬液(0.1ml/部位，$>10^6$ 细胞)。

3. 实体瘤生长观察

次日注意观察动物的健康情况。

4. 实体瘤细胞收集

实体瘤生长时间一般需要8～15d。生长时间太短，获得的细胞数偏少。生长时间过长，实体瘤外部皮肤容易破损，影响肿瘤细胞质量。正常饲养或饲养时适当加强营养。

脊椎脱臼法处死小鼠。用消毒酒精浸泡小鼠5～10s，沥干，放置于超净工作台内无菌培养皿内，或放置于酒精棉球消毒的锡箔纸上。

无菌操作，剪开瘤体外皮肤，剥离实体瘤外组织，取出用含5～10倍抗生素的无菌PBS淋洗1～2次。用无菌眼科镊和眼科手术剪分离组织块，使成$1mm^3$大小。处理后的组织块经胰蛋白酶消化，制备成单细胞悬液。及时计数以备使用。

实验实训10－7　腹腔接种生长腹水瘤

[实验器材]

1. 仪器

倒置显微镜，CO_2培养箱，普通冰箱，超净工作台，低速冷冻离心机，显微数码摄影系统，IVC独立送风笼具。

2. 材料与试剂

(1)非无菌材料　酒精棉球，离心管架，血细胞计数板，记号笔。

(2)无菌材料和试剂　辅料镊，眼科镊，眼科手术剪，一次性培养皿，一次性1ml注射器，6孔细胞培养板，15ml离心管，长丝滴管，10ml刻度移液管，10% BS-RPMI 1640培养液，无菌生理盐水，1mol/L HCl溶液。

(3)实验动物与细胞材料　健康小鼠，荷瘤小鼠，SP2/0或S180。

[操作步骤]

1. 细胞悬液准备

无菌选取生长良好的对数生长期的培养细胞，或选取生长良好的实体瘤细胞。

计数并调整细胞浓度至10^7～10^8/ml，悬浮细胞使用无血清基础培养液或生理盐水，分装至1ml注射器，待用。

2. 腹水瘤的接种

将直接种于小鼠腹腔，使小鼠发生腹水生长。

酒精棉球消毒注射部位皮毛，左下腹穿刺接种10^6腹水瘤细胞，约需0.1ml单细胞悬液。

注射腹水瘤的小鼠需用苦味酸溶液染色皮毛。正常条件饲养。

3. 腹水收集

接种腹水瘤细胞后约7～12d，待小鼠腹部明显膨大，脊椎脱臼法处死小鼠。用消毒酒精浸泡小鼠5～10s，沥干，放置于超净工作台内无菌培养皿内，或放置于酒精棉球消毒的锡箔纸上。用9号针头透过腹部皮肤和腹膜直接抽取腹水。也可行腹部解剖后，用滴管吸取。每只小鼠可获得3～5ml腹水。腹水收集于无菌离心管内。

抽取的腹水应呈乳白色。经3000r/min离心15～30min，收集上清，分装冻存备用。

4. 其他

参照"实验中因正常死亡"的动物尸体处理方法，小鼠尸体装入密封袋或垃圾袋内密封移交学校动物中心或实验实训中心处理。

任务三十三　原代培养、传代培养、扩大培养及克隆化培养

学习目标

1. 知识目标

熟悉原代培养、传代培养、扩大培养及克隆化培养的基本概念。

2. 技能目标

掌握原代培养、传代培养、扩大培养及克隆化培养的基本操作。了解这些基本培养技术的一般意义。

任务内容

一、原代培养

原代培养，也称原代细胞培养，是指将动物机体中待培养组织从机体中取出，然后用各种消化酶消化，如胰蛋白酶消化，或用机械方法处理，将组织分离成单细胞，最后添加适当的培养液培养，使细胞得以生存、生长和繁殖的整个操作过程。

原代培养的细胞由于其和机体细胞在形态结构、功能等方面非常接近，常被用作药理实验重要的研究材料。此外，原代培养还用于细胞系建立、细胞分化研究、病毒培养制备病毒疫苗等目的。

需要根据组织来源的差异，选择合适的基础培养液和血清等添加物的含量。通常使用培养方瓶进行原代培养，也可以使用培养皿和6孔、24孔细胞培养板进行培养。

原代培养分为消化法培养和组织块培养。消化法培养，是指从供体组织制备成单细胞悬液后在体外进行的培养。组织块培养，也称组织培养，是将直接培养供体来源的组织小块进行体外培养。

二、传代培养

当细胞培养物长成致密的单层后，通常已经没有足够的生长空间和营养条件满足细胞进一步生长的需求。为使细胞能继续生长，同时使细胞的数量扩大，就必须进行传代再培养。同时，传代培养也是一种将细胞种保存下去的方法，也是利用培养细胞进行各种实验的必经过程。悬浮型细胞传代方法相对简单，而贴壁细胞则需经消化制备细胞悬液后才能传代培养。

将密度在10^4～10^5/ml范围的细胞悬液接入培养板(24孔板、6孔板)的培养孔或培养

方瓶($25cm^2$、$75cm^2$)内培养。当密度接近10^6/ml,或孔底、瓶底表面接近长满单层细胞时,添加适量新鲜培养液到新的培养孔(24孔板为1.5ml/孔、6孔板为3ml/孔)或培养方瓶($25cm^2$为6～15ml/瓶、$75cm^2$为10～40ml/瓶)。取新的无菌长丝滴管,套上胶头后,从待传代的生长孔中混悬细胞使成单细胞悬液,移取细胞悬液到新的培养孔或培养方瓶,混匀,使接种的细胞密度保持在10^4～10^5/ml范围,继续放入CO_2培养箱培养。

动物的传代细胞,它们的细胞周期即分裂间隔一般在23h左右。因此,合理的传代间隔是3～4d。

传代操作应充分遵照无菌操作规范,使用无菌器材。

三、扩大培养

扩大培养指通过扩大培养体系提供更大的培养空间,同时补充新鲜培养液,使细胞不断增殖,以便获得足够数量的细胞的操作过程。扩大培养是动物细胞大量培养的技术基础,与大量培养不同。扩大培养的目标细胞总数一般在10^8以内,大量培养的目标细胞总数是越多越好。通常大量培养以维持最大生长密度的时间计算,追求的是高浓度的细胞代谢产物或最大细胞代谢产物的产量。

一般在细胞复苏后进行的细胞培养、原代细胞的后续培养、克隆化细胞培养的后续培养等,均属于扩大培养。在大量培养过程中,此时的扩大培养也称种子细胞培养。

扩大培养有时是从传代培养的细胞培养物中进行扩大培养。为了某种实验目的,如用于原代细胞药理试验或传代细胞的细胞药理试验,准备足量的细胞数的过程,就要进行细胞扩大培养。

(一)培养体系

动物细胞扩大培养的方法可分为两种:①悬浮培养,细胞能在液体培养液中悬浮生长。悬浮培养体系可以是6孔细胞培养板、培养皿或培养方瓶。②大多数动物细胞需要附着在一定的固定表面上才能增殖,因此称单层培养。单层培养的突出问题是提供细胞生长所需的表面积和组织培养处理(TC处理)的生长基底。培养体系与悬浮培养的主要区别是有无TC处理,优选使用TC处理的6孔细胞培养板、培养皿或培养方瓶。

(二)培养流程

动物细胞扩大培养的流程,常见的有如下手法:

1. 克隆化培养细胞的扩大培养

96孔板→24孔板→6孔板→培养皿或$25cm^2$方瓶→$75cm^2$方瓶。

2. 传代细胞的扩大培养

(1)当使用24孔培养板传代时,扩大路径是24孔板→6孔板→培养皿或→$75cm^2$方瓶。

24孔板的1个培养孔全部细胞转移到6孔板的1个培养孔中培养。经历3～5d,6孔板的1个培养孔中到达生长密度极限的全部细胞再转移到1个$25cm^2$方瓶继续培养。经历3～5d的传代间隔期,可以全部转移到$75cm^2$方瓶培养,或分别接种于2～4个$25cm^2$方瓶培养。其中,随着培养体系的扩大,需要补充相应体积的新鲜培养液。

(2)使用6孔培养板传代时,扩大路径是6孔板→培养皿或$25cm^2$方瓶→$75cm^2$方瓶。

(3)使用$25cm^2$方瓶传代时的扩大路径则是$25cm^2$方瓶→$75cm^2$方瓶。

（三）细胞收获

用单层培养方法培养的贴壁细胞从附着的载体上剥离下来，常用胰蛋白酶消化，或用螯合剂螯合细胞使细胞脱离载体，或用刮、擦、拉等机械力使细胞从载体上脱落的方法。以上几种方法可以结合使用。

扩大培养后，悬浮细胞的收集比较简单，用震荡、长丝滴管吹吸等手法，就可使全部细胞悬浮。

收集的细胞悬液，需要经过离心使原培养液与细胞沉淀分离。

分离原培养液后，用弹指法分散沉淀，追加新鲜培养液后制备细胞悬液，用于扩大培养或其他实验目的。

四、克隆化培养

哺乳动物细胞克隆化培养即单细胞培养技术，是维持单一细胞类型及其特性的有效方法。

原代细胞做克隆化培养的成功率最低，也往往没有必要。因为原代细胞只能存活有限的几代，当克隆化培养的后续扩大培养达到所需细胞总数时，这些细胞也许已经接近衰老。有限细胞系和无限细胞系，即细胞株和细胞系，进行克隆化培养的成功率比较高，尤其无限细胞系的克隆化。

（一）克隆化培养的意义

1. 混杂细胞的分离纯化

适用于一般细胞培养中的细胞纯化、突变细胞株的选择，识别和分离。是细胞培养常用的、重要的基本技术之一。

杂交瘤细胞建株过程中，克隆化培养是非常必要的环节和手段，能够及时确定分泌单克隆抗体的阳性杂交瘤细胞株，同时淘汰由于发生染色体丢失或抗体的轻、重链基因分离而出现无抗体分泌的阴性细胞株。一般杂交瘤细胞需经过 2～3 次反复克隆后，才能达到 100％细胞阳性率。

2. 培养细胞存活能力测试

克隆化培养可测试不同培养条件对细胞存活能力的影响。用于优化细胞生长条件、测试细胞的化学敏感性和放射敏感性等。如牛血清的筛选中，选择克隆形成率高的血清批号用于日常细胞培养。

（二）克隆化培养方法

1. 有限稀释法克隆培养

通过有限稀释，使细胞密度低至一定程度再接种培养在适宜于单细胞生长的培养液中，形成单独的细胞克隆。细胞克隆是指 1 个细胞来源，经过细胞分裂形成独立的细胞集落。

此法进行的克隆化培养，建议使用平底 96 孔细胞培养板。接种密度控制在 10～200 个/ml。在计数准确，细胞活性正常的情况下，一般稀释为 20 个/ml，每孔接种 200μl，这样每孔落入细胞数平均为 1，获得单克隆生长孔的概率最大，数量最多。

有些细胞的克隆化培养效果不理想的原因与它们在低密度下没有能力生存有关。要使细胞在克隆化培养环境下低密度目标细胞能正常生存，可以模拟高细胞密度的环境，就是让目标细胞在含饲养细胞的培养体系中培养。饲养细胞是一类不能连续分裂的细胞，或者说是一类不能长期存活的细胞，一般存活不超过 1～2 周。

在小鼠杂交瘤细胞做克隆化培养时，通常建议使用健康小鼠的腹腔细胞做饲养细胞，使用时，调整饲养细胞在培养体系中的密度为 $2\sim4\times10^4$ 个/ml。另外，也有使用小鼠肾细胞做饲养细胞的例子。

2. 琼脂中的克隆化培养

在铺有底层琼脂的培养孔中进行，由于琼脂凝胶的稳定性使得子代细胞不容易脱落细胞集落。温度高时琼脂呈液态，37℃时成凝胶状态。目标细胞事先短暂地悬浮在 55℃的液态琼脂溶液中进行快速铺板操作，待琼脂凝固后进行培养，形成散在的独立克隆，方便分离克隆。如果琼脂形成凝胶的温度比较低，可以经过 4℃形成凝胶后再进行培养。

建议使用培养皿、6 孔细胞培养板做此类克隆化培养。培养皿或 6 孔细胞培养板无需经 TC 处理。

根据生长速度、细胞形态、集落形态等特征选择所需的克隆。事先标注克隆的相对位置，挑选时可以使用长丝滴管或微量移液器吸嘴直接吸取，为避免受到周边其他克隆的干扰，建议先去除多数培养液后再吸取克隆。

ZHI SHI TUO ZHAN
知识拓展

1. 超净工作台内无菌器材准备

检查在超净工作台内所用器材的数量。

摇晃法检查长丝滴管消毒筒内的滴管数量，没有或只有 1～2 支时，需更换新的长丝滴管消毒筒。更换时，先移除旧的消毒筒，取出存放于洁净间专用柜子的已灭菌的消毒筒，在洁净间实验台上用酒精棉球擦拭新的消毒筒外表面，仔细拆除锡箔纸，再放入超净工作台台面。

检视酒精棉球的数量和棉球中消毒酒精的含量。补充酒精棉球的方法是在辅助间的实验台上，用辅料镊夹取脱脂棉棉球填充至瓶内，倒入医用酒精(酒精含量 75%)，用镊子挤压棉球刚好没过液面即可。装酒精棉球的广口瓶放入超净工作台以前，需要用酒精棉球擦拭瓶体的外表面。

检视酒精灯内的酒精是否需要补充，补充酒精时，先拿到洁净间实验台台面，用漏斗加入工业酒精，添加量不超过酒精灯的最大内径的水平线为度。查看火柴是否齐全，不足时需及时更换。

2. 超净工作台内物品摆放原则

超净工作的除尘灭菌准备阶段，所有内置的无菌操作用器材应分置于台面左右两侧，有序摆放，不得阻塞超净工作台的回风口，以免烧坏电机。

无菌操作时，双手够不到的时候，可用辅料镊辅助拿放物品，用过即还原，即用即关闭无菌器材的盖子，以免台面内乱流中的可能粉尘吸入其中。酒精棉球即用即盖严实，以免酒精挥发，影响最佳消毒效果(70%酒精为最佳消毒效果)。

酒精棉球使用后，应摆放于靠操作者的外侧台面，以便再次使用。酒精棉球是否能再次使用，在于其中的酒精浓度是否维持在 70%左右。无菌操作过程，可以使用这些利用过的棉球擦拭外溢的液体和可疑粉尘。无菌操作结束时，也可以使用这些利用过的棉球擦拭台面的废弃液和污物。

废液缸是 250ml 专用烧杯，摆放于台面的中间，用于随时存放废弃液体和小型废弃物(如吸嘴、火柴梗)。如使用酒精灯，也应摆放于台面中间。废液缸和酒精灯应有安全距离，互补影响操作。

培养液在使用时，也应摆放于台面的中线，注意要远离废液缸。

用过的长丝滴管或玻璃移液管，应把管尖口放于废液缸内壁，再脱除胶头或电动大量移液器。然后把滴管平伏斜放于台面的废液缸附近。

3. 多孔板培养孔编号及多孔板的拿放

每个多孔细胞培养板的孔编号是唯一的(图 10-3)。一般以字母在前，数字在后共同组成培养孔的编号，如 A2 孔、C1 孔。

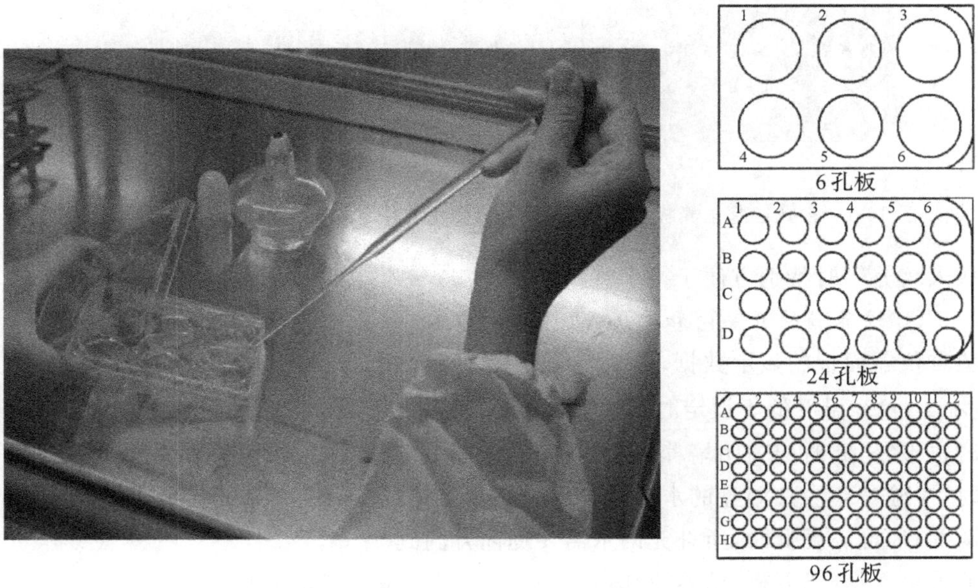

图 10-3　多孔细胞培养板及其无菌操作

多孔细胞培养板包括孔板和盖两部分。务必注意，盖子只有一个方向可以平伏盖到孔板上，外观上均匀有斜角或圆角结构。不同孔板的盖子和孔板是不匹配的，如 24 孔板和 6 孔板虽然都是圆角设计，但并不能通用。

无菌操作时，对于多孔板的拿、放操作，要求板盖和孔板仔细配套，无多余空隙(图 10-4)。常规拿、放手势是，手心向板盖的外表面，拇指和中指同时捏拿培养板长边的板盖和孔板接缝，同时食指指甲抵住板盖表面，以这两个指头不突出超过孔板底部为度，以免放板时孔内液体溅溢到板盖内表面，影响培养效果，增加染菌机会。

原则上，指头皮肤不要直接接触孔板底部的外表面和板盖的外表面，因为，光学塑料表面容易被皮肤油脂污染，影响显微观察，也容易增加微生物污染的可能性。

当单纯持板时，上述的手势中，指头可以突出超过孔板底部，以增加持板的稳定性。也可以采用手心向孔板的外表面，拇指和中指同时卡住培养板长边的板盖和孔板接缝，这种操

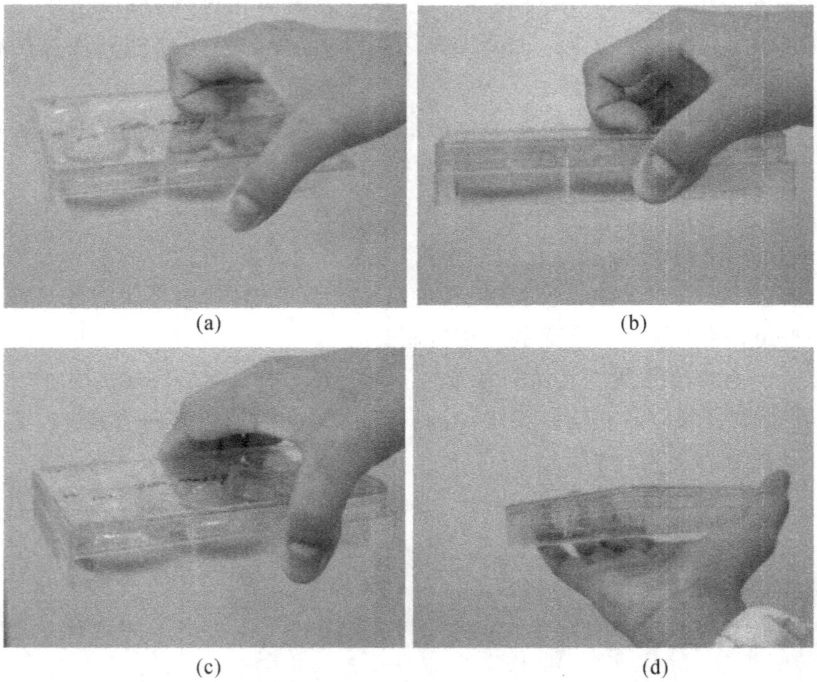

图 10-4　多孔细胞培养板的 4 种拿取手法(图示右手拿取时的情形,左手动作相仿)

作在放入培养箱时特别方便于换手持板。

4. CO_2 培养箱的开关门和使用

检查仪器面板的显示数据,是否与设定值相符:37℃、5%CO_2 浓度、饱和湿度(相对湿度 90%以上)。温度低于设定时报警,可能水套中水位不足,补足即可解决。CO_2 浓度低于设定时也报警,此时应关闭培养箱门,等待仪器自行补充 CO_2 浓度。相对湿度长时间低于 90%时,应检查箱内加湿盘的水位;一般要求定期清洗加湿盘,新补充的水用高纯水,添加适量防腐剂;环境温度低时,所补充的水需要提前升温到 37℃。

放置培养物(培养板、培养瓶)时,采用的手势是,左手持培养物,右手开门。先开外门,通过玻璃内门查看搁板和摆放位置,再旋开玻璃内门。将培养物转移到右手,放置于指定搁板上。可堆叠摆放培养物,如 3～5 块培养板可堆放 1 组,2～3 个培养方瓶也可叠放成1 组。使堆叠之间有通风道,保持箱内通风顺畅。堆放培养物过程中,不得开启所有培养板的盖板或培养方瓶的旋盖以免受箱内粉尘污染导致培养物染菌,但保持培养方瓶的旋盖松开 1 个螺纹距离以便有良好的通气性。放置完毕后,立刻用右手旋紧玻璃内门,再关闭外门。关闭外门时,须确认外门已贴伏在箱体上,否则 CO_2 电磁阀和箱内风扇开关不能开启,影响培养箱的正常工作。

从培养箱取出培养物时,采用的手势是,右手开门。先开外门,通过玻璃内门查看搁板和摆放位置,再旋开玻璃内门。根据培养物标识,用右手选择需要取出的培养物。此过程不得开启所有培养板的盖板或培养方瓶的旋盖以免受箱内粉尘污染导致培养物染菌。右手将培养物取出转移到左手上,即刻用右手旋紧玻璃内门,再关闭外门。关闭外门时,同样需要确认外门是否已贴伏在箱体上(图 10-5)。

发现搁板有可疑废弃液或废弃物时，需及时用酒精棉球擦拭除去。

5. 培养方瓶的拿取

培养方瓶的手持姿势是，手心向瓶口方向，用拇指和中指夹持瓶身。保证瓶口方向首先拿起或最后放低。以免液体接触瓶盖，阻挡空气流通，影响瓶内外的气体交换，尤其影响培养液的 CO_2 浓度。

6. 染菌情形的判断与处置

倒置显微镜下观察细胞生长孔，判断染菌状况（细菌污染、放线菌污染、霉菌污染）有无。如染菌，用微量移液器或长丝滴管小心吸除孔内液体，补加 100μl 1mol/L HCl 或 1mol/L NaOH 溶液，终止微生物生长。

图 10-5　MEMMERT INCO 108 CO_2 培养箱

习题与思考

1. 简述细胞传代培养的意义。
2. 简述细胞扩大培养的意义。
3. 何时需要进行传代细胞的克隆化培养？
4. 原代培养的基本目的有哪些？
5. 细胞培养操作结束后，使用后的玻璃试剂瓶空瓶、玻璃移液管和玻璃长丝滴管应如何正确处置？

能力训练

实验实训 10－8　哺乳动物组织或细胞原代培养

［实验器材］

1. 仪器

倒置显微镜，CO_2 培养箱，普通冰箱，超净工作台，低速冷冻离心机，显微数码摄影系统，孵蛋器。

2. 材料与试剂

(1)非无菌材料　酒精棉球，离心管架，血细胞计数板，记号笔。

(2)无菌材料和试剂　辅料镊，眼科镊，眼科手术剪，一次性培养皿，6 孔细胞培养板，15ml 离心管，长丝滴管，10ml 刻度移液管，0.25％胰蛋白酶溶液，含 500U/ml 硫酸庆大霉素的 Hank's 液，10％ BS-DMEM 培养液，1mol/L HCl 溶液。

(3)组织细胞材料　孵化10d的鸡胚蛋。

[操作步骤]

1. 消化法培养——原代细胞培养

(1)取材　取孵化10d的鸡胚蛋,75%酒精棉球擦拭蛋壳,大头朝上平稳立放于离心管架上。用辅料镊剥开顶部的部分蛋壳,换一把眼科镊挑破血囊膜,小心取出鸡胚,放于无菌培养皿内,用手术剪除去头部,然后用弯头眼科捏夹起腹部皮肤,剪开腹腔和胸前,去除内脏。

(2)漂洗和剪切　将胚体用镊子夹取,用含500U/ml硫酸庆大霉素的Hank's液淋洗3遍以去除血污(含红细胞等血液细胞),转移到无菌培养皿内,用手术剪剪成$1mm^3$的小块。

(3)消化　加入无菌0.25%胰蛋白酶溶液使组织块浸没,放37℃培养箱保温10～20min,期间每3～5min观察、振摇1次,使组织松散。若观察到组织块显白色时,取到超净工作台内,无菌操作用长丝滴管反复吹打组织块。添加3～5ml完全培养液,换一支长丝滴管反复吹打,将细胞悬液通过100目不锈钢筛网,收集到另一个无菌培养皿内,换另一支长丝滴管,收集细胞悬液到无菌15ml外螺旋盖离心管内。

(4)离心与计数　1000r/min 6min离心,无菌操作下小心倾倒去除上清。然后用弹指法使沉淀松散,添加5～10ml完全培养液,用长丝滴管小心混匀。用微量移液器取细胞悬液到计数板计数,每次2个计数窗的读数应接近,取平均值为本次读数的细胞密度,连续2次的读数相近时取均值代表该单细胞悬液的细胞密度。

(5)接种与培养　用完全培养液调整细胞密度为1×10^5/ml,接种到6孔细胞培养板内,接种2孔。

标注组织细胞名称、班级组号、接种日期等信息。

静置后,在倒置显微镜下观察孔内细胞状况和形态,拍摄数码照片。放37℃ 5% CO_2培养箱培养。

(6)观察记录和换液　每天观察,针对有代表性的视场,拍摄数码照片。记录内容包括:观察时间(培养时间)、细胞形态、贴壁情形、染菌状况、培养液颜色。

在成纤维细胞形成单层以前,需要每3～4天更换一次新鲜培养液。形成细胞单层,汇合度接近90%时即终止培养,整理实验数据。

2. 组织块培养——组织培养

(1)取材　取孵化10d的鸡胚蛋,75%酒精棉球擦拭蛋壳,大头朝上平稳立放于离心管架上。用辅料镊剥开顶部的部分蛋壳,换一把眼科镊挑破血囊膜,小心取出鸡胚,放于无菌培养皿内,用手术剪除去头部,然后用弯头眼科捏夹起腹部皮肤,剪开腹腔和胸前,去除内脏。

(2)漂洗和剪切　将胚体镊子夹取,用含500U/ml硫酸庆大霉素的Hank's液淋洗3遍以去除血污(含红细胞等血液细胞),转移到无菌培养皿内,用手术剪剪成$1mm^3$的小块。

(3)离心　1000r/min离心6min,无菌操作下小心倾倒去除上清。然后用弹指法使沉淀松散,添加5～10ml完全培养液,用长丝滴管小心混匀。

离心操作重复1次。

(4)接种与培养　添加新鲜完全培养液,使组织块浸没。用长丝滴管小心取组织块悬浮液，按 3～5mm 间隔排布组织块液滴，置于 6 孔细胞培养板内，接种 2 孔。小心操作，使每个小液滴仅含 1 个组织块，可用微量移液器移除多余液体。

标注组织细胞名称、班级组号、接种日期等信息。

针对有代表性的显微视场，拍摄数码照片。放 37℃ 5% CO_2 培养箱静置培养。

(5)观察记录和换液　培养 16～24h，每孔添加新鲜完全培养液 2.5～3.0ml。逐天观察培养孔。针对有代表性的显微视场，拍摄数码照片。记录内容包括：观察时间（培养时间）、细胞形态、贴壁情形、染菌状况、培养液颜色。

在成纤维细胞形成单层以前，需要每 3～4 天更换一次新鲜培养液。形成细胞单层，汇合度接近 90%时即终止培养，整理实验数据。

[注意事项]

1. 自取材开始，保持所有组织细胞处于无菌条件，细胞计数可在有菌环境中进行。

2. 75%酒精泡消毒的时间不宜过长，以免酒精从口和肛门浸入鸡胚体内。

3. 待到组织块周围长出单细胞层后将组织块剔除，便可收获细胞或进行传代培养。

4. 胰蛋白酶消化的时间长短与组织细胞的幼嫩程度、数量以及酶的活力等因素密切相关，另外在消化过程中应密切观察，及时吹打，避免消化过度。

实验实训 10－9　哺乳动物细胞传代培养

[实验器材]

1. 仪器

倒置显微镜，CO_2 培养箱，普通冰箱，单人双面垂直风淋超净工作台，低速冷冻离心机，显微数码摄影系统，孵蛋器、50～200μl 微量移液器。

2. 材料与试剂

(1)非无菌材料　孵化 10d 的鸡胚蛋，酒精棉球，离心管架，血细胞计数板，记号笔，擦镜纸，洗耳球，酒精棉球，消毒酒精喷壶，酒精灯，废液缸。

(2)无菌材料和试剂：辅料镊，24 孔细胞培养板，15ml 离心管，长丝滴管，10ml 刻度移液管，灭菌塑料吸嘴，0.25%胰蛋白酶溶液，含 500U/ml 硫酸庆大霉素的 Hank's 液，10% BS-DMEM 培养液(100ml/瓶)，10% BS-RPMI 1640 培养液(100ml/瓶)，1mol/L HCl 溶液。

(3)细胞材料　悬浮型细胞如 S180、SP2/0，贴壁型细胞如 A375、SW480。

[操作步骤]

1. 准备

(1)超净工作台除尘和消毒。依照顺序，首先用酒精棉球擦拭台面、仪器玻璃窗内表面和仪器玻璃窗外扶手位置；然后关闭双面玻璃窗，接通电源开关，开启风淋，开启紫外灯照射；30～40min 后关闭紫外灯。

(2)在培养板的盖板短的方边上方靠边位置，用记号笔书写标识。建议每位操作者使用 1 块无菌 24 孔细胞培养板。

标识内容和格式规定包括 3 部分：细胞名称用英文和数字；接种日期使用月日格式的 4 位数字，操作者学号数字的后 3 位。

(3)接种培养。接种一定密度的细胞悬液至起始培养孔。静置 3～5min 镜检细胞状况，如密度、活性。送 37℃CO_2 培养箱培养。

(4)逐天镜检观察,记录生长状况和染菌状况。培养液呈黄色时说明酸度较高,细胞数量接近10^6/ml或接近单层细胞生长状态。尤其值得注意的是,污染有细菌的染菌孔,由于细菌生长分裂快,培养液中废弃物的累积,颜色也呈黄色,需谨慎甄别。

2. 贴壁细胞的传代操作

(1)镜检观察24孔细胞培养板上培养孔内细胞的汇合程度,当细胞汇合或接近单层生长时进行如下传代操作。正常接种密度时,一般3～4d传代1次。

(2)超净工作台用消毒酒精除尘,紫外消毒30～40min。

(3)遵照无菌操作要求,用长丝滴管吸去孔内培养液,加入200～400μl 0.25%胰酶溶液,使所有细胞都能被浸没,室温或37℃ CO_2培养箱消化3～10min。

(4)利用倒置显微镜和肉眼观察细胞的消化状况。当大多数贴壁的细胞收缩变圆并开始脱落时,即达到充分消化的程度。

(5)及时添加10ml Hank's液终止消化。用吸管将贴壁的细胞吹打成悬液,转移至15ml离心管中,1000r/min离心6min,弃上清液。弹指法分散沉淀。

(6)用1.3～1.5ml 10% BS-DMEM培养液重悬细胞,取其中5～10滴接种到新培养孔中,补充1.3～1.5ml 10% BS-DMEM培养液。每1滴液体的体积约60μl。静置3～5min后镜检观察细胞状态,确认接种密度合适。送入37℃ CO_2培养箱培养。

(7)逐天镜检观察,记录生长状况和染菌状况。

2. 悬浮生长细胞的传代操作

悬浮生长细胞的传代培养要比贴壁细胞简单得多,通常有两种方法。

(1)倒置显微镜下镜检24孔培养板内培养孔的细胞生长状况。符合传代要求时,进行如下传代操作。正常接种密度时,一般3～4d传代1次。

(2)需要传代时,使用已消毒的超净工作台。准备时需用消毒酒精除去超净工作台内部台面的粉尘,紫外消毒30～40min。

(3)用长丝滴管吹打混匀孔内细胞,使成单细胞悬浮液。

(4)取2～4滴细胞悬浮液接种到新培养孔中,补充1.3～1.5ml 10%BS-RPMI 1640培养液。每1滴液体的体积约60μl。静置3～5min后镜检观察细胞状态,确认接种密度合适。送入37℃ CO_2培养箱培养。

(5)逐天镜检观察,记录生长状况和染菌状况。

(6)24孔板的传代顺序约定为A1→B1→C1→D1→D2→C2→B2→A2→A3 ……S形顺序。一般每周传代1～2次,设法避开周六、周日这两天。连续培养30d的传代次数控制在10次以内。

[注意事项]

1. 传代的比例取决于细胞的生长状态、生长速度以及实验的目的要求等因素,通常按照1∶2至1∶10的比例进行传代。

2. 贴壁细胞传代操作时,务必避免消化过度,以免细胞活性受到损害。

3. 为了确保无菌操作的洁净环境,从除尘灭菌开始,超净工作的风淋送风始终保持开启,直至完成所有无菌操作过程。使用时开启照明灯。根据需要调节风淋速度为快速挡或慢速挡。

4. 无菌操作时,酒精灯的使用不是必需的,可根据需要决定是否使用。

5．从普通冰箱取出的培养液，先用酒精棉球擦拭表面水汽和粉尘，再放置于超净工作台内，使温度平衡到室温。一般经过 30min 以上即可，使用前，如手感比较冰冷时，可用双手握拿培养液瓶体进行升温。

6．每次镜检时，记录传代培养孔的编号、细胞单层生长比例、培养液颜色、“大细胞”与“小细胞”的数量、死细胞与细胞碎片的数量、染菌状况。控制镜检时间，培养细胞离开正常培养环境的时间应控制在 30min 内，以免影响细胞的活性。

7．双手协助，将滴管尖口伸入废液缸内，退出胶头。将滴管平伏放置于废液缸侧边的台面上。

实验实训 10－10　传代细胞克隆化培养

[实验器材]

1．仪器

倒置显微镜，数码摄影系统，超净工作台，CO_2 培养箱，食品级 CO_2 钢瓶气，普通冰箱，空调，风淋门，洁净间，50～200μl 微量移液器。

2．试剂与材料

30%BS 培养液（100ml/瓶。BS 指小牛血清，FCS 指胎牛血清），对数生长期的肿瘤细胞（悬浮生长型），无菌 15ml 外旋盖离心管，无菌 96 孔细胞培养板，灭菌塑料吸嘴，1mol/L HCl 溶液，擦镜纸，洗耳球，酒精棉球，酒精灯等。

[操作步骤]

1．操作者双手清洗与消毒

进行无菌操作前，操作者的双手需在水槽用洗手液清洗除去可疑脱落物和粉尘。双手经热风干燥或自然风干后，用酒精棉球或外科消毒剂等各种合适的消毒剂擦拭。

2．超净工作台的除尘与消毒灭菌准备

无菌操作前的准备工作，依照顺序，首先用新洁尔灭、消毒酒精（75%，也称医用酒精）浸泡的干净纱布擦拭台面、仪器玻璃窗内表面和仪器玻璃窗外扶手位置。然后关闭双面玻璃窗，接通电源开关，开启风淋，开启紫外灯照射，30～40min 后关闭紫外灯。

超净工作的风淋送风从除尘灭菌开始，始终保持开启，直至完成所有无菌操作过程才关闭仪器电源。

3．克隆化细胞培养的其他准备事项

检查克隆化用培养液的用量是否为 11ml，确认是否已预先分装于 15ml 外旋盖离心管内。

检查、记录待克隆化细胞的初始悬液中的细胞密度。密度不清楚时，需预先计数。

做克隆化使用无菌 96 孔细胞培养板的 48 孔，如 A1～H6 或 A7～H12。用记号笔书写标识于盖子上面短边的边缘空白处。

标识内容和格式规定包括 3 部分，即细胞株名称编号（英文和数字）；培养的日期（月日格式的 4 位数字）；操作者学号数字（学号的后 3 位数字）。

检查单人双面超净工作台个人操作位内无菌器材的品种、数量是否齐全。其中，双份配置的物品包括微量移液器、胶头、辅料镊、预先分装于 15ml 外旋盖离心管的含血清培养液。

4. 克隆化细胞培养用单细胞悬液制备

单细胞悬液是强调细胞悬液中，无组织样细胞团存在，几乎都是游离的单个细胞。当然，尚未分裂完全的2个细胞是黏连在一起的。

分别取200μl培养液到无菌96孔细胞培养的4个指定孔，即A1～D1或A12～D12(图10-6)。

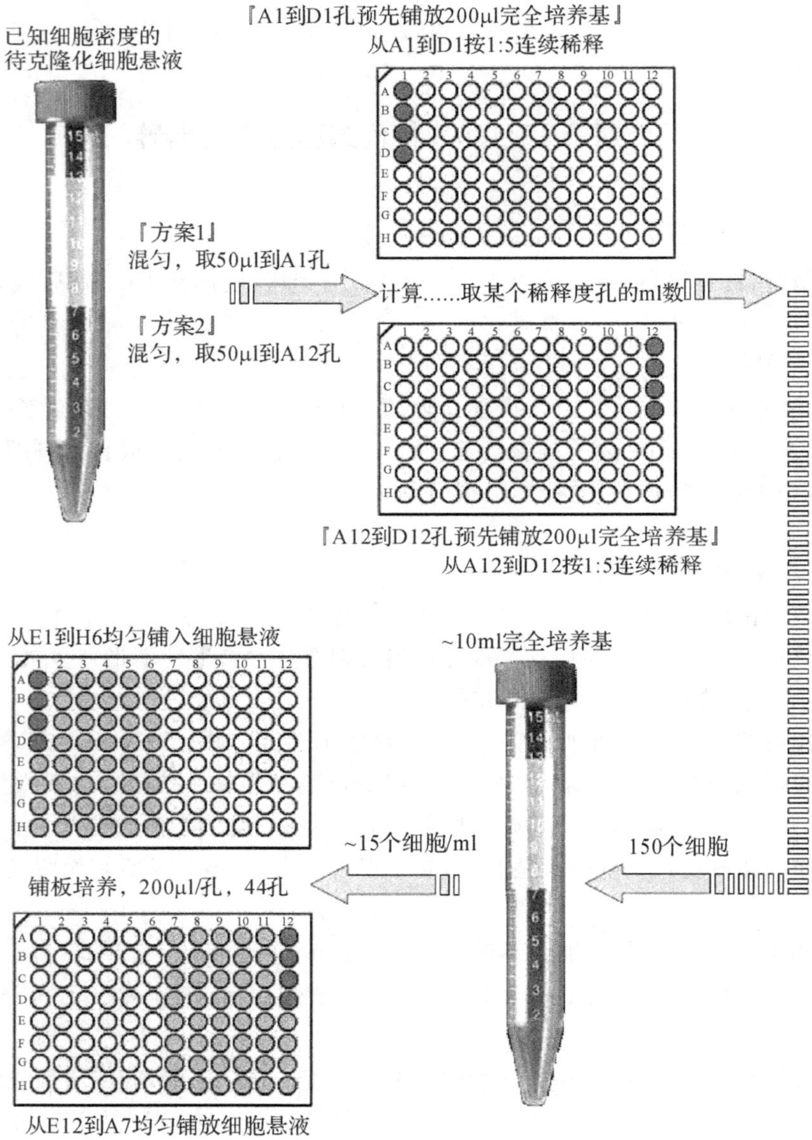

图10-6 克隆化操作方案

混匀已知细胞密度的原细胞悬液，用微量移液器套取无菌吸嘴，移取50μl细胞悬液到指定孔，即A1或A12孔，轻柔地往复吹打混匀该孔，此时，此孔的细胞密度是原细胞悬液的1/5。为了避免形成过多气泡损害细胞，该操作过程应注意勿使空气进入孔内的细胞悬液。为此，在操作微量移液器进行吹打时，推杆在“空载”档和“吸液”档之间移动，保留吸嘴内有液体残留。

按1∶5连续稀释，顺次连续稀释到第4孔，即按照A1→B1→C1→D1或者A12→B12→C12→D12顺序进行系列稀释。然后，根据原细胞悬液的细胞密度推算各孔的细胞密度。

根据实际需要，计算在50～150μl范围内，哪个稀释孔可以取得150个细胞。明确应取多少μl细胞悬液。

记录离心管内剩余的培养液体积数。换新吸嘴，定量移取该稀释孔细胞悬液(含150个细胞)到该离心管内，充分洗落吸嘴内的细胞到离心管内。旋紧离心管外盖，轻缓地反复倾倒该离心管即可混匀，即准备好铺板用的细胞悬液。

5. 铺放细胞悬液至96孔培养板

用食指和中指夹取去盖离心管的上部，小心地用相同手掌的拇指和食指夹拿铺放细胞悬液一侧的盖板，悬空置于孔板的斜上方。

用微量移液器每次吸取200μl于指定孔内。依次操作，快速铺放至96孔培养板内指定的44个培养孔内。盖好板盖。

具体可参照图10-6中的步骤，图示有两种方案，请注意区分。

6. 培养前的镜检

从超净工作台内取出培养板，置于倒置显微镜载物台上，用10×接物镜，即100×放大，观察克隆培养孔和稀释孔内细胞的状况。由于克隆培养孔落入细胞的概率是3个/孔，很难观察到细胞，但对于此时培养孔内的显微影像观察非常必要，是随后逐天观察的基础和参比。

7. 送入CO_2培养箱进行培养

培养条件是37℃、5% CO_2浓度、饱和湿度(相对湿度90%以上)，箱体内定期除尘消毒灭菌。

8. 细胞克隆观察

细胞克隆是由单一细胞经分裂形成的细胞集落。正常情况下，第10天左右，单一克隆可以充满100×视场。

对于克隆培养孔内的细胞克隆大小和组成细胞数，可参照稀释孔内的克隆生长情形。也可以依据理论计算，克隆的细胞数$=2^{n-1}$，其中，n为培养的天数，可以推论，第1、2、3天的细胞数分别为1、2、4，其余可类推。如果接种时细胞未完全分裂，其细胞数$=2\times 2^{n-1}$。

从CO_2培养箱小心取出培养板，镜检观察孔内细胞状况，在有克隆生长培养孔上方的盖子上用记号笔书写克隆数。

记录培养孔克隆生长状况到“克隆观察记录表”(表10-1)。第3～5天进行第1、2次观察，每次观察其中的24孔，填写“克隆观察记录表”。第7～11天完成第3、4次观察，每次观察其中的24孔，注明“克隆观察记录表”中存在数据变化的培养孔。

比较两次“克隆观察记录表”数据，统计单克隆孔数，求算单个细胞克隆生长孔的百分数，即=(单个细胞克隆生长孔孔数/44)×100%。

表 10-1　克隆观察记录表

序号	1	2	3	4	5	6	7	8	9	10	11	12
A												
B												
C												
D												
E												
F												
G												
H												

[注意事项]

1．第 5 天观察后，需要对所有克隆生长的培养孔进行半量换液。

2．第 2 次克隆观察，发现培养孔内克隆数增多时，需要做适当的判断。判断是否由于换液操作导致原有克隆的部分细胞游离，形成新的克隆。

3．单手拿取培养板，另一手顺次开启 CO_2 培养箱的外门和玻璃门，小心将培养板放置于指定搁板方位，关闭箱门进行培养。

4．特别需要注意的是，培养状态的细胞在离开正常培养环境，在室温下的时间超过 30min，对细胞活性就有明显影响，超过 60min 则有显著影响甚至毁灭性影响。

任务三十四　细胞冻存与复苏

学习目标

1．知识目标

掌握细胞冻存和细胞复苏的基本概念，了解细胞冻存和细胞复苏的一般意义，了解影响冻存细胞活性的主要因素。熟悉细胞冻存的主要形式。

2．技能目标

熟悉细胞冻存和细胞复苏的一般操作流程，了解影响细胞复苏后活性的主要影响因素。

任务内容

一、细胞冻存

（一）冻存的理由和必要性

为了保存细胞，特别是不易获得的突变型细胞或细胞株系，要将细胞冻存。主要理由有以下几个方面：

(1) 培养状态下，细胞株系的遗传稳定性可能发生不可逆的变化。

(2) 细胞系或细胞株都有寿命，分裂次数有限，连续培养容易衰老死亡。

(3) 培养状态下，微生物污染概率增加。

(4) 培养状态下，其他培养物细胞的污染概率增加。

(5) 冻存暂不使用的细胞株系，可节省时间和材料试剂，降低运行成本。

(6) 长途运输细胞株系需要。

(7) 培养箱故障时，可能导致所培养细胞株系的毁灭。

(二)冻存前确认

(1) 确认细胞株系未受微生物污染。

(2) 确认细胞株系未受其他培养物细胞的污染。

(3) 少量冻存复苏，重复上述的确认。

(三)冻存原理

为使细胞复苏时存活率最高，最佳的冷冻条件是尽可能地降低细胞内的冰晶形成，减少细胞内水凝固时所形成的高浓度溶质对细胞造成的低温损失。为此，常用以下方法：

(1) 缓慢冷冻，使细胞内水分离开细胞，但不可太慢，以免冰晶形成。

(2) 用亲水的低温保护剂排除细胞内水分。

(3) 在尽可能低的温度下保存细胞，降低高浓度盐对冰中的蛋白成分产生变性影响。

(4) 快速复苏，减少细胞内冰晶形成，降低细胞内残留冰溶解时产生可溶性成分的机会。

(四)冻存形式和方法

冻存时，一般用温度为－196℃的罐装液氮或使用－80℃超低温冰箱，罐装液氮内非液体部分的温度是－130～－110℃。将细胞收集至冻存管中，加入含保护剂(一般为DMSO或甘油)的培养液，以一定的冷却速度冷冻后，最终保存于液氮中。在极低的温度下，细胞保存的时间几乎是无限的。

冻存时，冻存温度、保护剂的选用、细胞密度、降温速度等都对细胞活力有影响。－196℃冻存时间最长，而－80℃冻存时间有人认为不宜超过10年。－80℃冻存的细胞每年的死亡率为5%～10%。DMSO的使用浓度为5%～15%，常用7.5%～10%。甘油做保护剂时，使用浓度为10%～15%，冻存时间不宜超过1年。冻存时，理想的细胞密度为10^6～10^7/ml。

二、细胞复苏

复苏一般采用快速融化方法，即从液氮中取出冻存管后，立即放入35～45℃水中，使之在1min内迅速融解，缓慢稀释细胞悬液，离心处理后使用新鲜培养液重新悬浮细胞，然后将细胞转入培养器皿中进行培养。

复苏时温度、融化速度等对细胞活力会产生至关重要的影响。要求融化时间越短越好。最常使用的水浴冻融温度是36～38℃，一般使用37℃水浴，最大限度地保护复苏过程温度对细胞活性的影响。

水浴用水最好使用无菌水，如新鲜的超纯水或高纯水，在升温准备水浴的过程中使用保鲜膜覆盖防尘。避免直接使用自来水准备水浴，因为自来水中有大量微生物，会增加微生物污染的风险。

DMSO 在常温下对细胞有明显毒性，所以，在复苏过程中，应及时充分地去除 DMSO。一般使用 8～10 倍稀释，离心去除上清。稀释可使用 Hank's 缓冲液。

ZHI SHI TUO ZHAN

知识拓展

DMSO 能穿透许多合成的或天然的膜，包括皮肤和橡胶手套。因此，任何常用的具有潜在危险的物质，如致癌剂，均可能穿透皮肤，甚至能透过橡胶手套而进入血液循环。DMSO 也称万能溶剂。在使用 DMSO 的过程中，存在任何毒性物质的情况下，均应谨慎处理。

使用超低温冰箱或液氮罐进行冻存、复苏操作时，务必注意安全，以免发生冻伤。建议操作者至少穿戴保温手套或橡胶手套。

从液氮复苏细胞时，冻存管可能吸入液氮，在升温过程中可能发生爆炸，尤其是用安瓿管做冻存管时。因此，要求融化速度尽可能地快。建议使用辅料镊夹持冻存管。最好操作者穿戴有面部防护头罩。

习题与思考

1. 复苏时为何要快速升温到室温或 37℃？应该如何理解冰点？
2. 冻存前后需要考虑哪些环节？指出其中的关键。
3. 做细胞复苏时，经过培养发现活细胞极少或没有，分析其中的原因。
4. 与悬浮细胞相比，贴壁细胞冻存需要注意哪些特别环节？如何操作？

能力训练

实验实训 10－11　细胞冻存

［实验器材］

CO_2 培养箱，倒置显微镜，低速冷冻离心机，超净工作台，液氮罐，普通冰箱，－80℃超低温冰箱，离心管，冻存管，长丝滴管，添加有 0.02% EDTA 的 0.25%胰蛋白酶消化液，DMSO，10% BS 培养液，废液缸，酒精棉球。

［操作步骤］

1. 以 10% BS 培养液配制成含 10% DMSO 的溶液作为冻存液，或从－20℃冰箱取出冻存液并平衡到室温。建议新鲜配制。

2. 对数生长期细胞的吹打收集或胰蛋白酶消化收集，离心和计数。

3. 800～1000r/min 离心 6min，收集细胞沉淀。

4. 加入适量细胞冻存液，制备单细胞悬浮液，调整细胞密度在 10^6～10^7 个/ml 范围。

5. 上述细胞悬液分装入 1.8ml 冻存管中，装量 1.0～1.5ml/支，拧紧冻存管盖子，标注清楚细胞名称、冻存日期等内容(图 10-7)。

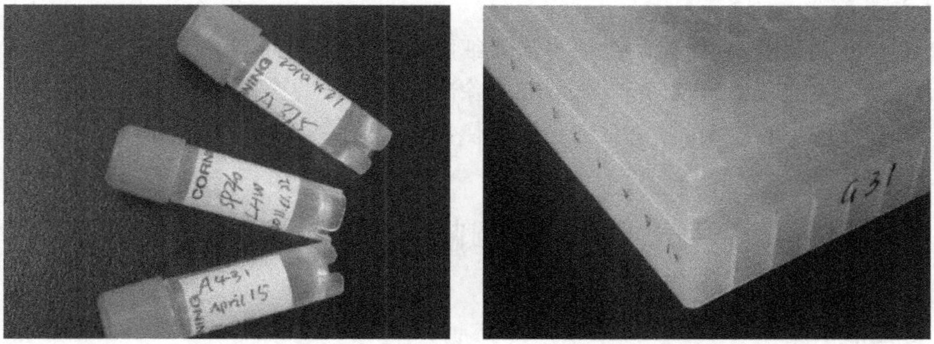

图 10-7　冻存管的标识及其在冻存盒内的位置

6. 冻存于超低温冰箱：直接放入，或 4℃冰箱放置 30min 后放入。记录放置的具体位置，如冻存盒编号、冻存盒内位置。

7. 冻存于液氮储罐：直接放入瓶颈内经 30min 后再放入正常位置，或 4℃冰箱放置 30min 后放入瓶颈内经 30min 后再放入正常位置。记录放置的具体位置，如提架编号、冻存盒编号和盒内位置。

[注意事项]

1. 冻存细胞的生长状态要好，建议在冻存前 24h 内对培养液进行换液，冻存前培养瓶中细胞的密度不宜过高。

2. 冻存液的配方可根据细胞种类的不同进行适当调整，血清的浓度可以更高一些，甘油和 DMSO 的浓度也可在 5%～20%之间调整。

3. 最好在冻存后的数天里任意选取一支所冻存的细胞进行复苏，用以鉴定冻存效果。

4. 应戴手套操作，DMSO 有毒，使用液氮罐或超低温冰箱时，防止冻伤。

实验实训 10－12　细胞复苏

[实验器材]

水浴锅或可加热磁力搅拌器，低速冷冻离心机，超净工作台，CO_2 培养箱，倒置显微镜，离心管，细胞培养物，长丝滴管，废液缸，10% BS-细胞液，Hank's 缓冲液，酒精棉球。

[操作步骤]

1. 超净工作台准备：除尘，紫外消毒 30～40min。

2. 37℃水浴准备：1000ml 烧杯中放 800ml 高纯水，覆盖保鲜膜，磁力搅拌器上搅拌升至恒温。

3. 从超低温冰箱或液氮罐中取出冻存管，立即放入水浴中充分摇晃，使在 1min 快速融化冻存液。当仅存小块冰时，继续下一步操作。

4. 用酒精棉球擦洗冻存管外部以降低污染机会。无菌操作移取该细胞悬液至预先装有 8～10 倍体积的无菌缓冲液的盖离心管内，800～1000r/min 离心 6min。

5. 立即小心地弃除上清，弹指法散开沉淀细胞团，加入 3～5ml 新鲜培养液重悬细胞。

6. 将所得细胞悬液转移入培养瓶或多孔板培养孔中。静置 2～5min 后，显微镜下镜检细胞密度、形态、活性等，置培养箱培养。

7. 过夜培养后镜检复苏细胞的活性。

[注意事项]

1. 冻存液融化要迅速，时间太长容易使细胞受到 DMSO 的毒害。

2. 洗涤的次数可适当增加，以尽可能去除冻存液成分的残留。

3. 离心强度不宜过大，避免对细胞的损伤。

任务三十五 细胞株系的运输与接收

学习目标

1. 知识目标

了解运输细胞株系时的一般方法，了解接收细胞应该遵循的一般原则。

2. 技能目标

熟悉接收细胞的一般操作流程。

任务内容

一、细胞株系运输前准备

(一)高活性细胞准备

扩大培养使细胞进入对数生长中晚期，检查对数期细胞活性，如细胞形态、细胞汇合度等。

以 25cm^2 方瓶培养物作为运输形式时，把握培养瓶内生长的细胞接近汇合。

以冻存管形式运输时，控制冻存密度在 2×10^6～2×10^7/ml。

(二)告知接收方有关信息

(1) 接收后如何处置。

(2) 所需培养基种类和血清浓度。

(3) 任何特殊添加物。

(4) 传代方法。如使用的胰蛋白酶浓度、消化时间、消化温度、传代比例等。

(5) 告知接收方细胞株系到达的可能时间，减少细胞在途时间，降低细胞活性受损程度。

二、细胞株系运输方法

(一)短途运输

短途运输的细胞属于活的培养物，在途时间不宜超过 24h。

一般使用 25cm^2 方瓶培养物，在培养至对数生长中晚期后，补充新鲜培养液或 Hank's 缓冲液至充满瓶体。用防水胶带缠绕瓶颈，封装于小塑料袋内。

上述包装后，可随身携带，如放入衣服口袋或手提袋。

短途运输一般使用快递公司提供的运输服务。上述包装后，需再放入有塑料泡沫或气泡衬垫的包装箱内。也可使用易碎物品运输常用的充气包包装。但需在包装外观上注明"禁止冷冻"、"易碎"、"防潮"等字样。

(二)长途运输

使用冻存管形式进行长途运输。

随身携带时可使用液氮运输罐，10L 罐或更小型的液氮罐，但要预先获得相关运输公司的允许放行。细胞活性无任何影响。

快递运输时，包装要求如下：将冻存管放在厚壁的聚丙乙烯泡沫容器内，再置于干冰中运输。干冰放置于隔热盒中，隔热盒大小为 30cm×30cm×30cm，壁厚 5cm，中间空隙为 20cm×20cm×20cm，约需 5kg 干冰填充中间的空隙。从液氮取出的冻存管，迅速用吸水棉纸包裹以防破裂，放入聚丙乙烯离心管中，旋紧盖子。离心管置于隔热盒中间的空隙，周边有干冰。包装正常，细胞可维持冷冻状态(−50℃)达 3d，细胞活性受影响不明显。

三、细胞株系接收

接收寄送的细胞需要做收件检查，核对细胞株系名称、计数在途时间。拆除外包装后，用消毒酒精擦拭培养瓶外表面，注意不能擦除记号笔标识。

镜检是必需的，以便确认寄送到达的培养物是否存在微生物污染，如细菌污染、霉菌污染。镜检还可以初步核对细胞的存活力和生长密度。

符合扩大培养要求时，及时进行扩大培养，以便冻存足够多的冻存管份数，保留相对低的传代代数细胞种子。

习题与思考

1. 简述在寄送细胞株时有哪些环节需要注意无菌操作。
2. 简述在接收寄送到达的细胞株时，可否未经扩大培养就直接冻存？为什么？

能力训练

实验实训 10－13 外购细胞株系活培养物的接收与处置

[仪器与材料]

低速冷冻离心机，CO_2 培养箱，倒置显微镜，超净工作台，10% BS-细胞液，Hank's 缓冲液，添加有 0.02% EDTA 的 0.25%胰蛋白酶消化液，离心管，长丝滴管，废液缸，酒精棉球。

［操作步骤］

1. 收件检查

细胞株系名称核对。

在途时间累计，指从离开寄出机构算起直到实验室收件人接收的这段时间。在途累计时间对于评估所接收细胞株系的处置非常有用。

从外包装小心取出细胞培养物（培养瓶或冻存管）。

2. 无菌操作准备

超净工作台消毒灭菌，有关无菌器材（离心管、移液管、长丝滴管等）准备和检查，完全培养液及胰蛋白酶无菌溶液室温平衡。

培养方瓶外部用酒精棉球消毒。

3. 镜检

（1）细胞活性检查

汇合度观察评估细胞密度；

取样染色检查细胞活性。

（2）微生物污染检查

培养液颜色观察；

培养液澄清度检查；

疑似细菌污染或霉菌污染检查。

4. 细胞收集

在已灭菌的超净工作台内，小心去除瓶口密封胶，用酒精棉球擦拭瓶口。

小心去除其中的一半培养液。悬浮细胞则需收集所有培养液。

用无菌长丝滴管仔细吹洗部分贴壁的细胞，或用 0.25％胰蛋白酶无菌溶液 37℃孵育 5～20min，再用无菌长丝滴管仔细吹洗。镜检，检查吹洗程度，要求接近 100％细胞已经从瓶底表面洗落。

将上述悬浮状态的细胞转移到 50ml 离心管内，800～1000r/min 离心 6min。小心弃除上清。

5. 扩大培养

弹指法散开沉淀的细胞团，按传代比例添加新鲜培养液悬浮细胞。接种到 2～3 个 $25cm^2$ 方瓶或 1 个 $75cm^2$ 方瓶。

静置 5～10min 后镜检。送入 CO_2 培养箱培养。

6. 冻存

（1）培养使细胞进入对数生长中、晚期，然后收集细胞，方法类似步骤 4。取离心前细胞悬液进行细胞计数。

（2）使用新鲜配制的冻存液悬浮细胞，控制冻存细胞密度。装载冻存管。

（3）超低温冰箱冻存或液氮罐内液氮冻存，记录冻存位置。

［注意事项］

在途时间 8～16h 内，可将细胞培养物按无菌操作原则，转移到培养箱暂时培养 2～4h。超过 16h 的在途时间，需将细胞培养物培养过夜或培养 16h 后再做处理。

项目十一　动物细胞培养应用技术

任务三十六　细胞大规模培养技术

学习目标

1．知识目标

熟悉哺乳动物细胞大规模培养的技术流程。了解大规模细胞培养的细胞形态特点、技术形式，细胞大规模培养的生物反应器类型，以及微载体培养技术。

2．技能目标

对目前流行的生物反应器型号和性能有初步的了解。

任务内容

一、哺乳动物细胞大规模培养概述

自1950年前后，开发体外培养动物细胞以来，很多类型动物细胞，包括正常的和肿瘤的都能在各种单层培养系统中生长。早期大量培养动物细胞，是为了扩大病毒肿瘤研究领域的需要，后来随着医疗、免疫和细胞生物化工制品的发展，动物细胞需要量越来越多，诸如生产病毒疫苗、干扰素、激素、免疫试剂等产品需要大量培养动物细胞。由于生产需要，推动了动物细胞大量培养的新工艺、新技术向大规模、自动化和精巧化方向发展。

（一）细胞大量培养的主要过程

1．细胞株复苏

从液氮冻存或超低温冻存的冻存盒中取出，按照复苏操作流程操作，接种在24孔、6孔细胞培养板的培养孔内培养，或接种于25cm^{2}培养方瓶中培养。

2．种子细胞扩大培养

为了获得足够接种生产罐所需的细胞，需要进行连续的扩大培养。

如24孔细胞培养板的培养孔细胞生长到达对数生长的中、后期时，接种到6孔细胞培养板的培养孔内培养。当6孔细胞培养板的培养孔细胞到达对数生长的中、后期时，接种到25cm^{2}培养方瓶中培养。当25cm^{2}培养方瓶中的细胞到达对数生长的中、后期时，接种到75cm^{2}培养方瓶中培养。

类似地，种子细胞培养所用的培养形式还有滚瓶、细胞工厂、种子细胞罐等。

依据生产用细胞罐培养体系的体积数和生长罐内细胞接种的起始密度，即可计数出所需种子细胞的总数。

3. 制备水平的细胞大量培养

制备水平的细胞大量培养一般使用生产型细胞罐，也称生物反应器。用于哺乳动物细胞大量培养的国际品牌生物反应器，其主要制造商有 Sartorius（原 B. Braun 贝朗）、Bioengineering AG（比欧）、New Brunswick Scientific Co.，Inc（NBS）和 Applikon Biotechnology 等公司（表 11-1，图 11-1）。

表 11-1 生物反应器的主要研发和生产企业

企　业	国别	产品线及其特点
New Brunswick Scientific Co.，Inc（NBS）	美国	经营各类生物反应器。较早开发出哺乳动物细胞填充床反应器，在微生物发酵罐方面也有先进的技术。
Sartorius（原 B. Braun，贝朗）	德国	原是全球著名的发酵罐专业独立生产厂商，主要产品有系列实验室及中试规模的全自动细胞培养器和微生物发酵罐。
Bioengineering AG（比欧）	瑞士	专业制造实验研究到生产规模的生物反应器系统。
Applikon Biotechnology	荷兰	全球生物反应器品牌生产商之一，为用户提供从实验室到中试、生产（1ml～25000L）的微生物、动物细胞培养和植物细胞培养的全系列的生物反应器。
INFORS HT	瑞士	一家有 40 多年历史的专业生物技术设备制造商。主要产品是各类发酵罐和摇床，包括细胞生物反应器和滚瓶培养装置。
Cole-Parmer	美国	专业生产科尔帕默发酵罐、发酵系统及各种小型细胞培养系统。
Wheaton Science Products	美国	专注于生命科学、医药研究、动植物细胞培养、食品发酵和环境监测等领域，代表性产品如：Cell Optimizer System（小型细胞培养装置）和 Mini Pilot Plant（大型细胞培养装置）。
ZENON Environmental Inc	加拿大	世界上领先的先进膜技术的开发商、制造商。推出多种膜生物反应器，如分置式膜-生物反应器。以 ZeeWeed 膜技术为战略核心（浸入式中空纤维膜技术），将产品打入国际市场。
Siemens Memcor	德国	浸没式超滤系统，也开发外压式超滤膜元件。
韩国发酵机（Ko Bio Tech Co.，Ud）	韩国	可根据需要提供不同性能不同类型的发酵罐和动植物细胞培养罐。
日本三菱丽阳（Mitsubishi Rayon）	日本	浸没式中空纤维膜生物反应器。
日本久保田（Kubota）	日本	浸没式平板膜生物反应器（PMBR）。
日本丸菱（B. E. Marubishi）	日本	气升式生物反应器、动物细胞培养装置等。

Eppendorf 公司旗下的 NBS 品牌制造的各种生物反应器。除了满足动物细胞培养以外，NBS BioFlo 各型生物反应器均可配套提供微生物、植物细胞培养的罐体选择。对植物

Applikon Bio Bench (7~30L)

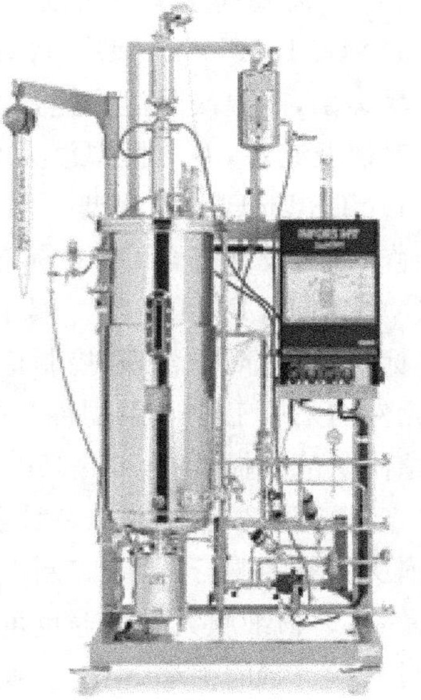

INFORS Techfors Cell (20~300L)

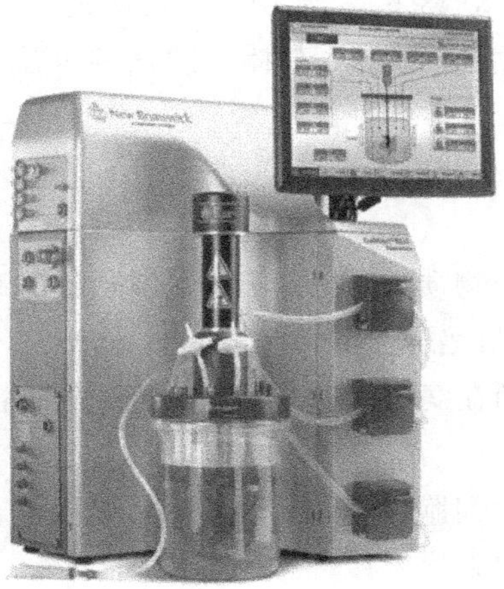

NBS CelliGen BLU (5.0 & 14.0L)

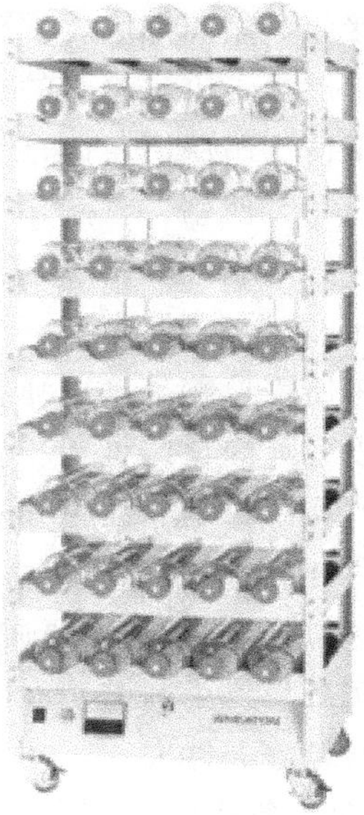

INFORS Modular Line

图 11-1　生物反应器

细胞培养，可配备相应的光照系统。其内置控制系统包含微生物培养和细胞培养两套不同的控制软件。简介如下：

(1)NBS BioFlo 110 型　一种模块化的、组合式的高效细胞反应器，一台主控制器可以控制最多 4 套反应罐体同时工作。罐体总体积范围包括 1.3L、3L、7.5L、14L 几种。需要高压蒸汽灭菌器辅助离位灭菌。

(2)NBS BioFlo 310 型　配置完善的标准型细胞反应器，合理的搅拌桨和罐体形状设计使得系统的传氧速率在 350mMO_2/(L · h^-)以上。罐体总体积范围包括 2.2L、5L、

7.5L、14L。需要高压蒸汽灭菌器辅助离位灭菌。

(3)NBS BioFlo 410型　可在位灭菌的细胞反应器，自带蒸汽发生装置，磁力驱动搅拌，不易染菌，升温或降温快速，适用于温度诱导型培养，大型彩色触摸控制屏，可显示各数据、及时值及趋势，并能模拟放大结果。罐体总体积提供的选择范围有7L、14L、19.5L。

(4)NBS BioFlo 5000型　移动式中试细胞反应器，采用开放式框架结构，管道布局合理，维修简便，设计符合GMP标准。罐体总体积范围有40L、80L、120L。

(5)NBS BioFlo Pro型　属于工业用细胞反应器，是为满足工业生产要求而设计，符合GMP标准，结构简单合理，控制稳定可靠，数据采集方便，PLC控制方式，扩展性强，其所有控制元件均采用工业通用配件，采购容易，更换维修方便，并可按照用户的使用要求定制。罐体总体积范围提供有75L、150L、300L、500L、1000L、1500L多种选择。

生产罐通常根据细胞株特性和企业运行状况等因素，在NBS BioFlo Pro型或其他品牌的细胞反应器中进行选择、定制。

另外，动物细胞大量培养也可以使用滚瓶机滚瓶培养、细胞工厂培养等其他形式，从成本控制上有一定的优势，但生产效率相对比较低。

(二)细胞大量培养的产物收获方式

1. 收集细胞

直接收获培养细胞，再分离和纯化制得产品，如作为产物的肿瘤细胞表面抗原。

用单层培养方法培养的细胞从附着的载体上剥离下来，常用胰蛋白酶消化，或用螯合剂螯合细胞使细胞脱离载体，或用刮、擦、拉等机械力使细胞从载体上脱落的方法。以上几种方法可以结合使用。

悬浮细胞收集时，采用震荡、液体吹打等方法即可。

2. 收集培养液

如果所需产物是培养细胞分泌至培养液中的物质，可将培养液不断从细胞培养罐中输出并加以分离纯化即得到产品，如杂交瘤细胞大量培养制备单克隆抗体。

当所需产物是非细胞分泌蛋白，而是病毒，则在病毒接种培养后，通过收集培养液，再分离纯化目标病毒，用于制备病毒疫苗。

有时，培养的细胞需要通过诱生剂作用，诱发细胞产生所需的产品，如用仙台病毒或新城鸡瘟病毒为诱生剂诱发人白细胞产生人白细胞干扰素。

(三)培养条件

1. 营养条件

动物细胞的培养一般需要氨基酸、维生素、盐类、葡萄糖(有时加半乳糖)、血清。血清能提供细胞生长所必需的微量元素和生长因子。

由于血清来源受到限制，质量不稳定，并且增加细胞培养的蛋白质产物分离难度，因此一般使用血清替代物和无血清培养基。

2. 环境条件

动物细胞培养对环境条件的要求较苛刻，监测和调节的难度较高。培养基的pH对细胞附着、生长和分布都很敏感，一般控制变幅为±0.05。温度一般要求控制在<±0.25℃。有时为了达到良好的换热目的，培养罐采用锥形结构。

通气方法可采用插入培养基中的硅橡胶管，靠扩散作用来完成氧的传递，或将气体通入装在培养基液面上空的分布器内，氧通过扩散和表面卷吸进入培养基内。通入的气体需要滤过除菌，所需气体种类有空气、N_2、O_2、CO_2 等，气体的纯度要求是食品级以上，输入其他的压力使用气体减压器调节控制，往往需要控制在 0.1MPa 以内。

3. 培养形式

大量培养动物细胞的方法可分为两种：①悬浮培养，淋巴细胞和肿瘤细胞等能在液体培养基中悬浮生长。悬浮培养系统，工业放大容易，成本低，不易受污染，可在带螺旋桨或平桨搅拌的通用发酵罐中进行。②大多数动物细胞需要附着在一定的固定表面上才能增殖，因此称单层培养。单层培养的突出问题是提供细胞生长所需的表面积。

动物细胞大量培养采用的培养形式包括细胞罐培养(生物反应器培养)、细胞工厂、滚瓶培养、中空纤维管培养。应用广泛且成本低廉的方法是滚瓶法。滚瓶是指平放的特制玻璃瓶，内盛培养基，细胞在其内壁上附着生长，随着瓶子滚动，细胞间歇地接触空气和培养基。

最有效地提供比表面积(表面积/培养基体积)的方法是微珠法和中空纤维法。微珠的直径为 40～250μm，当 1mg 微珠悬浮在 1ml 培养基上时，能提供的表面积大于 5cm^2。另一种能提供较大的比表面积的载体为中空纤维，一般结构是把纤维管束装置在圆筒内，培养基在管间流动，细胞在管内外壁表面上生长，气体可通过中空纤维管扩散至培养基中。

(四)安全问题

特别是培养含病毒细胞株或生产病毒疫苗时，更要加倍注意安全。在设计时必须考虑对操作人员生物和物理上的安全防范设备和考虑生产厂房内外环境的安全防范设施。

二、大规模培养的细胞形态

(一)贴壁培养

贴壁培养是指贴壁依赖型细胞贴附在一定的固相表面进行的培养。

1. 细胞生长特性

贴壁依赖型细胞在培养时要贴附于培养(瓶)器皿壁上，细胞一经贴壁就迅速铺展，然后开始有丝分裂，并很快进入对数生长期。接种密度合适时，一般数天后就铺满培养表面，并形成致密的细胞单层。

2. 贴壁培养的优点

由于细胞紧密黏附于固相表面，容易更换培养液。可直接倾去旧培养液，清洗后直接加入新鲜培养液。

容易采用灌注培养，从而达到提高细胞密度的目的。因细胞固定表面，不需过滤系统。

3. 贴壁培养的缺点

扩大培养比较困难，投资大，占地面积大，不能有效监测细胞的生长。

4. 细胞贴壁的表面

要求具有净阳电荷和高度表面活性。对微载体而言还要求具一定电荷密度，若为有机物表面，必须具有亲水性，并带阳离子。

5. 贴壁培养系统

主要有转瓶、中空纤维、玻璃珠、微载体系统等。

转瓶培养系统是贴壁依赖型细胞最初采用的培养系统。转瓶培养一般用于小量培养到大规模培养的过渡阶段，或作为生物反应器接种细胞准备的一条途径。细胞接种在旋转的圆筒形转瓶中，培养过程中转瓶不断旋转，使细胞交替接触培养液和空气，从而提供较好的传质和传热条件。转瓶培养具有结构简单，投资少，技术成熟，重复性好，放大只需简单地增加转瓶数量等优点。但也有其缺点，如劳动强度大，占地空间大，单位体积提供细胞生长的表面积小，细胞生长密度低，培养时监测和控制环境条件受到限制等。现在使用的转瓶培养系统包括二氧化碳培养箱和转瓶机两类。

生物反应器贴壁培养时，细胞贴附于固定的表面生长，不因为搅拌而跟随培养液一起流动，因此比较容易更换培养液，不需要特殊的分离细胞和培养液的设备，可以采用灌流培养获得高细胞密度，能有效地获得一种产品。但扩大规模较难，不能直接监控细胞的生长情况，故多用于制备用量较小、价值高的生物药品。

CelliGen、CelliGen PlusTM 和 Bioflo 3000 反应器是常用的贴壁培养式生物反应器，用于细胞贴壁培养时可用篮式搅拌系统和圆盘状载体。此载体是直径 6mm 无纺聚酯纤维圆片，具有很高的表面积与体积比（$1200cm^2/g$），利于获得高细胞密度。

篮式搅拌系统和载体培养是目前贴壁细胞培养使用最多的方式，用于杂交瘤细胞、Hela 细胞、293 细胞、CHO 细胞及其他细胞培养。此种方式培养细胞，细胞接种后贴壁快。

（二）悬浮培养

悬浮培养是指悬浮型细胞在反应器中自由悬浮生长的过程。主要用于非贴壁依赖型细胞培养，如杂交瘤细胞等，是在微生物发酵的基础上发展起来的技术。

无血清悬浮培养是用已知人源或动物来源的蛋白或激素代替动物血清的一种细胞培养方式，它能减少后期纯化工作，提高产品质量，正逐渐成为动物细胞大规模培养的研究新方向。

（三）固定化培养

固定化培养是将动物细胞与水不溶性载体结合起来，再进行培养。

贴壁依赖型细胞和悬浮型细胞都可适用于固定化培养。固定化培养具有细胞生长密度高，抗剪切力和抗污染能力强等优点，细胞易于产物分开，有利于产物分离纯化。

固定化培养的制备方法很多，包括吸附法、共价贴附法、离子/共价交联法、包埋法、微囊法等。

1. 吸附法

用固体吸附剂将细胞吸附在其表面而使细胞固定化的方法称为吸附法，是动物细胞固定化中最早研究使用的方法。优点是操作简便、条件温和。缺点是载体的负荷能力低，细胞易脱落。微载体培养和中空纤维培养是该方法的代表。

2. 共价贴附法

利用共价键将动物细胞与固相载体结合的固定化方法称为共价贴附法。此法可减少细胞的泄漏，但须引入化学试剂，对细胞活性有一定的影响，且因贴附而导致扩散限制小，细胞得不到保护。

3. 共价交联法

双功能试剂处理细胞悬浮液，会在细胞间形成桥而絮结产生交联作用，此固定化细胞方法称为共价交联法。交联试剂会使一些细胞死亡，也会产生扩散限制。

4. 包埋法

将细胞包埋在多孔载体内部制成固定化细胞的方法称为包埋法。优点是步骤简便、条件温和、负荷量大、细胞泄漏少，抗机械剪切。缺点是扩散限制，并非所有细胞都处于最佳基质浓度，且大分子基质不能渗透到高聚物网络内部。

一般适用于非贴壁依赖型细胞的固定化，常用载体为多孔凝胶，如琼脂糖凝胶、海藻酸钙凝胶和血纤维蛋白。

5. 微囊法

微囊法是指用一层亲水的半透膜将细胞包围在珠状的微囊里，细胞不能逸出，但小分子物质及营养物质可自由出入半透膜的培养方法。

囊内是一种微小培养环境，与液体培养相似，能保护细胞少受损伤，故细胞生长好、密度高。微囊直径控制在 200～400μm 为宜。

制备中应注意保持温和、快速、不损伤细胞的操作手法，尽量在液体和生理条件下操作。所用试剂和半透膜材料对细胞应无毒性，膜的孔径应小于培养细胞，但能使营养物和代谢物自由通过，膜应有足够机械强度抵抗培养中搅拌。

（四）抗凋亡策略在细胞大规模培养中的应用

在生物反应器用于动物细胞大规模培养的过程中，细胞凋亡在细胞死亡中占主要部分，占到 80%左右。而在大规模细胞培养中，细胞死亡是维持细胞高活性和高密度的最大障碍。理论上讲，防止或延长细胞死亡，可以极大提高生物反应器生产重组蛋白的产量。

细胞凋亡由一系列基因精确地调控，是多细胞生物发育和维持稳态所必需的生理现象。已知凋亡的最终执行者是 Caspase 家族，它们均为半胱氨酸蛋白酶，各识别一个 4 氨基酸序列，并在识别序列 C 端天冬氨酸残基处将底物切断。Caspase 含有可被自身识别的序列，可以切割活化自身而导致信号放大，并作用于下游 Caspase 成员，从而形成 Caspase 家族的级联放大，最终作用于效应蛋白，引起细胞凋亡。所以在大规模培养时干扰细胞在培养中凋亡的发生，提高细胞特异性抵制遇到压力而引起凋亡的能力，有利于提高细胞的培养密度、延长细胞的培养周期，从而提高目标产品的产量 2～3 倍。

1. 营养物质抗凋亡

在常规生物反应器构造中，营养耗竭或缺乏培养基中特殊的生长因子则引起凋亡，例如血清、糖或特殊氨基酸的耗尽。培养基中添加氨基酸或其他关键营养可抑制凋亡、延长培养时间从而提高产品的生产。大规模培养中细胞凋亡主要由于营养物质的耗竭或代谢产物的堆积引起，如谷氨酰胺的耗竭是最常见的凋亡原因，而且凋亡一旦发生，补加谷氨酰胺已不能逆转凋亡。另外，动物细胞在无血清、无蛋白培养基中进行培养时，细胞变得更为脆弱，更容易发生凋亡。

2. 基因抗凋亡

与凋亡相关的一系列基因产物可对其进行正、负向的调控，因此可通过导入相应基因来调节细胞凋亡的机制。Bcl-2 基因是目前最为有效的抗凋亡基因，在多种细胞系中均表现出很强的抗凋亡活性。

3. 化学方法抗凋亡

凋亡发生时，细胞许多部位发生生化物质的改变，有些变化如改变细胞氧化还原条件产生活性氧在凋亡信号阶段发生，其他的如破坏线粒体膜电位、激活 Caspase 则发生在凋亡效应阶段，这在绝大多数细胞死亡中是相同的。

因此，阻止这些生化物质的改变可能阻止或至少延迟细胞凋亡的发生，运用化学物质可抑制信号效应阶段的发生，被认为是抗凋亡策略之一。

三、大规模培养的技术形式

大规模细胞培养中的深层培养可分为分批式、流加式、半连续式、连续式和灌注式、细胞工厂5种技术形式。

（一）分批式培养

分批式培养是细胞规模培养发展进程中较早期采用的方式，也是其他操作方式的基础。该方式采用机械搅拌式生物反应器，将细胞扩大培养后，一次性转入生物反应器内进行培养，在培养过程中其体积不变，不添加其他成分，待细胞增长和产物形成积累到适当的时间，一次性收获细胞、产物、培养基的操作方式（图 11-2a）。

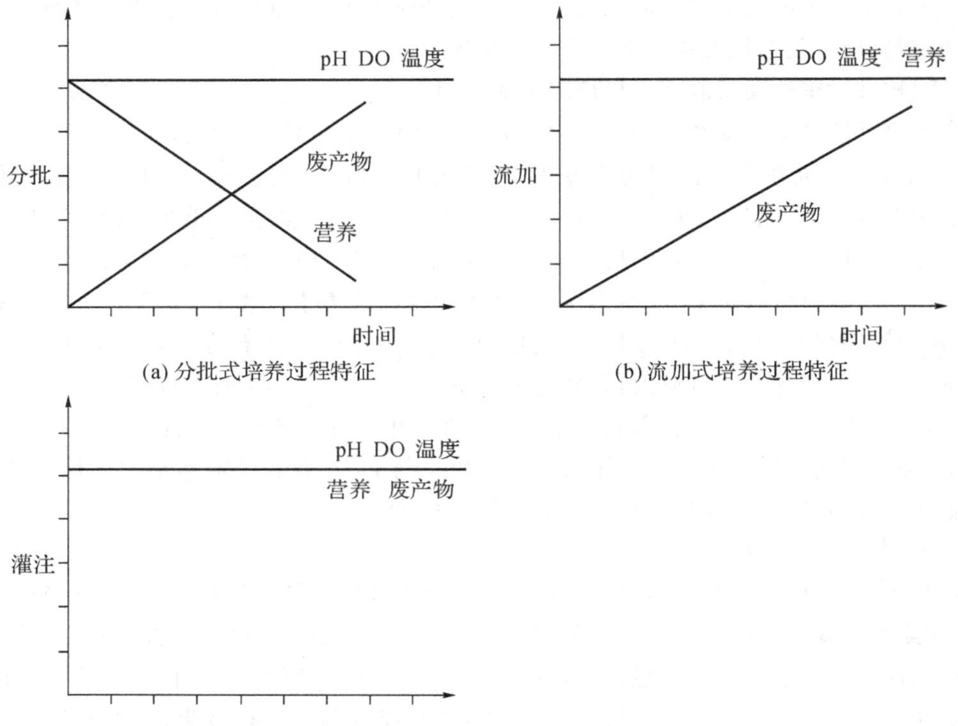

(a) 分批式培养过程特征
(b) 流加式培养过程特征
(c) 灌注式培养过程特征

图 11-2　培养过程的特征

分批式培养操作简单，培养周期短，染菌和细胞突变的风险小。反应器系统属于封闭式，培养过程中与外部环境没有物料交换，除了控制温度、pH 值和通气外，不进行其他任何控制，因此操作简单，容易掌握。

因培养期间细胞生长代谢是在一个相对固定的营养环境，不添加任何营养成分，直观反映细胞生长代谢的过程，是动物细胞工艺基础条件或小试研究常用的手段。

由于培养过程工艺简单，对设备和控制的要求较低，设备的通用性强，反应器参数的放大原理和过程控制，比较其他培养系统较易理解和掌握，在工业化生产中分批式培养操作是传统的、常用的方法，其工业反应器规模可达 12000L。

分批培养过程中，细胞的生长分为五个阶段：延滞期、对数生长期、减速期、平稳期和衰退期。分批培养的周期时间多在3～5d，细胞生长动力学表现为细胞先经历对数生长期(48～72h)细胞密度达到最高值后，由于营养物质耗竭或代谢毒副产物的累积，细胞生长进入衰退期进而死亡，表现出典型的生长周期。收获产物通常是在细胞快要死亡前或已经死亡后进行。

(二)流加式培养

流加式培养是在分批式培养的基础上，采用机械搅拌式生物反应器系统，悬浮培养细胞或以悬浮微载体培养贴壁细胞，细胞初始接种的培养基体积一般为终体积的1/2～1/3，在培养过程中根据细胞对营养物质的不断消耗和需求，流加浓缩的营养物或培养基，从而使细胞持续生长至较高的密度，目标产品达到较高的水平，整个培养过程没有流出或回收，通常在细胞进入衰亡期或衰亡期后进行终止，回收整个反应体系，分离细胞和细胞碎片，浓缩、纯化目标蛋白(图11-2b)。

流加培养根据细胞生长速率、营养物消耗和代谢产物抑制情况，浓缩的营养培养基的流加速率与消耗的速率相同，按底物浓度控制相应的流加过程，保证合理的培养环境与较低的代谢产物抑制水平。

培养过程以低稀释率流加，细胞在培养系统中停留时间较长，总细胞密度较高，产物浓度较高。流加培养过程须掌握细胞生长动力学，能量代谢动力学，研究细胞环境变化时的瞬间行为。流加培养细胞培养基的设计和培养条件与环境优化，是整个培养工艺中的主要内容。在工业化生产，悬浮流加培养工艺参数的放大原理和过程控制，比较其他培养系统较易理解和掌握，可采用工艺参数的直接放大。

流加培养是当前动物细胞培养中占有主流优势的培养工艺，也是近年来动物细胞大规模培养研究的热点。流加培养中的关键技术是基础培养基和流加浓缩的营养培养基。通常进行流加的时间多在指数生长后期，细胞在进入衰退期之前，添加高浓度的营养物质。可以添加1次，也可添加多次，直至细胞密度不再提高。

流加工艺中的营养成分主要分为三大类：

(1)葡萄糖　葡萄糖是细胞的供能物质和主要的碳源物质，然而当其浓度较高时会产生大量的代谢产物乳酸，因而需要进行其浓度控制，以足够维持细胞生长而不至于产生大量的副产物的浓度为佳。

(2)谷氨酰胺　谷氨酰胺是细胞的供能物质和主要的氮源物质，然而当其浓度较高时会产生大量的代谢产物氨，因而也需要进行其浓度控制，以足够维持细胞生长而不至于产生大量的副产物的浓度为佳；大规模培养中细胞凋亡主要由于营养物质的耗竭或代谢产物的堆积引起，如谷氨酰胺的耗竭是最常见的凋亡原因，而且凋亡一旦发生，补加谷氨酰胺已不能逆转凋亡。另外，动物细胞在无血清、无蛋白培养基中进行培养时，细胞变得更为脆弱，更容易发生凋亡。

(3)氨基酸、维生素及其他　主要包括营养必需氨基酸、营养非必需氨基酸、一些特殊的氨基酸如羟脯氨酸、羧基谷氨酸和磷酸丝氨酸；此外还包括其他营养成分如胆碱、生长刺激因子。添加的氨基酸形式多为左旋氨基酸，因而多以盐或前体的形式替代单分子氨基酸，或者添加四肽或短肽的形式。在进行添加时，不溶性氨基酸如胱氨酸、酪氨酸和色氨酸只在中性pH值部分溶解，可采用泥浆的形式进行脉冲式添加；其他的可溶性氨基酸以溶液的形式用蠕动泵进行缓慢连续流加。

(三)半连续式培养

半连续式培养又称为重复分批式培养或换液培养。采用机械搅拌式生物反应器系统，悬浮培养形式。在细胞增长和产物形成过程中，每间隔一段时间，从中取出部分培养物，再用新的培养液补足到原有体积，使反应器内的总体积不变。

这种类型的操作是将细胞接种一定体积的培养基，让其生长至一定的密度，在细胞生长至最大密度之前，用新鲜的培养基稀释培养物，每次稀释反应器培养体积的 1/2～3/4，以维持细胞的指数生长状态，随着稀释率的增加培养体积逐步增加。或者在细胞增长和产物形成过程中，每隔一定时间，定期取出部分培养物，或是条件培养基，或是连同细胞、载体一起取出，然后补加细胞或载体，或是新鲜的培养基继续进行培养的一种操作模式。剩余的培养物可作为种子，继续培养，从而可维持反复培养，而无需反应器的清洗、消毒等一系列复杂的操作。在半连续式操作中由于细胞适应了生物反应器的培养环境和相当高的接种量，经过几次的稀释、换液培养过程，细胞密度常常会提高。

半连续式特点是：培养物的体积逐步增加，可进行多次收获，细胞可持续指数生长，并可保持产物和细胞在一较高的浓度水平，培养过程可延续到很长时间。

该操作方式的优点是操作简便，生产效率高，可长时期进行生产，反复收获产品，可使细胞密度和产品产量一直保持在较高的水平。在动物细胞培养和药品生产中被广泛应用。

(四)连续式和灌注式培养

连续式培养是一种常见的悬浮培养模式，采用机械搅拌式生物反应器系统。该模式是将细胞接种于一定体积的培养基后，为了防止衰退期的出现，在细胞达到最大密度之前，以一定速度向生物反应器连续添加新鲜培养基；同时，含有细胞的培养物以相同的速度连续从反应器流出，以保持培养体积的恒定。理论上讲，该过程可无限延续下去。

连续培养的优点是反应器的培养状态可以达到恒定，细胞在稳定状态下生长。稳定状态可有效地延长分批培养中的对数生长期。在稳定状态下细胞所处的环境条件如营养物质浓度、产物浓度、pH 值可保持恒定，细胞浓度以及细胞生长速率可维持不变。细胞很少受到培养环境变化带来的生理影响，特别是生物反应器的主要营养物质葡萄糖和谷氨酰胺维持在一个较低的水平，从而使它们的利用效率提高，有害产物积累有所减少。然而，在高的稀释率下，虽然死细胞和细胞碎片及时清除，细胞活性高，最终细胞密度得到提高，可是产物却不断在稀释，因而产物浓度并不提高；尤其是细胞和产物不断地稀释，营养物质利用率、细胞增长速率和产物生产速率低下。

连续式培养不足之处在于：由于是开放式操作，加上培养周期较长，容易造成污染，在长周期的连续培养中，细胞的生长特性以及分泌产物容易变异；对设备、仪器的控制技术要求较高，多数采用搅拌式生物反应器，也可采用管式反应器。

连续式培养的特点：细胞维持持续指数增长，产物体积不断增长，可控制衰退期与下降期。

灌注式培养，也称灌流式培养，是连续式培养常见的方式。灌注式培养是把细胞和培养基一起加入反应器后，在细胞增长和产物形成过程中，不断地将部分条件培养基取出，同时又连续不断地灌注新的培养基(图 11-2c)。

它与半连续式操作的不同之处在于取出部分条件培养基时，绝大部分细胞均保留在反应器内，而半连续培养在取出培养物时同时也取出了部分细胞。

灌注式培养常使用的生物反应器主要有两种形式：

(1)搅拌式生物反应器　用于悬浮细胞培养，这种反应器必须具有细胞截流装置，细胞截留系统开始多采用微孔膜过滤或旋转膜系统，最近开发的有各种形式的沉降系统或透析系统。中空纤维生物反应器是连续灌流操作常用的一种。它采用的中空纤维半透膜，透过小相对分子质量的产物和底物，截流细胞和相对分子质量较大的产物，在连续灌流过程中将绝大部分细胞截留在反应器内。近年来中空纤维生物反应器被广泛应用于产物分泌性动物细胞的生产，主要用于培养杂交瘤细胞生产单克隆抗体。

(2)固定床或流化床生物反应器　固定床是在反应器中装配固定的篮筐，中间装填聚酯纤维载体，细胞可附着在载体上生长，也可固定在载体纤维之间，靠搅拌中产生的负压，迫使培养基不断流经填料，有利于营养成分和氧的传递，这种形式的灌流速度较大，细胞在载体中高密度生长。流化床生物反应器是通过流体的上升运动使固体颗粒维持在悬浮状态进行反应，适合于固定化细胞的培养。

灌注式培养的优点：

①细胞截流系统可使细胞或酶保留在反应器内，维持较高的细胞密度，一般可达 10^7～10^9/ml，从而较大地提高了产品的产量。

②连续灌流系统，使细胞稳定地处在较好的营养环境中，有害代谢废物浓度积累较低。

③反应速率容易控制，培养周期较长，可提高生产率，目标产品回收率高。

④产品在罐内停留时间短，可及时回收到低温下保存，有利于保持产品的活性。

连续灌注培养是近年用于动物细胞培养生产分泌型重组治疗性药物和嵌合抗体及人源化抗体等基因工程抗体较为推崇的一种方式。应用连续灌流工艺的公司有 Genzyme, Genetic Institute, Bayer 公司等。这种方法最大的缺点是污染几率较高以及长期培养中细胞分泌产品的稳定性、规模放大过程中工程问题。

(五)细胞工厂培养

细胞工厂是一种设计精巧的细胞培养装置。它在有限的空间内利用了最大限度的培养表面，从而节省了大量的厂房空间，并可节省贵重的培养液。更重要的是，它可有效地保证操作的无菌性，从而避免因污染而带来的原料、劳务和时间损失。它是对传统转瓶培养的革命。

丹麦 NUNC 公司生产的 NUNC 细胞工厂是目前应用较多的细胞工厂系统。可用于如疫苗、单克隆抗体或生物制药等工业规模生产，特别适合于贴壁细胞，也可用于悬浮培养，在从实验室规模进行放大时不会改变细胞生长的动力学条件，可提供 1、2、10 和 40 盘的培养体系，使放大变得简单易行，低污染风险，节省空间，培养表面经测试保证最有利于细胞贴附和生长。同时，与 NUNC 的细胞工厂操作仪结合使用，可全面实现细胞培养的自动化，从而大大地减低劳动强度和密集度。这套系统使用很方便，可产生类似塑料培养瓶的效果。由组织培养级聚苯乙烯制成，使用后可随意处理。其最大缺点是：经胰酶消化后，很难将细胞完全洗出。

四、生物反应器的结构类型

动物细胞培养技术能否大规模工业化、商业化，关键在于能否设计出合适的生物反应器。由于动物细胞与微生物细胞有很大差异，传统的微生物反应器显然不适用于动物细胞的大规模培养。首先必须满足在低剪切力及良好的混合状态下，能够提供充足的氧以供细胞生长及细胞进行产物的合成。

动物细胞培养用生物反应器主要包括：转瓶培养器、塑料袋增殖器、填充床反应器、多层板反应器、螺旋膜反应器、管式螺旋反应器、陶质矩形通道蜂窝状反应器、流化床反应器、中空纤维及其他膜式反应器、搅拌反应器、气升式反应器等。

按其培养细胞的方式不同，这些反应可分为以下三类：

(1)悬浮培养用反应器　如搅拌反应器、中空纤维反应器、陶质矩形通道蜂窝状反应器、气升式反应器。

(2)贴壁培养用反应器　如搅拌反应器（微载体培养）、玻璃珠床反应器、中空纤维反应器、陶质矩形通道蜂窝状反应器。

(3)包埋培养用反应器　如流化床反应器、固化床反应器。

(一)搅拌罐生长反应器

这是最经典、最早被采用的一种生物反应器。此类反应器与传统的微生物生物反应器类似，针对动物细胞培养的特点，采用了不同的搅拌器及通气方式。通过搅拌器的作用使细胞和养分在培养液中均匀分布，使养分充分被细胞利用，并增大气液接触面，有利于氧的传递。现已开发的有笼式通气搅拌器、双层笼式通气搅拌器、桨式搅拌器等。

(二)气升式生物反应器

1979 年，首次应用气升式生物反应器成功的地进行了动物细胞的悬浮培养。

气升式生物反应器的优点表现为：罐内液体流动温和均匀，产生剪切力小，对细胞损伤较小。可直接喷射空气供氧，因而氧传递率较高。液体循环量大，细胞和养分都能均匀分布于培养液中。结构简单，利于密封并降低了造价。

常用的气升式反应器有三种：内循环式气升式、外循环式气升式、内外循环式气升式生物反应器。

(三)鼓泡式生物反应器

与气升式反应器相类似，是利用气体鼓泡来进行供氧及混合，其设计原理与气升式生物反应器也相同。

(四)中空纤维生物反应器

用途较广，既可用于悬浮细胞的培养，又可用于贴壁细胞的培养。

其原理是模拟细胞在体内生长的三维状态，利用反应器内数千根中空纤维的纵向布置，提供细胞近似生理条件的体外生长微环境，使细胞不断生长。

中空纤维是一种细微的管状结构，管壁为极薄的半透膜，富含毛细管，培养时纤维管内灌流充以氧气的无血清培养液，管外壁则供细胞黏附生长，营养物质通过半透膜从管内渗透出来供细胞生长。对于血清等大分子营养物，必须从管外灌入，否则会被半透膜阻隔不能被细胞利用。细胞的代谢废物也可通过半透膜渗入管内，避免了过量代谢物对细胞的毒害作用。

中空纤维生物反应器的优点是：占地空间少，细胞产量高，细胞密度可达 10^9 数量级，生产成本低，且细胞培养维持时间长，适用于长期分泌的细胞。

五、微载体培养技术

(一)概述

微载体培养技术于1967年被用于动物细胞大规模培养。该技术目前已渐日趋完善和成熟,并广泛应用于生产疫苗、基因工程产品等。

微载体培养是目前公认的最有发展前途的一种动物细胞大规模培养技术,其兼具悬浮培养和贴壁培养的优点,放大容易。

目前微载体培养广泛用于培养各种类型细胞,生产疫苗、蛋白质产品,如293细胞、成肌细胞、Vero细胞、CHO细胞。

使用较多的反应器有两种:①贝朗公司的BIOSTAT B反应器,使用双桨叶无气泡通气搅拌系统;②NBS公司的CelliGen、CelliGen PlusTM和Bioflo 3000反应器,使用Cell-lift双筛网搅拌系统。两种系统都能实现培养细胞和收获产物的有效分离。

微载体是指直径在60～250μm,能适用于贴壁细胞生长的微珠。一般是由天然葡聚糖或者各种合成的聚合物组成。自Van Wezel用DEAE-Sephadex A 50研制的第一种微载体问世以来,国际市场上出售的微载体商品的类型已经达十几种以上,包括液体微载体、大孔明胶微载体、聚苯乙烯微载体、PHEMA微载体、甲壳质微载体、聚氨酯泡沫微载体、藻酸盐凝胶微载体以及磁性微载体等。常用商品化微载体有三种:Cytodex1、2、3,Cytopore和Cytoline。

增大单位体积内表面积(S/F)对细胞的生长非常有利。微载体直径尽可能小,最好控制在100～200μm之间。培养体系内微载体的密度一般为1.03～1.05g/cm^2,随着细胞的贴附及生长,密度可逐渐增大。控制细胞贴壁的基本因素是电荷密度而不是电荷性质。若电荷密度太低,细胞贴附不充分,但电荷密度过大,反而会产生“毒性”效应。

(二)微载体培养原理与操作

1. 微载体培养原理

将无细胞毒性的微载体颗粒加入到培养容器的培养液中,使细胞在微载体表面附着生长,同时通过持续搅动使微载体始终保持悬浮状态。贴壁依赖性细胞在微载体表面上的增殖,要经历黏附贴壁、生长和扩展成单层三个阶段。细胞只有贴附在固体基质表面才能增殖,故细胞在微载体表面的贴附是进一步铺展和生长的关键。黏附主要是靠静电引力和范德华力。细胞能否在微载体表面黏附,主要取决于细胞与微载体的接触概率和相融性。

2. 微载体培养操作

搅拌转速由于动物细胞无细胞壁,对剪切力敏感,因而无法靠提高搅拌转速来增加接触概率。通常的操作是,在贴壁期采用低搅拌转速,时搅时停。数小时后,待细胞附着于微载体表面时,维持设定的低转速,进入培养阶段。微载体培养的搅拌非常慢,最大速度75r/min。

细胞与微载体的相融性好坏,与微载体表面的理化性质有关。一般细胞在进入生理pH值时,表面带负电荷。若微载体带正电荷,则利用静电引力可加快细胞贴壁速度。若微载体带负电荷,因静电斥力使细胞难于黏附贴壁,但培养液中溶有或微载体表面吸附着二价阳离子作为媒介时,则带负电荷的细胞也能贴附。

影响细胞在微载体表面生长的因素很多,主要有三个方面:①培养细胞方面,如细胞群体、状态和类型。②微载体特性方面，如微载体表面状态、吸附的大分子和离子。微载体表面光滑时细胞扩展快，表面多孔则扩展慢。③培养液组成及其特性，如培养基组成、温度、pH、DO以及代谢废物等均明显影响细胞在微载体上的生长。如果所处条件最优，则细胞生长快，反之生长速度慢。

微载体培养操作要点：①培养初期。保证培养基与微球体处于稳定的pH与温度水平，接种对数生长中晚期细胞至终体积1/3的培养液中，以增加细胞与微载体接触的机会。不同的微载体所用浓度及接种细胞密度是不同的。常使用2～3g/L的微载体含量，更高的微载体浓度需要控制环境或经常换液。②贴壁阶段。3～8d后，缓慢加入培养液至工作体积，并且增加搅拌速度保证完全均质混合。③培养维持期。进行细胞计数、葡萄糖测定及细胞形态镜检。随着细胞增殖，微球变得越来越重，需增加搅拌速率。经过3d左右，培养液开始呈酸性，需换液。换液时，停止搅拌，让微珠沉淀5min，弃掉适宜体积的培养液，缓慢加入37℃新鲜培养液，重新开始搅拌。④收获细胞。首先排干培养液，至少用缓冲液漂洗1遍，然后加入相应的酶，75～125r/min快速搅拌20～30min。然后解离收集细胞及其产品。

可以通过增加微载体的含量或培养体积进行微载体培养的放大。使用异倍体或原代细胞培养生产疫苗、干扰素，已被放大至4000L以上。

(三)微载体培养的优点

微载体培养由于表面积/体积(S/V)大，因此单位体积培养液的细胞产率高。把悬浮培养和贴壁培养融合在一起，兼有两者的优点。可用简单的显微镜观察细胞在微珠表面的生长情况。简化了细胞生长各种环境因素的检测和控制，重现性好。培养基营养成分的利用率较高。容易放大，细胞收获过程不复杂，劳动强度小，培养系统占地面积小。

习题与思考

1. 简述细胞大规模培养过程中，如何进行种子细胞的扩大培养。
2. 比较分批式培养、流加式培养和灌注式培养的差异。
3. 在大规模培养中，贴壁细胞可否通过某种形式实现悬浮培养？请合理解释。
4. 固定化培养适用的细胞类型有哪些？固定化培养的操作形式有哪些种类？

能力训练

实验实训 11－1　生物反应器型号性能检索

[仪器与材料]

联网计算机，IE浏览器，网页词典 httc://dict.cn。

[操作步骤]

依次检索主要生物反应器制造商的官方网页，了解各种生物反应器的结构性能。以ppt形式汇报检索结果以及所了解的生物反应器适用的细胞类型。

1. NBS

NBS 为 New Brunswick Scientific 的简称，现为 Eppendorf 的旗下分公司。

网页 http://www.nbsc.com/。

2. Sartorius

Sartorius 为原 B. Braun(贝朗)的产品系列。

网页 http://www.sartorius.com/。

3. Bioengineering AG(比欧)

网页 http://www.bioengineering.ch/。

4. Applikon Biotechnology

网页 http://www.applikon－bio.com/。

5. INFORS HT

网页 http://infors－ht.com/。

[注意事项]

由于品牌生物反应器的官方网页基本上是英文或其他外文，遇到难懂词汇时可借助网络词典进行实时翻译帮助理解。

任务三十七　细胞药理与毒理试验

学习目标

1. 知识目标

熟悉细胞活性测定和细胞毒性测定在药物、化妆品、食品中的活性物质筛选的意义。

2. 技能目标

熟悉染料排异法检测细胞活性和 MTT 法细胞毒性试验的基本操作。

任务内容

一、概述

(一)细胞活性

体外培养细胞是否具有活性，是细胞培养过程中务必考虑的基本问题。以体外培养的细胞进行的试验，往往是确认某些活性物质，如药物、化妆品、食品添加剂，是否存在潜在的毒性作用，如是否促进细胞生长分裂或细胞分化、是否抑制细胞生长繁殖、是否诱导细胞凋亡、是否引发细胞坏死等。要得到令人信服的实验数据，就需要有另外的数据表明用于试验的该株系的细胞是具有良好活性的。

这里，细胞的活性是指细胞生长繁殖能力，即细胞的再生潜能大小。测定细胞活性的实验方法主要有克隆形成实验、细胞生长曲线测定、MTT 还原反应等。

(二)细胞毒性

新的药物、化妆品、食品添加剂等在投放市场之前,都必须进行大量的细胞毒性试验。细胞毒性主要包括杀死细胞、杀伤细胞、细胞新陈代谢发生改变等机理,表现为细胞凋亡、细胞坏死、细胞生长繁殖抑制等现象。细胞毒性试验中,除了观察测定上述现象外,还可以采集培养细胞在药物处理前后的代谢变化指标,如对处理细胞和对照细胞的 DNA、RNA、蛋白质、多肽等特定种类和含量进行测定。

从理论上说,细胞毒性试验包括细胞药理试验和细胞毒理试验。用于抗肿瘤药物与肿瘤细胞株系的体外试验时,可以属于细胞药理试验。如果针对某些抗肿瘤药物是否对正常体细胞有毒性的体外试验,则属于细胞毒理试验。

用于细胞毒性试验的细胞包括:①组织来源的原代细胞,如肿瘤组织制备的原代细胞。②细胞保藏中心索取的细胞株系,如肿瘤细胞、健康细胞,包括哺乳动物细胞、人体细胞。③实验室建立的细胞株系。

(三)体内与体外试验的区别

体内试验是在实验动物体内进行的,药物要经过系列通路才与靶细胞接触或进入靶细胞内。有些无毒物质在通过肝脏代谢后就具有细胞毒性,许多体外有毒的物质可能被肝脏的有关酶或酶系解毒。因此,体内和体外试验在药物暴露时间、浓度、浓度变化速率、新陈代谢、组织渗透、清除和排泄等方面常常有着明显的差异。

虽然有人利用多细胞肿瘤球体来测试药物的渗透或浓度与时间效应,但大多数研究都着眼于直接的细胞反应,因为后者操作简单,重复性好。

要想将体外试验作为实验动物体内试验的替代方法,就必须要证明潜在的毒性物质在体内外进入细胞的方式是相同的。改良的体外试验方法是,试验细胞与活化肝细胞共培养,也可以将供试药物预先经实验动物口服或静脉注射,一定时间后,采集实验动物静脉血再做体外试验。但注意,后一种处置方法涉及实验动物福利,也许不能算完善的体外细胞毒性试验。

二、细胞生存力与存活测定

主要测试体外培养的细胞,与试验药物共培养或试验药物处理后,死亡细胞与活细胞的比例状况。测定细胞生存力的方法包括:活细胞计数、染料排斥法、染料摄取法。

生存力分析用于检测细胞是否存在潜在的损伤,多数测试的原理是活细胞具有完整的细胞质膜。活细胞具有完整的细胞质膜,台盼蓝、藻红、萘黑等染料和碘化丙啶红色荧光物质不能进入活细胞,而二乙酰荧光素和中性红能选择性地进入活细胞。染料法检测细胞活力时,结果往往是过高地估计了细胞的生存力。

活细胞摄取的二乙酰荧光素,在细胞内将其水解成荧光素,使细胞发绿色荧光。中性红被活细胞摄取后储存于溶酶体内。

细胞活性受抑制,然后死亡的情形有别于生存力测试,因为生存力测试的上述方法在早期不足以区分细胞的真实活性。关于此类测试就是存活测试,一般是测试克隆形成实验来完成,通过实验绘制对应的存活曲线,或称生存曲线。

三、细胞凋亡测定

细胞死亡有两种形式，即细胞凋亡和细胞坏死。值得注意的是，凋亡细胞和坏死细胞的DNA虽然都会发生断裂，片断化，但凋亡细胞的DNA断裂均发生在核小体之间，片段化的DNA长度为180～200bp；坏死细胞的DNA断裂片段无此规律，呈杂乱状态。

DNA琼脂凝胶电泳就是鉴别细胞死亡是否属于细胞凋亡的专一性试验。

四、细胞增殖测定与细胞代谢测定

用于测定细胞增殖能力的试验方法包括生长曲线测定、克隆形成实验、MTT法、BrdU掺入法等，反映体外培养细胞生长繁殖能力受影响情况。

用于检测细胞代谢变化的测定方法有克隆形成实验和微滴定系统。

习题与思考

1. 简述细胞药理试验的一般技术流程。
2. 细胞药理试验中如何设计阳性对照和阴性对照？
3. MTT法细胞毒性试验的原理是怎样的？

能力训练

实验实训11－2　染料排斥法检测细胞活性

［实验器材］

50～200μl微量移液器，盒装无菌200μl吸嘴，数码倒置显微镜，血细胞计数板，计数板用盖玻片，0.4%台盼蓝染液，待检细胞悬液，Eppendorf管，酶标板8孔条。

［操作步骤］

1. 单细胞悬液制备

按照贴壁细胞或悬浮细胞的收集方法进行细胞收集，然后将待检细胞悬液吹打成单细胞悬液。细胞计数后调节细胞密度为2×10^5～5×10^5/ml。

2. 台盼蓝染色

按照1∶1比例混合上述细胞悬液和台盼蓝染液。可使用Eppendorf管或酶标板的8孔条（或12孔条）反应孔进行稀释。稀释体系控制在200～400μl为宜。

3. 装载血细胞计数板

取上述染色后的细胞悬液适量到干净的血细胞计数板计数窗。适宜的加载量是刚好充满计数窗，无溢出，否则需重新清洁血细胞计数板，另行加载细胞悬液。

4. 细胞计数

显微镜视场下，染色的细胞为死细胞，未染色的细胞为活细胞。在100×的接目镜视场下，类似细胞计数方法，求出4个大方格内的活细胞总数、死细胞总数。可拍摄此显微视场下的数码照片，或以此视场进行讨论学习。

5．结果计数

细胞存活率(%)=(活细胞数/细胞总数)×100%。其中，细胞总数=活细胞总数+死细胞总数。

［注意事项］

1．台盼蓝对人体有毒，使用时注意个人防护。

2．吸取细胞悬液时，需注意无菌操作，应在超净工作台内使用微量移液器套装无菌吸嘴进行操作。

3．从培养物如多孔细胞培养板的培养孔直接计数时，务必使培养孔内细胞悬浮并混匀成单细胞悬液。

4．染色时间过长或使部分活细胞着色，因此需注意把握计数的效率。

实验实训11－3　染料摄取法检测细胞活性

［实验器材］

50～200μl微量移液器，盒装无菌200μl吸嘴，数码倒置荧光显微镜，血细胞计数板，计数板用盖玻片，10μg/ml二乙酰荧光素溶液，500μg/ml碘化丙啶，PBSA溶液，待检细胞培养物。

［操作步骤］

1．单细胞悬液制备

按照贴壁细胞或悬浮细胞的收集方法进行细胞收集，然后将待检细胞悬液吹打成单细胞悬液，细胞计数。1000r/min离心8min，用PBSA溶液调节细胞密度为2×10^5～5×10^5/ml。铺放到96孔或24孔细胞培养板。

2．添加荧光素混合染料

使培养物中二乙酰荧光素和碘化丙啶的终浓度分别为1μg/ml和50μg/ml。37℃ CO_2培养箱培养10min。

3．装载血细胞计数板

取上述培养孔内的均匀细胞悬液适量，加载到干净的血细胞计数板计数窗内。适宜的加载量是刚好充满计数窗，无溢出，否则需重新清洁血细胞计数板，另行加载细胞悬液。

4．细胞计数

荧光显微镜视场下，发红色荧光的细胞为死细胞，发绿色荧光的细胞为活细胞。在200×或400×的接目镜视场下，求出视场内的活细胞总数、死细胞总数。可拍摄此显微视场下的数码照片，或以此视场进行讨论学习。

5．结果计数

细胞存活率(%)=(活细胞数/细胞总数)×100%。其中，细胞总数=活细胞总数+死细胞总数。

［注意事项］

1．二乙酰荧光素的激发波长是450nm/590nm，发射波长是515nm，为绿色荧光。碘化丙啶的激发波长是488nm，发射波长是615nm，为红色荧光。

2. 荧光染料溶液需注意避光。

3. 细胞悬液需离心去除酚红。

实验实训 11－4　MTT 法细胞毒性试验

［实验器材］

1. 仪器

倒置显微镜，CO_2 培养箱，普通冰箱，超净工作台，显微数码摄影系统，8 道微量移液器，酶标仪，低速冷冻离心机，平板转子。

2. 材料与试剂

(1)非无菌材料　酒精棉球，离心管架，血细胞计数板，记号笔。

(2)无菌材料和试剂　辅料镊，(圆底)96 孔细胞培养板，15ml 离心管，长丝滴管，10ml 刻度移液管，盒装无菌吸嘴，MTT 溶液(5mg/ml)，10% BS-RPMI 1640 培养液，添加有 0.02% EDTA 的 0.25%胰蛋白酶消化液，1mol/L HCl 溶液，DMSO 溶液。

(3)细胞材料　贴壁细胞培养物或悬浮细胞培养物。

［操作步骤］

1. 接种细胞

取对数期生长的贴壁细胞经消化、洗涤后制备的单细胞悬浮液，以一定密度接种在圆底 96 孔细胞培养板上，每组设 3 个平行孔，每孔 200μl 含 1000～10000 个细胞。

2. 培养细胞

将上述 96 孔细胞培养板移入细胞培养箱，在 37℃、5%CO_2、饱和湿度条件下培养 18～24h。

3. 供试药物与靶细胞共培养

加入供试药物的无菌溶液，或用含无菌供试药物的培养液换液。根据实验需要培养 12、24、48、72h 等。

含各浓度药物的加药孔设置，以及无细胞对照孔和有细胞无药物对照孔的设置，均要符合数据统计要求。考虑边缘效应，一般设计为加药孔、无细胞孔、无药物孔(图 11-3)。

4. MTT 共培养

至收获前 4h 每孔加入 20μl MTT 溶液(5mg/ml)，继续孵育 4h 后终止培养。

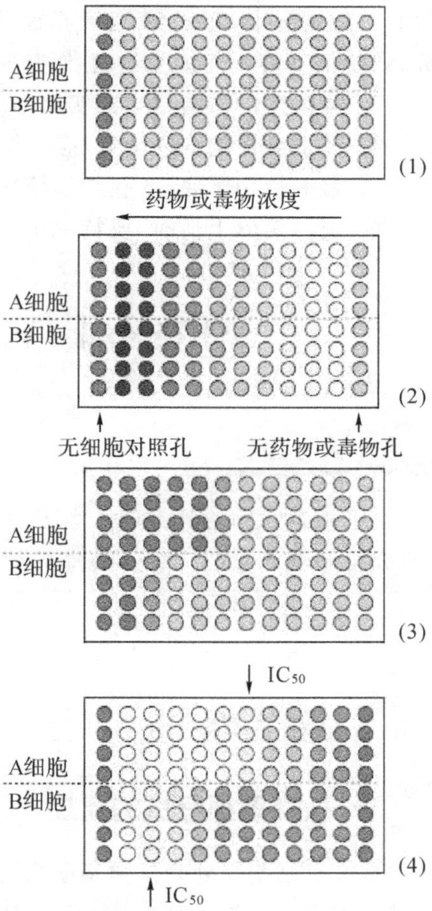

图 11-3　MTT 法细胞毒性试验方案
(其中，2 种细胞，1 种试验药物)

1. 细胞接种后培养 18～24h；2. 对数生长期细胞加药物或毒物，培养 12～72h；3. 添加 MTT 溶液，培养 4h；4. 去除上清，添加 DMSO 溶液，酶标仪读取培养板各孔的 OD_{570nm} 读数。绘制抑制曲线，计数 IC_{50}。

5. 去除培养液

用8道微量移液器套取无菌吸嘴，小心去除贴壁细胞的培养上清。如果是悬浮细胞，需离心后再吸除上清液。

6. 比色

每孔加入DMSO溶液150μl，置酶标仪上振荡10min，以使结晶物充分溶解。

选择570nm波长，在酶标仪上测定各孔的光吸收值，记录结果。

[注意事项]

1. 设空白对照。空白对照为不加细胞只加培养液，其他步骤与实验组相同，比色时以此孔调零。

2. 依据实验目的、细胞种类、细胞的生长习性选择适当的细胞接种密度和培养时间长短。一般情况下，96孔细胞培养板每孔最多可以生长1×10^5个细胞，切不可接种密度太高，致使培养终止前细胞过满，影响实验的区分度。

3. 高浓度的血清会导致实验本底增加，应尽量选择不超过10%BS的培养条件。

4. 酚红会影响OD读数，应尽量去除含酚红培养液。

5. 最好使用圆底96孔细胞培养板做悬浮细胞的MTT毒性试验。

6. 吸除培养上清时，要特别小心，不要把细胞移除。

任务三十八　细胞系或细胞株的建立

学习目标

了解建立细胞株系的基本方法，细胞株系鉴定与管理的一般原则。了解细胞工程在现代生物技术中的地位。熟悉杂交瘤技术的基本工作流程。

任务内容

一、杂交瘤细胞株的建立

B淋巴细胞受外来抗原刺激后可以分泌抗体，不同的B淋巴细胞分泌的抗体不同，每个B淋巴细胞只分泌一种抗体；但是，B淋巴细胞在体外培养条件下存活时间很短，最多2周，然后很快死亡。用于融合的骨髓瘤细胞不分泌任何免疫球蛋白(Ig)，是一种细胞系，能在体外培养条件下持续分裂、长期存活。杂交瘤细胞便是将这两种细胞的特性结合起来，获得既能分泌单一抗体又能在体外长期培养的细胞。因此，分泌一种抗体，即单克隆抗体的杂交瘤细胞便称为杂交瘤细胞株。

建立杂交瘤细胞的全程技术称为杂交瘤技术，一般需要4～6个月，包括以下阶段：融合前所需细胞的准备、细胞融合或细胞杂交、杂交瘤细胞筛选、杂交瘤细胞株的冻存。

(一)融合前所需细胞的准备

1. 动物免疫准备脾细胞

动物体内的B淋巴细胞在特定外来抗原的刺激下，可以大量增殖变成浆细胞以分泌针对于该抗原的抗体。脾内不同的B淋巴细胞可分泌针对抗原的不同抗原决定簇位点的抗体。当受到特定外来抗原刺激时，相应的B淋巴细胞克隆便大量增殖以分泌相应的特异性抗体。动物免疫的作用就是用特定外来抗原对动物进行一次或多次免疫，以刺激能分泌针对于该抗原抗体的B淋巴细胞大量增殖，从而得到大量的专一B淋巴细胞(图11-4)。

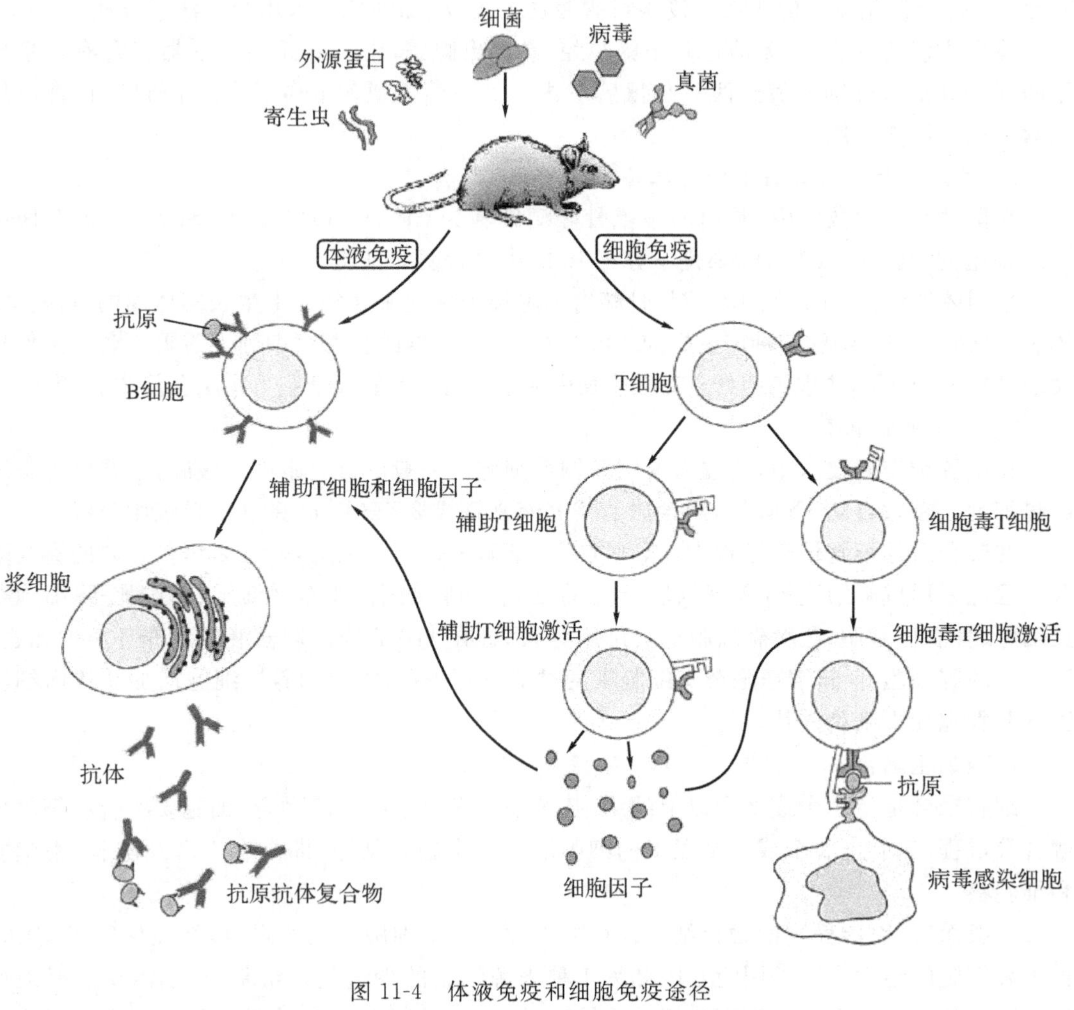

图11-4　体液免疫和细胞免疫途径

动物免疫的方法很多，一般有常规免疫法、脾内一次性免疫法、短程免疫法和体外免疫法等。脾内一次性免疫法具有用量少、免疫程序短、不加佐剂且所得单克隆抗体的特异性较高等特点。

由于单次免疫抗原刺激后数日内就进行细胞融合，因此不存在所谓“优势克隆”的问题，从而更容易获得多种不同特异性的单克隆抗体，也能助于筛选出差别微小的两种抗原的单克隆抗体。但该方法的缺点是，其免疫效果要等杂交瘤筛选时才明了，因此在实验时有一定的随机性。此外对一些免疫原性较差的抗原，分泌单克隆抗体的杂交瘤细胞筛选较困难。常规免疫法比较可靠，在融合前能通过测定血清中的抗体滴度来证实免疫效果，因此实验成功的把握性较大。由于免疫动物多次反复接受相同抗原的刺激，会使某些特定的淋巴细胞克隆大量增殖，易形成"优势克隆"，因此产生分泌单克隆抗体的杂交瘤细胞种类较少，很可能多个克隆所产生的单克隆抗体都是针对于同一个抗原决定簇的。免疫程序太长，费时费力。短程免疫法和体外免疫法均各有其优缺点。

典型的免疫程序包括初次免疫、二次免疫和加强免疫，一般需要 2～3 个月时间。加强免疫前，用免疫抗原构建试剂盒测定免疫动物的血清抗体滴度，符合融合需要时，在融合前 3～4d 进行加强免疫。前 2 次免疫均可腹腔注射免疫，加强免疫采用脾内注射方法。

脾内注射的方法是，无菌打开小鼠腹腔，暴露出脾脏，用 1ml 无菌注射器将含有适量抗原的 0.1ml 溶液分别注射到两只小鼠脾脏内。然后将脾脏轻轻复位，缝合伤口，正常或加强营养进行饲养备用。

2. 对数生长期的骨髓瘤细胞准备

在鼠源杂交瘤技术中，常用的小鼠骨髓瘤细胞为 SP2/0-Ag14，简称 SP2/0。也有使用 NS1 细胞的，与 SP2/0 一样，都是不分泌 Ig 的小鼠骨髓瘤细胞。

采用体外培养骨髓瘤细胞，或将骨髓瘤细胞接种到健康动物皮下生长实体瘤的方法。实体瘤生长的骨髓瘤细胞接种需要提前 10d 进行，体外培养的骨髓瘤细胞也需提前若干天使扩大培养到 10^7 数量，要求细胞处于对数生长中晚期。所需骨髓瘤细胞可在融合前 2h 收集。

3. 饲养细胞准备

在鼠源杂交瘤技术中，往往需要制备饲养细胞。一般取自健康小鼠腹腔，主要属于腹腔巨噬细胞。在融合前 1h 收集，用含血清培养液制备成 2×10^4/ml 密度的单细胞悬液。

在融合后的细胞培养过程中，起到饲养层细胞的作用。因为，融合后培养孔内的参与融合过程但未形成脾细胞-骨髓瘤细胞杂交的细胞，如脾细胞、骨髓瘤细胞、脾细胞-脾细胞杂交细胞、骨髓瘤细胞-骨髓瘤细胞杂交细胞等，都会在 HAT 选择培养液的培养环境中死亡，而存活的脾细胞-骨髓瘤细胞杂交细胞密度过低不利生存，需要饲养层细胞增加总体活细胞密度并吞噬死亡细胞碎片。

（二）细胞融合

细胞融合是指 2 个或 2 个以上的细胞，顺序地发生了细胞膜融合、细胞质融合和细胞核融合等过程，然后这 2 个或 2 个以上的细胞形成 1 个融合细胞，即具有 1 套细胞膜、细胞质和细胞核。

一般而言，遗传稳定的融合细胞仅可能来源于 2 个细胞之间的融合，往往保留了其中 1 种来源细胞的绝大多数基因组基因和另 1 种来源细胞的少量基因组基因，还需要及时地通过合适的分离纯化手段如克隆化培养来筛选，因此，2 个细胞之间的融合并不一定能形成遗传稳定的新细胞。至于 3 个或 3 个以上的不同种类细胞，也有可能通过细胞融合形成 1 个临时的融合细胞，但很难存活，不会形成遗传稳定的新细胞。综合以上因素，在融合操作中，2 种细胞的比例就显得非常重要，如鼠源杂交瘤技术中，为了获得高的融合效率，免疫后的脾细胞和骨髓瘤细胞一般按 6∶1 的数量比例混合后再进行融合操作。

细胞融合方法一般有病毒介导的细胞融合、PEG 介导细胞融合及电融合等。病毒介导的细胞融合方法要涉及仙台病毒的培养和灭活，尤其是仙台病毒的培养条件要求严格，过程比较复杂，因此现在一般不使用此方法。电融合为20世纪80年代兴起的一种融合方法，需要特定的技术条件，如需要融合仪、融合池、融合缓冲液等，通过试验探索最佳的细胞排队电压、脉冲方波时程大小和脉冲间隔等融合参数才能顺利进行。目前广泛使用的融合方法还是PEG融合法，该方法操作简便、快速省时，有较好的融合效果。

（三）杂交瘤细胞的筛选

脾脏是动物体内B淋巴细胞集中的最大免疫器官，取出脾细胞（主要是B淋巴细胞）和骨髓瘤细胞融合后，能产生5种混合细胞类型：未融合的脾细胞和骨髓瘤细胞，自身融合的脾细胞和骨髓瘤细胞，以及脾细胞和骨髓瘤细胞融合形成的杂交瘤细胞。

在细胞融合后，要从上述5种细胞中筛选出杂交瘤细胞，一般使用HAT选择培养基进行筛选。

HAT培养基中含有次黄嘌呤（H）、氨基蝶呤（A）和胸腺嘧啶（T）三种成分。细胞的DNA合成有内源性途径（主要途径）和外源性途径（旁路途径）两种方式。内源性途径利用谷氨酰胺或单磷酸尿苷酸在二氢叶酸还原酶催化下合成DNA，外源性途径则是利用次黄嘌呤或胸腺嘧啶在次嘌呤鸟嘌呤磷酸核糖转移酶（HGPRT）或胸腺嘧啶激酶（TK）的催化下补救合成DNA，HAT培养基中氨基蝶呤是二氢叶酸还原酶的抑制剂，能有效地阻断DNA合成的内源性途径。B淋巴细胞具有HGPRT、TK这两种酶，因此在内源性途径被阻断后仍能利用HAT培养基中的次黄嘌呤和胸腺嘧啶来合成DNA，可在HAT培养基中存活，但B淋巴细胞是正常细胞，故不能长期存活。鼠源杂交瘤技术中使用的SP2/0细胞为HGPRT的TK缺陷型，缺乏HGPRT酶和TK酶，在内源性途径被阻断后不能进行DNA的外源性合成，故不能在HAT培养基中存活。杂交瘤细胞由于继承了B淋巴细胞和骨髓瘤细胞的双重特性，能够合成HGPRT酶和TK酶，故在HAT选择培养基中能存活。

因此，将融合后的混合细胞在HAT选择培养基中培养1～2周后，只有杂交瘤细胞能存活下来。

（四）分泌抗体的杂交瘤细胞检测

存活下来的杂交瘤细胞不一定分泌抗体，因此，选择并构建合适的检测方法用于及时、快速、准确地检测细胞克隆生长孔内的杂交瘤细胞是杂交瘤技术的关键技术之一。所构建的抗体检测方法还能满足在短时间内检测大量样品的需求。

常用的方法有ELISA（酶联免疫吸附法）、间接免疫荧光法和双相扩散法等，其中，ELISA最常见。

一般是在单细胞克隆长满100×显微视场时进行分泌抗体检测。有抗体分泌的孔称阳性孔，单细胞克隆孔或单克隆孔的细胞克隆称为阳性克隆，所分泌的抗体即称为单克隆抗体。

（五）分泌抗体的杂交瘤细胞克隆化培养

对阳性孔中的杂交瘤细胞进行克隆化培养的方法包括有限稀释法、软琼脂平板法和显微操作法等，以前者最常见。

为了建立能稳定分泌异性单克隆抗体的杂交瘤细胞株，往往需要进行多次克隆化培养，直至所有单克隆孔的抗体表达量稳定、一致时，便建立了一种杂交瘤细胞株（图11-5）。

（六）细胞株冻存及其他

遗传稳定的分泌异性单克隆抗体的杂交瘤细胞株，可进行扩大培养，然后命名、冻存。

杂交瘤细胞株的建立，是为了获得持续分泌单克隆抗体的细胞株，以便制备各种用途的

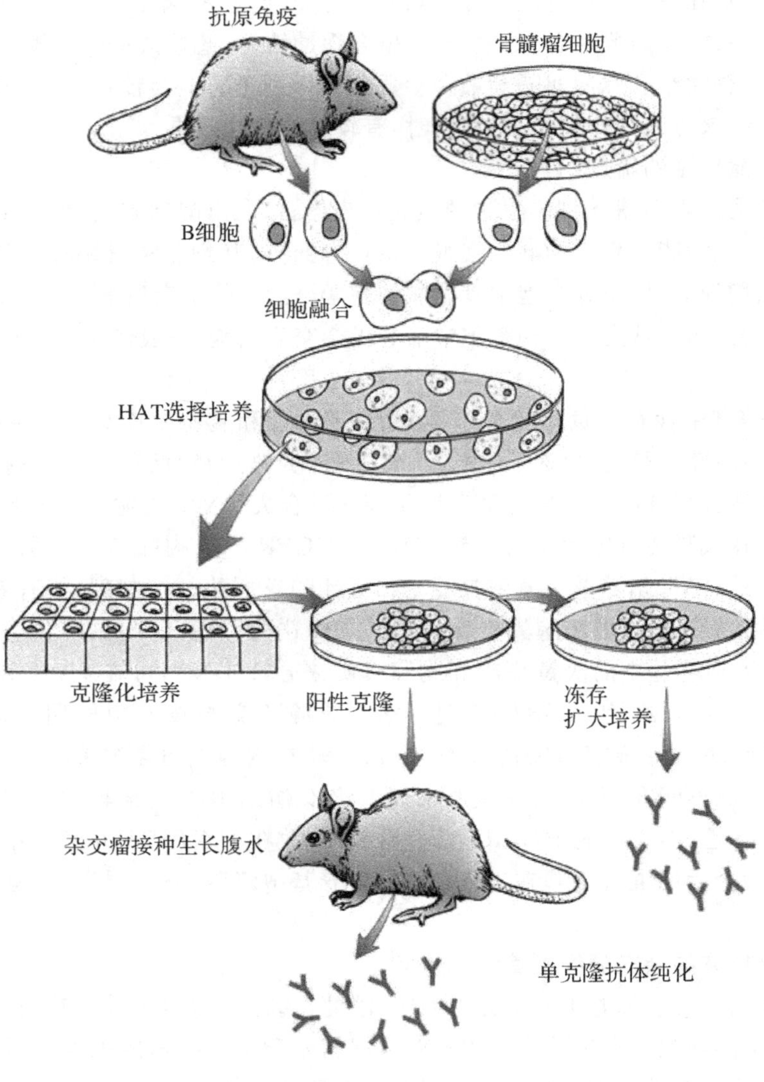

图 11-5　杂交瘤技术工作流程

单克隆抗体。因此，需要对所分泌抗体进行免疫反应性分析和 Ig 类型分析，为以后应用该抗体提供必要的技术参数。单克隆抗体的免疫反应性是指该抗体与其他抗体在与抗原反应时是否存在交叉反应，提示与其他抗体识别的抗原位点是否一致或相近。单克隆抗体的 Ig 类型分析是检测所分泌抗体的重链类型，如 IgG、IgM 或其他类型。

二、基因工程细胞株的建立

基因工程细胞株是指将携带目标外源基因的重组子，重组到靶细胞基因组内，形成遗传稳定的新基因组细胞，并且重组细胞株可正常表达目标外源基因，这类细胞称重组细胞株，或基因工程细胞株，也称重组体。重组子是指携带外源基因的载体，在真核细胞如动物细胞的基因重组操作中，体外构建的重组子就是由病毒载体和外源基因重组形成的基因表达构架。哺乳动物细胞重组操作中，理想的重组子是由腺病毒构建的。

构建基因工程细胞株的过程中，将重组子构建到靶细胞内的操作就称转化。转化方法可分为物理、化学和生物等3种方法(图11-6)。

(一)物理方法转化

1. 显微注射

显微注射法是指通过万能倒置显微镜的显微注射针的注射把外源基因导入靶细胞并获得靶细胞转化的技术。此法可控制重组子的注射量，但由于该法每次只能对一个细胞进行操作，且要求有相当熟练技术，不然很难获得稳定表达的细胞克隆。

适用于植物原生质体和动物细胞。

2. 基因枪注入

基因枪法是利用高速运动的金属微粒将附着于表面的重组子引入到受体细胞中的一种转化方法。在此过程中，携带有目的基因的重组子首先黏附在微弹(钨粉、金粉等)表面，通常以氯化钙或亚精胺作为沉淀剂来促进重组子DNA与微弹表面结合，结合有DNA分子的微弹经加速而获足够的动量，进而穿透植物细胞壁进入靶细胞。

适用于所有种类细胞悬液和细胞培养物、动植物组织细胞、人体组织细胞。

3. 电脉冲穿孔

电脉冲穿孔也称电激法，是利用高压电脉冲作用，使原生质膜的结构改变并形成可逆性的开闭通道，从而使原生质体或动物细胞易吸收重组子，从而实现基因重组到靶细胞的目的。电激法的优点是操作简便，特别是适用于瞬间表达研究，缺点是体外培养原生质体或动物细胞，预先准备单细胞悬浮液较为麻烦，加上电击易造成细胞损伤，其再生率降低。

适用于单细胞悬液(含动物细胞、原生质体)或动物细胞培养物。

(二)化学方法转化

化学法的重现性比较差，但成本低廉，有时也能获得较高的转化率。

例如，利用冰水浴$CaCl_2$低渗处理微生物细胞悬液，使细胞膨胀成球形，此时称感受态细胞；然后经42℃短时处理，使加入到细胞悬液中的重组子进入微生物细胞。

对于动植物细胞，常见的方法有$Ca_3(PO_4)_2$共沉淀、脂质体导入、DEAE-Dextran(多聚阴离子)转染等方法。

(三)生物法转染

原核微生物细胞如细菌、放线菌等细胞，是利用质粒载体、噬菌体载体、黏粒载体所携带的外源基因的重组子直接进入靶细胞，实现外源基因与靶细胞的重组与表达。操作对象是原核细胞的细胞悬液或液体培养物。

真核细胞，如酵母、霉菌、植物、动物和人体细胞或原生质体，被病毒载体构建的重组子感染而实现靶细胞基因组与外源基因的重组、外源基因在靶细胞内的表达。

操作对象是原生质体或动物细胞悬液，也可使用这些细胞的液体培养物进行操作。

三、组织来源的细胞系建立

原代培养物经第一次传代培养后的细胞，常被称为细胞系。由某一细胞系分离出来的、在性状上与原细胞系有一定差异的细胞系，常被称为该细胞系的亚系。从一个经过鉴定的细胞系采用选择法或单细胞克隆进一步所得到的细胞群，常被称细胞株。由原细胞株进一步分离培养出的与原株性状不同的细胞群，又被称为亚株。

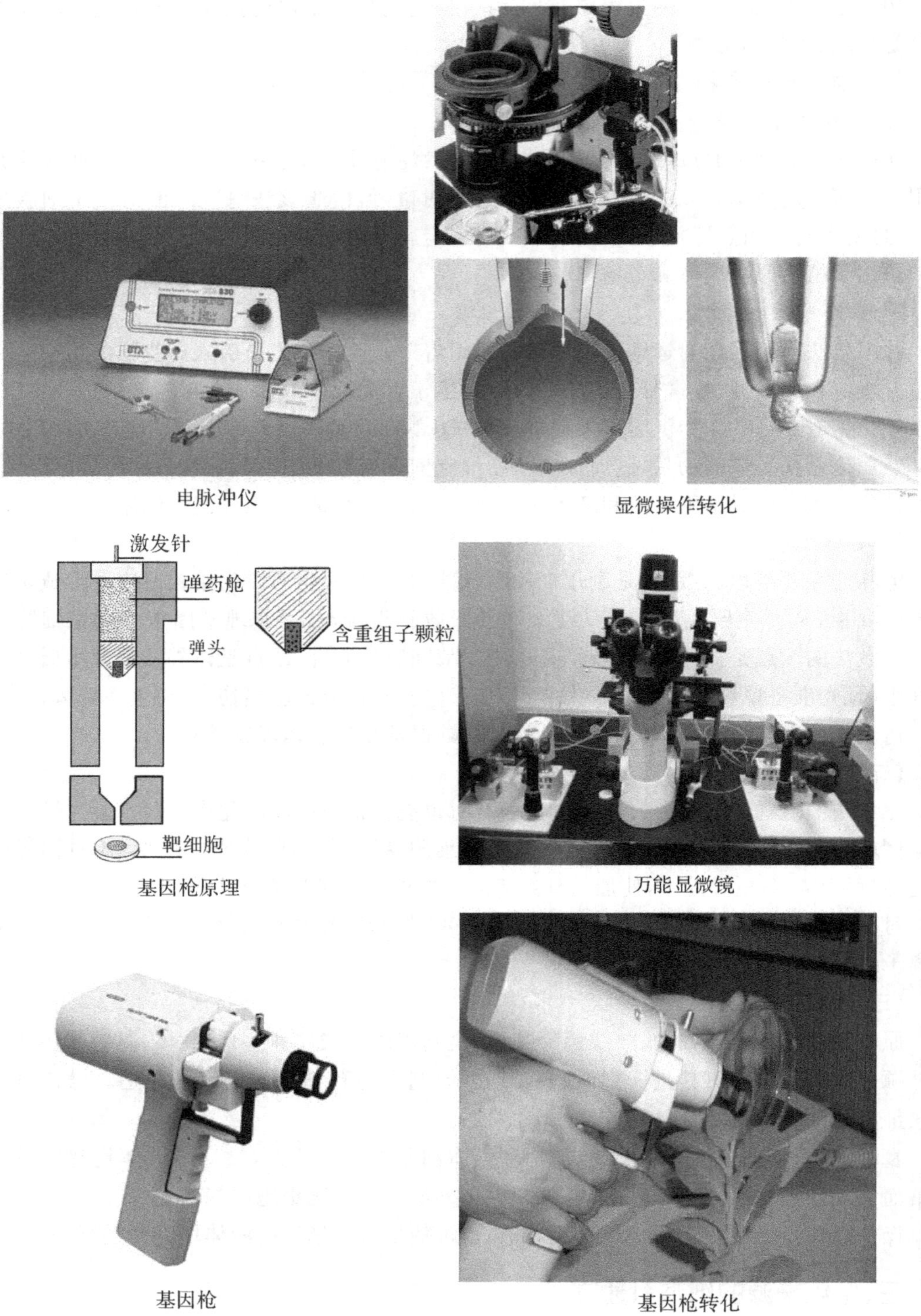

图 11-6 物理转化器械

(一)细胞建系的一般程序

细胞建系的一般程序包括原代培养、第一次传代、常规传代、冻存与复苏等过程。所涉及的原代培养、第一次传代、常规传代、冻存与复苏等过程的具体方法与常规的原代培养等技术并无二样。

(二)建系细胞的细胞要求

相对于那些只需要提供供体性别、年龄、取材部位、组织种类以及几项简单指标的仅用作原代培养的细胞而言，对于用于建系的细胞通常有以下一些要求：

1．细胞的组织来源

应详细说明细胞供体所属物种、供体的年龄、性别、取材的器官或组织，如系肿瘤组织，还应说明临床病理诊断结果、组织来源以及病例号等。

2．培养条件和方法

各种细胞都有自己比较适应的生存环境，因此应指明适合该细胞系生长的培养基、血清种类、用量以及细胞生存的适宜 pH 值等。

3．细胞生物学检测

这部分工作常放在对细胞系的鉴定这一环节进行。

四、细胞系或细胞株的鉴定与管理

(一)对已建立细胞系的鉴定

要求能提供细胞的一般和特殊的生物学性状指标。一般特性指标包括：细胞的一般形态、特异性结构、细胞生长曲线和分裂指数、倍增时间、接种率、染色体分析、同工酶检查、DNA 指纹图谱等。

1．对正常细胞系的鉴定

对正常细胞系的鉴定主要围绕以下 4 个方面进行：①鉴定细胞的种系来源：常用方法主要有染色体分析、同工酶分析、DNA 指纹图谱等技术；②鉴定细胞的组织来源：可通过形态学手段、检测组织特异性抗原等进行鉴定；③细胞是否发生转化和恶变：主要通过核型分析、细胞生长行为观察(是否丧失接触抑制)、裸鼠成瘤实验等进行鉴定；④细胞有无发生交叉污染，主要通过同工酶及 DNA 指纹图谱技术进行鉴定。

2．对肿瘤细胞系的鉴定

对肿瘤细胞系的鉴定主要围绕其恶型性展开，染色体的异常、接触抑制和密度依赖生长特性的改变、集落形成能力、裸鼠成瘤、动物体内的侵袭生长，以及某些基因、分子水平的特征均是肿瘤细胞鉴定的方向。

(二)已建立细胞系的管理

对已建立的和经过鉴定的细胞系，一般除保留在建立者的实验室外，为了科研交流的方便和保证细胞系的稳定性，国际上通行的惯例是将其保存在细胞库中。

在国际上，美、英和日本等国已建有细胞库。其中，美国的 ATCC(American Type Culture Collection，ATCC)作为美国国立癌症研究所(NCI)和美国卫生研究所(NIH)中的细胞资源库，是世界卫生组织(WHO)的国际培养细胞文献中心。同时，ATCC 不仅是美国也是世界上最大的细胞库，现存细胞系超过数千种。ATCC 接纳来自世界各国已经鉴定的细胞予以贮存，同时也向世界各国的研究者或实验室免费提供研究用细胞。

ATCC 接纳入库细胞时，必须符合其入库标准。ATCC 入库细胞时所要求的基本检测项目主要有：①培养简历，包括组织来源日期、物种、组织起源、性别、年龄、供体正常或异常健康状态、细胞已传代数等；②冻存液的组成；③细胞活力，包括融解前后细胞接种存活率和生长特性；④培养液，说明培养基的名称（一般要求不含抗生素）、血清来源和含量；⑤细胞形态；⑥核型，指二倍体或多倍体、有无标记染色体；⑦无微生物污染检测，包括细菌、真菌、支原体、原虫和病毒等；⑧物种检测，要求检测同工酶，主要为 G-6-PD（6-磷酸葡萄糖脱氢酶）和 LDH（乳酸脱氢酶），以证明细胞有否交叉污染以及反转录酶检测；⑨免疫检测，提交1～2种血清学检测；⑩细胞建立者相关信息，包括建立者、检测者姓名等。

此外，对于已建立的各种细胞系或细胞株习惯上都给以名称。细胞的命名无严格统一规定，大多采用有一定意义的缩写词或代号表示。以下列举几种代表性的细胞名称以供参考。如 HeLa 为供体患者的姓名缩写；CHO 为中国地鼠卵巢细胞（Chinese hamster ovary）英文单词的首字母缩写；宫-743 为 1974 年 3 月建立的宫颈癌上皮细胞；NIH3T3 为美国国立卫生研究所（NIH）建立，每 3 天传代，每次接种密度为 3×10^5/ml。

除美国的 ATCC（www. atcc. org）之外，欧洲细胞培养物收藏中心（ECACC）也是重要的细胞库，建立于 1984 年，其网址为 www. ecacc. org. uk。

ZHI SHI TUO ZHAN

知识拓展

细胞工程概述

细胞工程，又称细胞操作技术，是指通过某些个工程技术，在细胞水平上获得具有新基因组的细胞或生物个体的技术总称。

细胞工程与基因工程、发酵工程、蛋白质工程和酶工程等共同组成现代生物技术，即生物工程。一般认为，基因工程是生物工程的核心技术，细胞工程是生物工程的关键技术。关于细胞工程是生物工程的关键技术的说法，主要理由有：①基因工程的目的基因表达需要构建临时表达细胞或构建遗传稳定的细胞株，外源基因转染或转化感受态细胞的技术属于细胞工程基础技术，离开细胞培养就无法评价基因工程的技术价值，构建的外源基因是否能稳定表达也不能合理评价。②发酵工程的种子细胞是含新基因组的细胞——菌株或工程菌，菌株或工程菌的构建过程也需要依赖细胞工程的基础技术。③蛋白质工程和酶工程均以基因工程、细胞大量培养等技术为基础，离开细胞株构建技术和细胞大量培养技术，很难想象目标蛋白和目标酶制剂如何实现其大量制备。

在动物细胞，尤其哺乳动物细胞为背景下，细胞工程的主要技术包括细胞大量培养技术、细胞融合技术、细胞拆合技术、基因工程目标基因的靶细胞转化技术、组织来源细胞系建立技术等。

1. 细胞大量培养技术

也称细胞大规模培养技术，包括体内培养和体外培养两种方法。体内培养如鸡胚孵化、腹水瘤生长。体外培养主要是已构建的各种细胞株，这些细胞株可表达特定基因，通过规模培养可大量制备该基因产物。

大规模培养目标细胞，以便收获细胞代谢产物或细胞基因表达产物，用于目标产物的大规模制备。

体外培养中，哺乳动物细胞系或原代细胞的大规模培养，已在生物制品生产中广泛使用。适用于细胞产物制备规模生产的大量细胞培养往往使用滚瓶机进行滚瓶培养，或使用生产用500L以上的生物反应器进行大规模的培养。

其中，细胞株系的传代培养、冻存、复苏、细胞库建立与使用等，都是细胞产物制备规模生产的基础技术。

2. 细胞融合技术

细胞融合技术是指通过某种方法使两个以上来源不同的细胞，顺序发生细胞质膜融合、细胞质融合、细胞核融合，然后通过合理的筛选技术，建立含特定基因且遗传稳定的细胞株的整个技术过程。

在哺乳动物细胞中，主要应用是杂交瘤技术。

杂交瘤技术包括人源杂交瘤和鼠源杂交瘤，都是以骨髓瘤细胞和免疫后的脾淋巴细胞这两种细胞出发构建的杂交瘤细胞株。

典型的杂交瘤技术的技术路线是：小鼠注射抗原进行免疫和骨髓瘤细胞系培养，然后进行细胞融合，融合细胞筛选，杂交瘤细胞株建立。为了获得遗传稳定的杂交瘤细胞株，对于技术成熟的操作者而言，全程一般需要4～6个月时间。

每一种杂交瘤细胞分泌1种单克隆抗体，通过杂交瘤细胞株的大规模培养即可规模化制备单克隆抗体。

3. 细胞拆合技术

细胞拆合技术是指替换细胞器获得遗传稳定细胞株的操作过程，一般仅涉及核移植的细胞拆合技术。

细胞拆合的主要应用表现在哺乳动物克隆技术。将哺乳动物的体细胞核拆合到去除核物质的成熟卵细胞中，使拆合后的卵细胞进行卵裂，进入胚胎发育阶段，然后可将桑椹期或囊胚期胚泡通过胚胎工程的胚胎移植技术送入受孕态雌性动物子宫内完成后续胚胎发育过程，最后获得动物个体，整个历程便称之为哺乳动物克隆技术。

哺乳动物克隆技术中，实际应用时主要有两种方式：①体细胞核与去核卵细胞拆合后，有时是为了使用胚胎干细胞而不是获得新个体，拆合细胞卵裂后体外发育形成胚泡即可。由胚泡获得所需胚胎干细胞，再进行胚胎干细胞技术有关的应用，如干细胞技术中的组织工程和器官工程，提供可移植的组织和器官。人的克隆胚技术在医学细胞工程中最为常见，大多数国家或地区的法规容许人的克隆胚研究和应用，但尚有一些国家或地区制定相应的法规限制应用技术。②体细胞核与去核卵细胞拆合后，体外胚胎需要送入受孕态雌性动物子宫内完成后续胚胎发育过程，是为了获得新个体。完整个体的哺乳动物克隆技术仅限于动物，如优良动物品种的种质保存、无性繁殖种群。可以预见，优良奶牛种群将产生巨大的经济效益和良好的社会效益。

4. 基因工程目标基因的靶细胞转化技术

基因工程操作的外源基因或目标基因如何在靶细胞内稳定表达的问题，就是转化技术或转染技术。通过转化技术或转染技术，可以构建含外源基因的、遗传稳定的新细胞株。

通过物理或化学的手段使靶细胞获得外源基因，并稳定表达该外源基因，形成新的细胞株的有关技术，笼统称为转化技术。常见的转化技术是显微注射、基因枪注入、电脉冲穿孔等物理方法，化学方法导入也常常使用。

需要生物因素如携带外源的质粒或病毒做媒介，从而使靶细胞获得外源基因，并稳定表达该外源基因，形成新的细胞株的有关技术，则称为转染技术。

5. 组织来源细胞系建立技术

采用肿瘤组织、正常组织的原代培养，经历长期传代培养后，获得的细胞株系，这些细胞株系仍保留分裂能力，甚至发生了接触抑制的改变。

习题与思考

1. 杂交瘤技术中首先要进行小鼠的抗原免疫操作，其目的是什么？
2. 构建的细胞株应该具有哪些技术指标？请以杂交瘤细胞株的建立为例加以说明。

项目十二　有关生物制品的动物细胞培养技术路线

任务三十九　病毒疫苗生产中的动物细胞培养概述

学习目标

了解病毒疫苗的基本类型，病毒疫苗生产中组织细胞培养的基本类型。

任务内容

一、概况

（一）病毒疫苗

病毒疫苗是生物制品的一个类别，是应用普通的或以基因工程、细胞工程、蛋白质工程等生物技术进行制备，可以是完整病毒、具有免疫原性的病毒成分蛋白或特定病毒抗原基因的重组表达产物。

病毒疫苗的主要类型有：

(1)灭活疫苗　这些病毒疫苗是指构成疫苗的病毒已经处理，丧失了致病力。常用甲醛作为灭活剂，灭活病毒核酸而保留病毒疫苗的免疫原性。如流行性乙脑灭活疫苗、甲肝灭活疫苗、狂犬病疫苗、流感全病毒灭活疫苗等。

(2)减毒活疫苗　一种方法是采用自然或人工方法，通过动物传代筛选对人毒性低的变异株病毒，经过病毒增殖，制备的疫苗。减毒活疫苗包括口服脊髓灰质炎疫苗、麻疹疫苗、风疹疫苗、腮腺炎疫苗、乙脑活疫苗、水痘疫苗等。另一种方法是制备基因缺失的减毒活疫苗，即使用去除致病力（毒力）相关基因的病毒株制备的疫苗，如狂犬病毒的胸苷激酶缺失株（第一代）和 gp3 区缺失株（第二代）。

(3)亚单位疫苗　又分为裂解疫苗和重组疫苗两类。

裂解疫苗是指用化学裂解剂裂解病毒，提取病毒包膜蛋白或衣壳蛋白，除去核酸成分，然后制备的疫苗。如流感病毒裂解疫苗。

重组疫苗是指将病毒抗原基因重组到 CHO 细胞中，构建特定的细胞株，通过细胞大量培养再收集该基因产物用于疫苗制备的情况。如重组乙型肝炎疫苗(CHO)。

在非动物细胞也有重组疫苗相关细胞株,如将病毒抗原基因重组到酵母中,则有重组乙型肝炎疫苗(酿酒酵母)和重组乙型肝炎疫苗(汉逊酵母)等对应的生物制品。

(4)双价疫苗及多价疫苗　由单一型(或群)抗原成分组成的疫苗通称单价疫苗。由两个或两个以上同一种但不同型(或群)抗原合并组成的含有双价或多价抗原成分的一种疫苗,则分别称为双价疫苗或多价疫苗。如双价肾综合征出血热灭活疫苗等。

(二)疫苗生产用细胞

病毒疫苗制备过程中的细胞类别:

(1)原代细胞培养物　直接由组织制备的细胞培养物。

(2)传代细胞系　指在体外能无限繁殖的细胞群,但不具有来源组织的细胞核型特征和贴壁细胞依赖性。

(3)细胞系　指来自于传代培养的第一次培养或其中任何阶段培养制备的细胞群(非原始培养细胞)。该细胞群通常是非均质的,克隆化培养后可筛选建立相应的细胞株。

(4)细胞库　是通过培养细胞用于生产连续多批制品的细胞保藏系统,这些细胞来源于经充分鉴定并证明无外源因子的一个原始细胞库(PCB)和一个主细胞库(MCB),这些细胞库通常使用超低温冰箱或液氮罐保藏种子细胞,一般实验室使用 50L 的液氮罐,再配置 1～2个 10L 的运输罐(图 12-1)。从主细胞库中取一定数量容器的细胞制备工作细胞库(WCB)。在有限传代系统中,应对超过常规生产所达到的某一个传代水平或群体倍增的细胞进行验证。

图 12-1　用于细胞株系冻存的超低温冰箱和液氮罐

(其中,10L 液氮罐为运输罐,50L 液氮罐为冻存罐)

(5)原始细胞库　由一个原始细胞群体发展成传代稳定的细胞群体,或经过克隆培养而形成的均一细胞群体,通过检定证明适用于生物制品生产或检定。在特定条件下,将一定数量、成分均一的细胞悬液,定量均匀分装于安瓿或冻存管,于液氮或－130℃以下冻存,即为原始细胞库,供主细胞库建立使用。由本细胞库移出的细胞无论开瓶与否,均不得再返回贮存。

(6)主细胞库　取原始细胞库细胞,通过一定方式进行传代、增殖后均匀混合成一批,定量分装,保存于液氮或－130℃以下。这些细胞必须按其特定的质控要求进行全面检定,应合格。主细胞库用于工作细胞的制备,每个生产企业的主细胞库最多不得超过两个细胞代次。本细胞库移出的细胞无论开瓶与否,均不得再返回贮存。

(7)工作细胞库　工作细胞库的细胞由MCB细胞传代扩增制成。由MCB细胞经传代增殖,达到一定代次水平的细胞,合并后制成一批均质细胞悬液,定量分装于安瓿或适宜的细胞冻存管,保存于液氮或−130℃以下备用,即为工作细胞库。每个生产企业的工作细胞库必须限定为一个细胞代次。冻存时,细胞的传代水平须确保细胞复苏后传代增殖的细胞数量能满足生产一批或一个亚批制品。复苏后细胞的传代的水平应不超过批准的该细胞用于生产限制最高限定代次。所制备的WCB必须经检定合格后,方可用于生产。由本细胞库移出的细胞无论开瓶与否,均不得再返回贮存。

病毒疫苗生产中需要预先准备大量的动物细胞,然后接种疫苗生产用的标准毒种,适当培养若干时间后,收获细胞培养物,分离纯化后的病毒便是病毒疫苗生产使用的直接或间接原料。

(三)原液制备过程中的大量细胞培养技术

原液是指在病毒疫苗制备过程中,用于制造最终配制物疫苗或疫苗半成品的均一物质。对于多价疫苗制品,其原液是由单价原液配制而成。同一细胞批制备的多个单次病毒收获液检定合格后合并为一批原液。

单次收获物是在单一轮生产或一个连续生产时段中,用同一病毒株接种于基质(一组动物或一组鸡胚或细胞)并一起培养和收获的一定量病毒液。同一细胞批制备的病毒液经检定合格后合并为单次病毒收获液。

在病毒疫苗制备过程中,半成品则指由一批原液经稀释、配制成均一的中间制品。

原液或半成品均需检查外源因子。此外,外源因子特指存在于接种物、细胞基质及(或)生产制品所用的原材料及制品中的污染物,包括细菌、真菌、支原体和外源性病毒。

依据《中国药典》三部中常见病毒疫苗的制备规程,原液制备主要有以下几种技术路线(表12-1):

表12-1　依赖细胞培养生产的病毒疫苗

序号	生物制品名称	细胞基质	扩增培养方式	备注
1	乙型脑炎减毒活疫苗	原代地鼠肾细胞	培养瓶原代培养、接种病毒、收获病毒	10～14日龄地鼠
2	森林脑炎灭活疫苗	原代地鼠肾细胞	培养瓶原代培养、接种病毒、收获病毒	10～14日龄地鼠
3	人用狂犬疫苗(地鼠肾细胞)	原代地鼠肾细胞	培养瓶原代培养、接种病毒、收获病毒	12～14日龄地鼠
4	双价肾综合征出血热灭活疫苗(地鼠肾细胞)	原代地鼠肾细胞	培养瓶原代培养、接种病毒、收获病毒	12～14日龄地鼠
5	双价肾综合征出血热灭活疫苗(沙鼠肾细胞)	原代沙鼠肾细胞	培养瓶原代培养、接种病毒、收获病毒	10～20日龄沙鼠
6	风疹减毒活疫苗(兔肾细胞)	原代兔肾细胞或传代不超过5代的兔肾细胞	培养瓶原代培养、扩大培养、接种病毒、收获病毒	25～30日龄的家兔

续表

序号	生物制品名称	细胞基质	扩增培养方式	备注
7	口服脊髓灰质炎减毒活疫苗(猴肾细胞)	原代猴肾细胞	经胰蛋白酶消化、分散细胞,用适宜培养液进行原代培养成单层细胞、接种病毒、收获病毒	健康猕猴 脊髓灰质炎病毒Ⅰ、Ⅱ、Ⅲ型 Sabin 株
8	脊髓灰质炎减毒活疫苗(猴肾细胞)	原代猴肾细胞	经胰蛋白酶消化、分散细胞,用适宜培养液进行原代培养成单层细胞、接种病毒、收获病毒	健康猕猴 脊髓灰质炎病毒Ⅰ、Ⅱ、Ⅲ型 Sabin 株
9	麻疹减毒活疫苗	原代鸡胚细胞	经胰蛋白酶消化、分散细胞,用适宜培养液进行原代培养、接种病毒、收获病毒	9～11 日龄鸡胚
10	腮腺炎减毒活疫苗	原代鸡胚细胞	经胰蛋白酶消化、分散细胞,用适宜培养液进行原代培养、接种病毒、收获病毒	9～11 日龄鸡胚
11	麻疹腮腺炎联合减毒活疫苗	原代鸡胚细胞	分别培养收获原液	—
12	流感全病毒灭活疫苗	原代鸡胚细胞	分别培养收获原液	SPF 鸡群来源的 9～11 日龄无畸形、血管清晰、活动的鸡胚
13	流感病毒裂解疫苗	原代鸡胚细胞	分别培养收获原液	SPF 鸡群来源的 9～11 日龄无畸形、血管清晰、活动的鸡胚
14	麻疹风疹联合减毒活疫苗	原代鸡胚细胞 人二倍体细胞	分别培养收获原液	—
15	麻腮风联合减毒活疫苗	原代鸡胚细胞 人二倍体细胞	分别培养收获原液	—
16	冻干乙型脑炎灭活疫苗(Vero 细胞)	Vero 细胞	工作细胞库复苏、扩增、接种病毒、收获病毒	胰蛋白酶或其他适宜消化液消化单层细胞
17	双价肾综合征出血热灭活疫苗(Vero 细胞)	Vero 细胞	工作细胞库复苏、扩增、接种病毒、收获病毒	胰蛋白酶或其他适宜消化液消化单层细胞
18	人用狂犬疫苗(Vero 细胞)	Vero 细胞	工作细胞库复苏、扩增、接种病毒、收获病毒	胰蛋白酶或其他适宜消化液消化单层细胞
19	冻干人用狂犬疫苗(Vero 细胞)	Vero 细胞	工作细胞库复苏、扩增、接种病毒、收获病毒	胰蛋白酶或其他适宜消化液消化单层细胞
20	冻干甲型肝炎减毒活疫苗	人二倍体细胞(2BS 株、KMB_{17} 株或其他批准的细胞株)	工作细胞库复苏、扩增、接种病毒、收获病毒(静置或旋转培养)	2BS 株原始细胞库不超过 14 代,主细胞库不超过 31 代,工作细胞库不超过 44 代;KMB_{17} 株原始细胞库不超过 6 代,主细胞库不超过 15 代,工作细胞库不超过 45 代

续表

序号	生物制品名称	细胞基质	扩增培养方式	备注
21	甲型肝炎灭活疫苗(人二倍体细胞)	人二倍体细胞(2BS株、KMB_{17}株或其他批准的细胞株)	工作细胞库复苏、扩增、接种病毒、收获病毒(静置或旋转培养)	2BS株原始细胞库不超过14代,主细胞库不超过31代,工作细胞库不超过44代;KMB_{17}株原始细胞库不超过6代,主细胞库不超过15代,工作细胞库不超过45代
22	风疹减毒活疫苗(人二倍体细胞)	人二倍体细胞(2BS株、MRC-5株或其他批准的细胞株)	工作细胞库复苏、胰蛋白酶消化、扩增、接种病毒、收获病毒(静置或旋转培养)	2BS株主细胞库不超过23代,工作细胞库不超过27代,生产疫苗用的细胞代次不超过44代;MCR-5株主细胞库不超过23代,工作细胞库不超过27代,生产疫苗用的细胞代次不超过33代
23	脊髓灰质炎减毒活疫苗糖丸(人二倍体细胞)	人二倍体细胞(2BS株或其他批准的细胞株)	工作细胞库复苏、扩增、接种病毒、收获病毒(静置或旋转培养)	2BS株原始细胞库不超过23代,主细胞库不超过27代,工作细胞库不超过44代
24	重组乙型肝炎疫苗(CHO细胞)	CHO细胞C_{28}株(培养液为含有适量灭能新生牛血清的DMEM液)	工作细胞库复苏、扩增、收获HBsAg基因产物	C_{28}株主细胞库不超过21代,工作细胞库不超过26代,生产疫苗的最终细胞不超过33代

①病毒敏感细胞株复苏→种子细胞扩大培养→细胞罐培养→病毒毒种接种培养→病毒液收获→病毒分离与纯化→疫苗制备与分装。

②原代细胞分离制备→细胞扩大培养→病毒毒种接种培养→病毒液收获→病毒分离与纯化→疫苗制备与分装。

③鸡胚孵化→病毒毒种接种培养→无菌收集尿囊液→病毒分离与纯化→疫苗制备与分装。所用的鸡胚应来源于SPF(无特定病原微生物感染)鸡群,即在封闭式房舍内饲养的健康鸡群,并选用9～11d龄的无畸形、血管清晰、活动的鸡胚。

二、种子细胞复苏及其大量培养

种子细胞的数量由生产细胞罐的培养体系和种子细胞的接种密度决定,即种子细胞总量=生产罐的培养体积×细胞接种密度。

因此,从工作细胞库(WCB)中复苏细胞株后,首先接种至6孔细胞培养板或25cm^{2}方瓶进行培养,待生长接近或达到细胞密度极限时,收集6孔细胞培养板或25cm^{2}方瓶内细胞接种到75cm^{2}方瓶继续扩大培养,继续扩大培养时可以同时接种多个方瓶,或者根据需要使用种子细胞罐继续进行种子细胞的扩大培养。

生产水平的生物反应器包括细胞罐、滚瓶、细胞工厂等培养形式。如前文所述,生产用细胞罐的培养体系有 300～3000L 供选择。

三、鸡胚孵化

产自 SPF 鸡群的鸡胚蛋在孵蛋器内常规孵化 9～11d 后，经检查属于正常发育的鸡胚，无菌操作接种毒种于鸡胚尿囊腔内，继续孵化若干天，才能收获尿囊液，分离纯化病毒制备疫苗原液。

鸡胚孵化过程也是细胞扩大培养，属于体内扩大培养。鸡胚孵化时间不足或孵化时间过长，对于病毒接种时机而言都不合理，需要谨慎对待。一般在孵化 5d 后进行照蛋检查，剔除非受精蛋。

另外还需特别注意的是，非 SPF 鸡群的鸡胚蛋容易引入各种外源因子，导致疫苗原液不合格，因此，严格控制鸡胚蛋的来源是非常重要的。

四、原代细胞大量培养

原代细胞的来源动物要求健康、无微生物感染，来源动物的日龄也有要求，如狂犬疫苗原液生产过程中是选用 12～14 日龄的地鼠肾。

制备原代细胞的器官或组织，如沙鼠肾、地鼠肾，在采集过程中要求严格无菌操作，经胰蛋白酶等处理成单细胞悬浮液，选用适宜的培养液，再接种到合适的培养容器中进行扩大培养。当细胞培养成致密单层后，再接种毒种并继续培养若干时间，最后才能收获病毒疫苗原液。

ZHI SHI TUO ZHAN

知识拓展

蛋壳表面消毒和接种毒种操作见图 12-2 所示。

图 12-2　鸡胚接种毒种

习题与思考

1. 解释以下术语：病毒疫苗、重组疫苗、灭活疫苗、减毒活疫苗、SPF 动物。

2. 检索 2010 版《中国药典》三部，参照表 12-1，选择描述其中一种疫苗，描述其细胞大规模培养的技术路线。描述时，尽量使用药典要求的术语。

任务四十　重组药物和单克隆抗体药物生产概况

学习目标

了解重组药物和单克隆抗体药物生产中的细胞种类及其大规模培养的技术路线。

任务内容

一、重组药物制备

本书所指重组药物仅限于动物细胞构建的转基因细胞株。

所谓重组药物，是指利用基因工程方法构建稳定表达特定外源基因的细胞株，通过细胞大量培养的方法，收集含该外源基因表达产物的培养上清，从而进一步分离纯化该基因产物。该基因产物便是重组药物，因此，重组药物的生产限制于细胞株的细胞总数和细胞活性。

总体而言，重组药物的范围很广，除了动物细胞株构建的重组药物以外，还包括微生物菌株构建的重组药物，常见的如 *E. coli* 工程菌株表达体系和酵母工程菌株表达体系。

重组药物生产用细胞株是利用基因工程构建的转基因细胞株，能稳定表达目标基因。

重组药物生产中的大量细胞培养技术路线主要是：细胞复苏→种子细胞扩大培养→生产罐培养→培养上清收集→重组药物分离纯化。

（一）重组人促红素（CHO 细胞）

重组人促红素（CHO 细胞）是注射用的一种重组药物。药典中使用的重组人促红素细胞株是构建自 CHO-dhfr$^-$ 细胞系，由带有人促红素基因的重组质粒转染 CHO-dhfr$^-$ 细胞系后筛选建立。

生产中，从 WCB 中复苏，接种进行种子细胞扩大培养，最后使用转瓶或细胞罐进行生产培养。培养液不含牛血清和抗生素，并且在生产中对所使用的细胞株有严格的传代限制。

（二）干扰素

干扰素分为 α、β、γ3 类。天然干扰素主要是由人白细胞、类淋巴细胞、成纤维细胞或 T

淋巴细胞诱生，经提取和纯化获得。

重组干扰素是利用人细胞来源的α干扰素基因、β干扰素基因、γ干扰素基因重组到靶细胞构建细胞株，然后大量培养该细胞株，收集培养上清用于分离纯化目标干扰素。目前主要是重组到 *E. coli* 的各种工程菌，很少报道由动物细胞构建的重组干扰素细胞株。

有报道，利用人成纤维细胞大量培养制备天然β干扰素是利用构建于人包皮细胞的 FS-4 和 FS-35 细胞株进行的，即复苏后接种进行种子细胞扩大培养，然后使用滚瓶培养或微载体培养进行生产。一般使用 MEM 培养基，添加 2%～4%的人血浆、卡那霉素 200U/ml。需要干扰素诱生剂，诱生剂包括 10μg/ml 环己亚胺、1μg/ml 放线菌素、poly I：C(多聚肌胞)、NDV-F(新城鸡瘟病毒)。另一种是由 Burkitt 淋巴瘤患者所得的类淋巴细胞系，称 Namalva 细胞系。Namalva 细胞系产生的干扰素中 85%为α干扰素，15%为β干扰素。培养基用 RPMI 1640，添加 3%小牛血清和 0.75% Primatone(一种动物组织的可溶性消化物)，也需要添加干扰素诱生剂，如仙台病毒、NDV-F。

利用人成纤维细胞制备天然β干扰素的细胞大量培养技术路线一般是：细胞复苏→种子细胞扩大培养→生产罐培养→诱生剂诱导培养→培养上清收集→干扰素分离纯化。

二、单克隆抗体制备

单克隆抗体制备的前提是利用杂交瘤技术构建杂交瘤细胞株，该杂交瘤细胞能稳定分泌特定的单克隆抗体。

如限于注射使用的抗人 T 细胞 CD_3 鼠单抗便是一种收集于 2010 年版《中国药典》三部中的治疗用单克隆抗体。

药典中使用的稳定分泌鼠抗人 T 淋巴细胞 CD3 单克隆抗体的杂交瘤细胞株，是以 T 淋巴细胞 CD3 为抗原免疫小鼠，通过杂交瘤技术与小鼠骨髓瘤细胞融合后筛选建立的 1 个杂交瘤细胞株。

(一)体内接种法生产

从 WCB 中复苏杂交瘤细胞，接种进行种子细胞扩大培养，最后使用腹水接种方法进行生产培养。小鼠腹腔接种一定数量的杂交瘤细胞，待腹水瘤生长临近最大限度时，进行腹水收集和单抗分离纯化。

接种腹水使用 SPF 小鼠是 BALB/c 小鼠或 BALB/c 小鼠与瑞士小鼠的 F1 代。

(二)体外培养法生产

包括滚瓶培养、细胞罐培养和细胞工厂培养。滚瓶培养是应用比较广泛的一种，但产量低下，一般培养上清含单克隆抗体的浓度为 10～60μg/ml，大量制备时成本偏高。细胞罐培养和细胞工厂培养可能是一种不依赖实验动物的大量制备方法。

杂交瘤细胞属于悬浮细胞，容易实现半连续培养或连续培养，在合适的培养控制参数下，若能有效抑制细胞凋亡，促进细胞生长，有效地维持抗体的持续合成与分泌，将可以连续收获单克隆抗体。

体外培养时，微生物污染风险比较高，杂交瘤遗传稳定性会出现变化，需要及时进行克隆化培养分离合成和分泌抗体能力低下的变异细胞，或使用传代数低的、持续稳定的分泌抗体的细胞株。

习题与思考

1. 解释以下术语：重组药物、单克隆抗体、无血清培养基。

2. 通过文献检索，比较含血清培养基和无血清培养基在重组药物制备或单克隆抗体制备中的优缺点。

3. 通过文献检索，了解目前应用生物反应器制备哺乳动物细胞株系的重组药物或单克隆抗体的主要技术路线，适当描述温度、pH、DO、营养物浓度、废产物浓度等参数的控制工艺。

附　录

附录一　细胞培养实验室生物安全

所谓生物安全，一般指感染性微生物在实验操作中对操作者及环境可能造成的相对危害程度及其控制方法等。

在日常的动物细胞培养中，细胞株系自身可能携带某些寄生病毒，或者原代培养中用于获取细胞材料的组织器官含有潜在的微生物污染。动物细胞培养实验室惯常使用无菌控制良好的洁净间作为操作空间，换气不良时容易存留操作者携带进入的各种微生物，有时使用实验动物，也会引入动物源性微生物。因此，适当的了解实验室生物安全有关知识和要求是非常必要的。

细胞培养实验室一般控制在二级生物安全级别以内，属于基础实验室类型。

本附录的内容主要参考了 WHO《实验室生物安全手册》第 3 版。

在生物安全控制方面，该手册对各个国家都是有益的参考和指南，它可以帮助实验室制订并建立微生物学操作规范，确保微生物资源的安全，进而确保其可用于临床、研究和流行病学等各项工作。

关于实验室生物安全的更多建议可参照世界卫生组织官方网站 www. who. int。也可参照我国有关法规和文件。

实验室生物安全操作规范是最基本的实验室操作和程序，也是微生物学操作技术规范的基础。在规划实验室和国家级实验室项目时，一般以这些规程为依据再制订出相应的具体的实验室安全操作的书面程序。

每个实验室都应该采用“安全手册”或“操作手册”，其中定义了已知的和潜在的危害，并规定了特殊的操作程序来避免或尽量减小这种危害。规范的微生物学操作技术是实验室安全的基础，而专门的实验设备仅仅是一种补充，绝不能替代正确的操作规范。下面列出了一些最重要的概念。

1. 进入规定

(1)在处理危险度 2 级或更高危险度级别的微生物时，在实验室门上应标有国际通用的生物危害警告标志(图 1)。

(2)只有经批准的人员方可进入实验室工作区域。

(3)实验室的门应保持关闭。

(4)儿童不应被批准或允许进入实验室工作区域。

(5)进入动物房应当经过特别批准。

(6)与实验室工作无关的动物不得带入实验室。

2. 人员防护

(1)在实验室工作时，任何时候都必须穿着连体衣、隔离服或工作服。

(2)在进行可能直接或意外接触到血液、体液以及其他具有潜在感染性的材料或感染性动物的操作时，应戴上合适的手套。手套用完后，应先消毒再摘除，随后必须洗手。

(3)在处理完感染性实验材料和动物后，以及在离开实验室工作区域前，都必须洗手。

(4)为了防止眼睛或面部受到泼溅物、碰撞物或人工紫外线辐射的伤害，必须戴安全眼镜、面罩(面具)或其他防护设备。

(5)严禁穿着实验室防护服离开实验室(如去餐厅、咖啡厅、办公室、图书馆、员工休息室和卫生间)。

(6)不得在实验室内穿露脚趾的鞋子。

(7)禁止在实验室工作区域进食、饮水、吸烟、化妆和处理隐形眼镜。

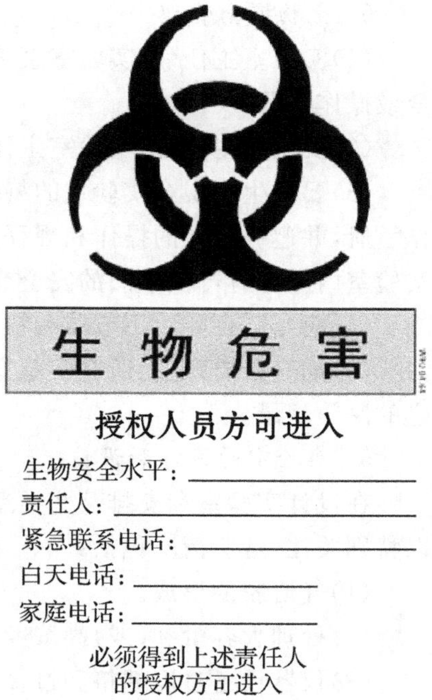

图1 张贴于实验室门上的生物危害警告标志

(8)禁止在实验室工作区域储存食品和饮料。

(9)在实验室内用过的防护服不得和日常服装放在同一柜子内。

3. 操作规范

(1)严禁用口吸移液管。

(2)严禁将实验材料置于口内。严禁舔标签。

(3)所有的技术操作要按尽量减少气溶胶和微小液滴形成的方式来进行。

(4)应限制使用皮下注射针头和注射器。除了进行肠道外注射或抽取实验动物体液，皮下注射针头和注射器不能用于替代移液管或用作其他用途。

(5)出现溢出、事故以及明显或可能暴露于感染性物质时，必须向实验室主管报告。实验室应保存这些事件或事故的书面报告。

(6)必须制订关于如何处理溢出物的书面操作程序，并予以遵守执行。

(7)污染的液体在排放到生活污水管道以前必须清除污染(采用化学或物理学方法)。根据所处理的微生物因子的危险度评估结果，可能需要准备污水处理系统。

(8)需要带出实验室的手写文件必须保证在实验室内没有受到污染。

4. 实验室工作区

(1)实验室应保持清洁整齐，严禁摆放和实验无关的物品。

(2)发生具有潜在危害性的材料溢出以及在每天工作结束之后，都必须清除工作台面的污染。

(3)所有受到污染的材料、标本和培养物在废弃或清洁再利用之前，必须清除污染。

(4)在进行包装和运输时必须遵循国家和(或)国际的相关规定。

(5)如果窗户可以打开，则应安装可以防止节肢动物进入的纱窗。

5．生物安全管理

(1)实验室主任(对实验室直接负责的人员)负责制订和采用生物安全管理计划以及安全或操作手册。

(2)实验室主管(向实验室主任汇报)应当保证提供常规的实验室安全培训。

(3)要将生物安全实验室的特殊危害告知实验室人员，同时要求他们阅读生物安全或操作手册，并遵循标准的操作和规程。实验室主管应当确保所有实验室人员都了解这些要求。实验室内应备有可供取阅的安全或操作手册。

(4)应当制订实验用节肢动物和啮齿动物的控制方案。

(5)如有必要，应为所有实验室人员提供适宜的医学评估、监测和治疗，并应妥善保存相应的医学记录。

6．实验室的设计和设施

在设计实验室和安排某些类型的实验工作时，对于那些可能造成安全问题的情况要加以特别关注，这些情况包括：

(1)气溶胶的形成。

(2)处理大容量和(或)高浓度微生物。

(3)仪器设备过度拥挤和过多。

(4)啮齿动物和节肢动物的侵扰。

(5)未经允许人员进入实验室。

(6)工作流程：一些特殊标本和试剂的使用。

在《实验室生物安全手册》中，对于感染性微生物的危险度等级以及与其相对应的生物安全水平、操作规范和安全防护设备要求，一、二、三、四级生物安全水平对设施的差别要求等均有明确说明(表1～表3)。

另外，该手册中，还详细描述了基础实验室和防护实验室的生物安全设施布局。

表1　感染性微生物的危险度等级分类

危险度1级(无或极低的个体和群体危险)
不太可能引起人或动物致病的微生物。
危险度2级(个体危险中等，群体危险低)
病原体能够对人或动物致病，但对实验室工作人员、社区、牲畜或环境不易导致严重危害。实验室暴露也许会引起严重感染，但对感染有有效的预防和治疗措施，并且疾病传播的危险有限。
危险度3级(个体危险高，群体危险低)
病原体通常能引起人或动物的严重疾病，但一般不会发生感染个体向其他个体的传播，并且对感染有有效的预防和治疗措施。
危险度4级(个体和群体的危险均高)
病原体通常能引起人或动物的严重疾病，并且很容易发生个体之间的直接或间接传播，对感染一般没有有效的预防和治疗措施。

表2 与微生物危险度等级相对应的生物安全水平、操作和设备

危险度等级	生物安全水平	实验室类型	实验室操作	安全设施
1级	基础实验室，一级生物安全水平	基础的教学、研究	GMT	不需要；开放实验台
2级	基础实验室，二级生物安全水平	初级卫生服务；诊断、研究	GMT 加防护服、生物危害标志	开放实验台，此外需BSC用于防护可能生成的气溶胶
3级	防护实验室，三级生物安全水平	特殊的诊断、研究	在二级生物安全防护水平上增加特殊防护服、进入制度、定向气流	BSC和/或其他所有实验室工作所需要的基本设备
4级	最高防护实验室，四级生物安全水平	危险病原体研究	在三级生物安全防护水平上增加气锁入口、出口淋浴、污染物品的特殊处理	Ⅲ级BSC或Ⅱ级BSC并穿着正压服、双开门高压灭菌器（穿过墙体）、经过滤的空气

注：BSC：生物安全柜；GMT：微生物学操作技术规范。

表3 不同生物安全水平对设施的要求

设施名称及状态	生物安全水平			
	一级	二级	三级	四级
实验室隔离[a]	不需要	不需要	需要	需要
房间能够密闭消毒通风	不需要	不需要	需要	需要
——向内的气流	不需要	最好有	需要	需要
——通过建筑系统的通风设备	不需要	最好有	需要	需要
——HEPA过滤排风	不需要	不需要	需要/不需要[b]	需要
双门入口	不需要	不需要	需要	需要
气锁	不需要	不需要	不需要	需要
带淋浴设施的气锁	不需要	不需要	不需要	需要
通过间	不需要	不需要	需要	—
带淋浴设施的通过间	不需要	不需要	需要/不需要[c]	不需要
污水处理	不需要	不需要	需要/不需要[c]	需要
高压灭菌器				
——现场	不需要	最好有	需要	需要
——实验室内	不需要	不需要	最好有	需要
——双门	不需要	不需要	最好有	需要
生物安全柜	不需要	最好有	需要	需要
人员安全监控条件[d]	不需要	不需要	最好有	需要

注：a. 在环境与功能上与普通流动环境隔离；b. 取决于排风位置；c. 取决于实验室中所使用的微生物因子；d. 例如：观察窗、闭路电视、双向通讯设备

一、二、三级生物安全实验室安全防护见图2～4，一、二、三、四级生物安全实验室设计比较见表4。

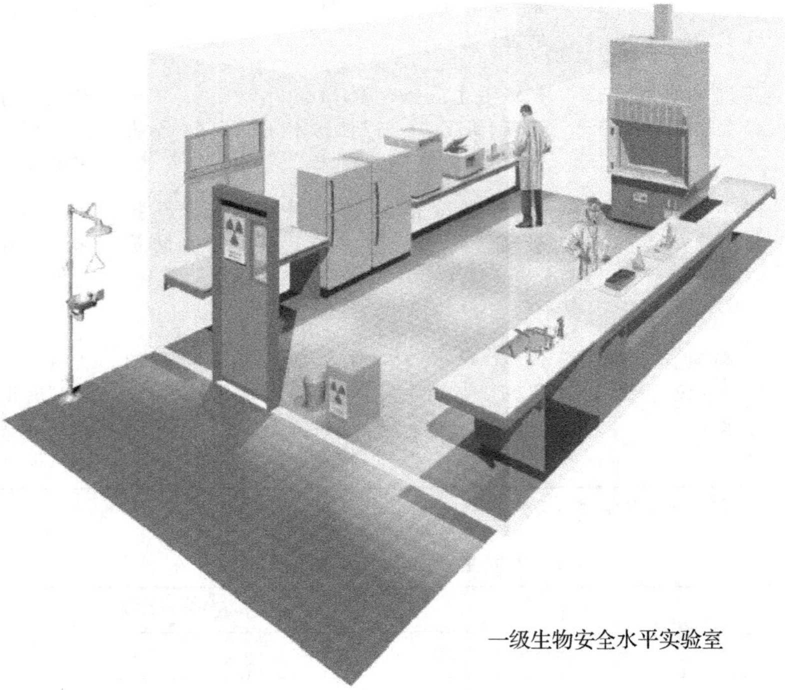

图2　基础实验室的一级生物安全防护

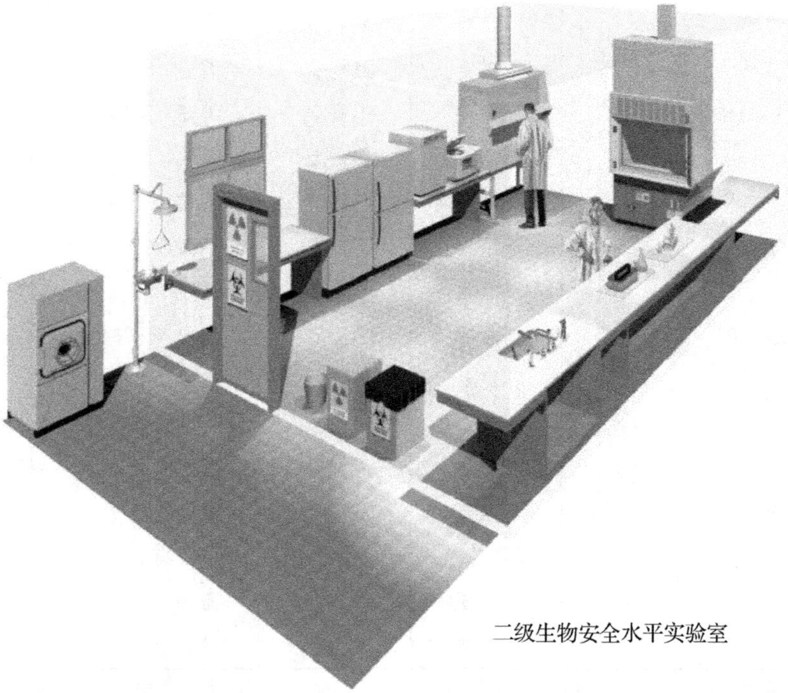

图3　基础实验室的二级生物安全防护

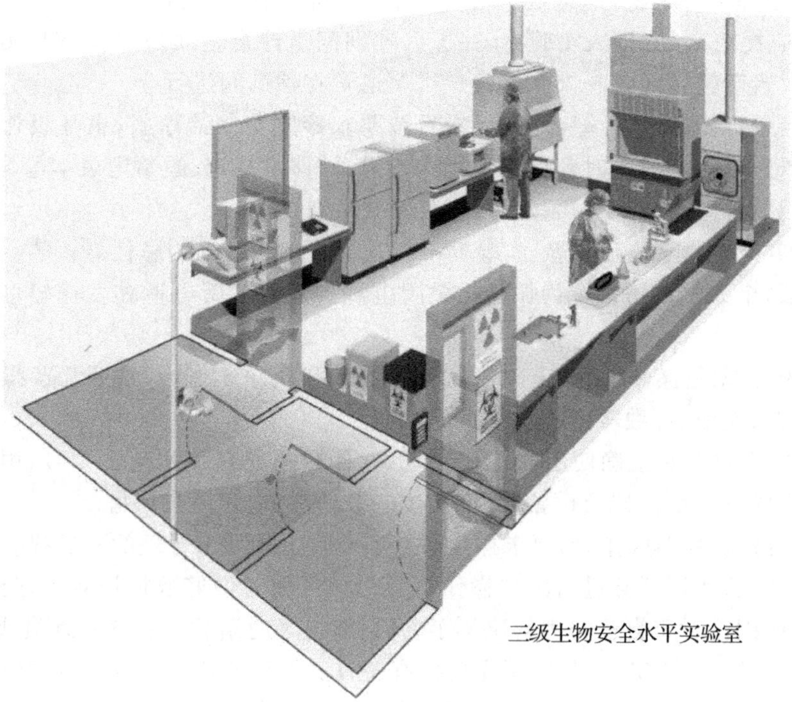

图 4　基础实验室的三级生物安全防护

表 4　一、二、三、四级生物安全实验室设计方面的一般比较

实验室生物安全级别	设计特征和设施配置
一级生物安全水平实验室	不需要生物安全柜等安全设施。
二级生物安全水平实验室	在生物安全柜中进行可能发生气溶胶的操作程序。门保持关闭并贴上适当的危险标志。潜在被污染的废弃物同普通废弃物隔开。
三级生物安全水平实验室	实验室与公共通道分开并通过缓冲间(双门入口或二级生物安全水平的基础实验室)或气锁室进入。处理废弃物前,在实验室内先进行高压灭菌以清除污染。应有非手控的水槽。形成向内气流而且涉及感染性材料的全部工作应在生物安全柜中进行。
四级生物安全水平实验室	是最高防护实验室,是为进行与危险度 4 级微生物相关的工作而设计的。维持一定压差的室内负压设计。这种实验室在建设和投入使用前,应充分咨询有运作类似设施经验的机构。四级生物安全水平的最高防护实验室的运作应在国家或其他有关的卫生主管机构的管理下进行。

附录二　细胞培养实验室守则

1. 每次实验实训前,必须预习本次实验实训的实验器材、操作步骤和注意事项,熟悉与本实验有关的基础知识。

个人防护方面,注意不得穿露趾的鞋子进入实验室,禁止在实验室工作区域进食、饮水、吸烟、化妆和处理隐形眼镜，禁止在实验室工作区域储存食品和饮料。

2. 学生应提前5min进入实验室，在进入辅助间后注意鞋底除尘及将与实验实训无关的个人物品放置于辅助间置物架上。教学讲解通常在辅助间进行。

3. 检查毛发和饰物是否符合要求，然后按要求穿戴专用洁净服，患呼吸道疾病者还需戴一次性口罩。进入洁净间时容许带上操作指导书、课堂笔记、原始记录本等。进入洁净间时须正确使用风淋门，按指定位置就座，做好有关准备工作。

4. 保持实验室的整洁和安静，实验要严肃认真，专心观察，切忌任意谈笑。洁净间内不容许接听电话，个人电话需设置为振动或关闭电源。需要接听电话和发送短信时需离开洁净间。

5. 仔细体会无菌操作理念，正确使用无菌器具和超净工作台，按照无菌操作要求进行细胞培养、镜检、换液、计数等操作。

6. 填写标识时务必正确使用油性记号笔，选择合适的颜色和笔头型号，用后及时套好笔套。爱护实验室一切仪器及设备，仔细操作。节约水、电和一切耗材。

7. 进行实验或实训操作时，要求操作者在实验台上规划出合理的实验操作区和数据记录区。应根据实验实训任务进行独立操作，仔细观察，随时做好数据记录。遇到问题，应积极思考，分析原因。对于自己努力解决不了的问题，应及时请教实验室管理员或指导教师。

8. 对于所用的一切实验用具，用完后按有关方法进行处置。需复位的，放回原处；可重复清洗消毒灭菌使用的，放到回收桶；该丢弃的，就近放到垃圾袋。

9. 操作过程中，遇到仪器损坏或仪器出现故障时，要及时正确处置并报告指导老师，以便正确处理。严禁私自调换仪器。实验室内一切用具和物品，不得擅自带离实验室。严禁穿着实验室洁净服离开实验室(如去餐厅、咖啡厅、办公室、图书馆、员工休息室和卫生间)。

10. 根据实验实训要求，每次操作完毕后，按规定在第一时间提交实验实训报告。

11. 应及时做好本操作位的清洁卫生工作。从洁净间通过风淋门返回辅助间后，按要求换下专用洁净服、放回原处。

12. 洁净间及辅助间的环境卫生和整个实验室的水、电、门、窗等必要检查事项，由值日生负责，或协助实验室管理员共同完成。

附录三　实验实训任务索引

表 3-1　实验实训任务索引

项　目	能力训练
项目六　动物细胞培养主要仪器及水电要求	
任务十八　细胞培养实验的水电配置	实验实训 6-1　细胞培养实验用水的电导率检测
项目八　动物细胞培养用液的配制	
任务二十三　培养用液选择、配制和无菌分装	实验实训 8-1　RPMI 1640 培养液配制与滤过除菌 实验实训 8-2　Hank's 溶液配制与滤过除菌 实验实训 8-3　D-PBSA 溶液配制与灭菌

续表

项 目		能力训练
任务二十四	血清的筛选、购买、灭活和无菌分装	实验实训 8-4 胎牛血清的灭活
项目九 细胞活性观察与微生物污染判断		
任务二十六	倒置显微镜镜检及显微摄影技术	实验实训 9-1 倒置显微镜及其使用 实验实训 9-2 显微摄影与摄像技术
任务二十八	细胞株说明书、细胞增殖与细胞生长曲线	实验实训 9-3 细胞生长曲线观察
项目十 动物细胞培养基本技术		
任务三十一	培养细胞生长特性	实验实训 10-1 台盼蓝染色测定细胞活力 实验实训 10-2 MTT 法测细胞相对数目和相对活力 实验实训 10-3 细胞的分裂指数 实验实训 10-4 集落形成实验 实验实训 10-5 细胞周期的测定
任务三十二	健康动物体内培养	实验实训 10-6 皮下接种生长实体瘤 实验实训 10-7 腹腔接种生长腹水瘤
任务三十三	原代培养、传代培养、扩大培养、克隆化培养	实验实训 10-8 哺乳动物组织或细胞原代培养 实验实训 10-9 哺乳动物细胞传代培养 实验实训 10-10 传代细胞克隆化培养
任务三十四	细胞冻存与复苏	实验实训 10-11 细胞冻存 实验实训 10-12 细胞复苏
任务三十五	细胞株的运输与接收	实验实训 10-13 外购细胞株系活培养物的接收与处置
项目十一 动物细胞培养应用技术		
任务三十六	细胞大规模培养技术	实验实训 11-1 生物反应器型号性能检索
任务三十七	细胞药理与毒理试验	实验实训 11-2 染料排斥法检测细胞活性 实验实训 11-3 染料摄取法检测细胞活性 实验实训 11-4 MTT 法细胞毒性试验

参考文献

1. [英]R. I.弗雷谢尼著.动物细胞培养——基本技术指南(第五版).章静波等译.北京:科学出版社,2008

2. R. Ian Freshney. Culture of Animal Cells: A Manual of Basic Technique. 5th edition, John Wiley & Sons Inc,2005

3. 刘玉琴.细胞培养实验手册.北京:人民军医出版社,2009

4. 程宝鸾.动物细胞培养技术.广州:中山大学出版社, 2006

5. 周珍辉.动物细胞培养技术.北京:中国环境科学出版社,2006

6. 谭玉珍.实用细胞培养技术.北京:高等教育出版社,2010

7. 李志勇.细胞工程学.北京:高等教育出版社,2008

8. 翟中和,等.细胞生物学.北京:高等教育出版社,2000

9. 杨吉成.细胞工程.北京:化学工业出版社,2008

10. 庞俊兰,等.细胞工程.北京:高等教育出版社,2007

11. 彭瑞云,等.实验细胞学.北京:军事医学科学出版社,2008

12. 杨汉民.细胞生物学实验(第二版).北京:高等教育出版社,1997

13. 陶兴无,等.生物工程概论.北京:化学工业出版社,2008

14. 刘玉琴.实验细胞资源的描述标准与管理规范.北京:科学出版社,2008

15. 黄海华.药学细胞生物学.北京:中国医药科技出版社,2006

16. 兰蓉,等.细胞培养技术.北京:化学工业出版社,2007

17. 张元兴,等.动物细胞培养工程.北京:化学工业出版社,2007

18. 世界卫生组织.实验室生物安全手册.第3版,2004

19. Gibco细胞培养,http://zh.invitrogen.com/

20. ATCC cell biology,http://www.atcc.org/

21. 生物在线,http://www.bioon.com.cn/

22. 生物谷,http://www.bioon.com/

23. 中国生物仪器网,http://www.bio—instrument.com/

24. 中国生物器材网,http://www.bio—equip.com/

25. 生物通,http://www.ebiotrade.com/

26. 生物秀,http://www.bbioo.com/

27. 易生物,http://www.ebioe.com/

28. 丁香园,http://www.dxy.cn/

29. 丁香通,http://www.biomart.cn/

30. 爱问·共享资料,http://ishare.iask.sina.com.cn/

31. 亚诺法生技股份有限公司,http://www.abnova.com/